SISTEMAS Digitais
RECONFIGURÁVEIS
FPGA E VHDL

Aprenda ELETRÔNICA DIGITAL de forma moderna, didática e prática usando LÓGICA RECONFIGURÁVEL

SISTEMAS Digitais RECONFIGURÁVEIS

FPGA E VHDL

- EDUARDO CRUZ
- ENZO GAUDINO
- DOMINGOS ADRIANO
- SALOMÃO JÚNIOR

ALTA BOOKS
E D I T O R A
Rio de Janeiro, 2022

Sistemas Digitais Reconfiguráveis

Copyright © 2022 da Starlin Alta Editora e Consultoria Eireli.
ISBN: 978-65-5520-871-9

Impresso no Brasil — 1ª Edição, 2022 — Edição revisada conforme o Acordo Ortográfico da Língua Portuguesa de 2009.

Dados Internacionais de Catalogação na Publicação (CIP) de acordo com ISBD

S623   Sistemas Digitais Reconfiguráveis – FPGA E VHDL / Eduardo Cruz ... [et al.]. - Rio de Janeiro : Alta Books, 2022.
        320 p. ; 16cm x 23cm.

        Inclui índice e anexo.
        ISBN: 978-65-5520-871-9

        1. Eletrônica digital. 2. Sistemas Digitais Reconfiguráveis. 3. FPGA. 4. VHDL I. Cruz, Eduardo. II. Gaudino, Enzo. III. Adriano, Domingos. IV. Salomão Junior. V. Título.

2022-69   CDD 621.381
                                            CDU 621.3

Elaborado por Vagner Rodolfo da Silva - CRB-8/9410

Todos os direitos estão reservados e protegidos por Lei. Nenhuma parte deste livro, sem autorização prévia por escrito da editora, poderá ser reproduzida ou transmitida. A violação dos Direitos Autorais é crime estabelecido na Lei nº 9.610/98 e com punição de acordo com o artigo 184 do Código Penal.

A editora não se responsabiliza pelo conteúdo da obra, formulada exclusivamente pelo(s) autor(es).

Marcas Registradas: Todos os termos mencionados e reconhecidos como Marca Registrada e/ou Comercial são de responsabilidade de seus proprietários. A editora informa não estar associada a nenhum produto e/ou fornecedor apresentado no livro.

Erratas e arquivos de apoio: No site da editora relatamos, com a devida correção, qualquer erro encontrado em nossos livros, bem como disponibilizamos arquivos de apoio se aplicáveis à obra em questão.

Acesse o site www.altabooks.com.br e procure pelo título do livro desejado para ter acesso às erratas, aos arquivos de apoio e/ou a outros conteúdos aplicáveis à obra.

Suporte Técnico: A obra é comercializada na forma em que está, sem direito a suporte técnico ou orientação pessoal/exclusiva ao leitor.

A editora não se responsabiliza pela manutenção, atualização e idioma dos sites referidos pelos autores nesta obra.

Produção Editorial
Editora Alta Books

Diretor Editorial
Anderson Vieira
anderson.vieira@altabooks.com.br

Editor
José Rugeri
j.rugeri@altabooks.com.br

Gerência Comercial
Claudio Lima
comercial@altabooks.com.br

Gerência Marketing
Andrea Guatiello
marketing@altabooks.com.br

Coordenação Comercial
Thiago Biaggi

Coordenação de Eventos
Viviane Paiva
eventos@altabooks.com.br

Coordenação ADM/Finc.
Solange Souza

Direitos Autorais
Raquel Porto
rights@altabooks.com.br

Assistente Editorial
Caroline David

Produtores Editoriais
Illysabelle Trajano
Larissa Lima
Maria de Lourdes Borges
Paulo Gomes
Thales Silva
Thiê Alves

Equipe Comercial
Adriana Baricelli
Daiana Costa
Fillipe Amorim
Kaique Luiz
Maira Conceição
Victor Hugo Morais

Equipe Editorial
Beatriz de Assis
Brenda Rodrigues
Gabriela Paiva
Henrique Waldez
Marcelli Ferreira
Mariana Portugal

Marketing Editorial
Jessica Nogueira
Livia Carvalho
Marcelo Santos
Thiago Brito

Atuaram na edição desta obra:

Revisão Gramatical
Anna Carolina Guimarães
Carolina Palha

Diagramação
Rita Motta

Capa
Marcelli Ferreira

Ilustrações
Laudemir Marinho

Editora afiliada à:

ASSOCIADO

Rua Viúva Cláudio, 291 – Bairro Industrial do Jacaré
CEP: 20.970-031 – Rio de Janeiro (RJ)
Tels.: (21) 3278-8069 / 3278-8419
www.altabooks.com.br — altabooks@altabooks.com.br
Ouvidoria: ouvidoria@altabooks.com.br

DEDICATÓRIA

Este livro, dedicarei a amizades:

Do esterco, nascem as rosas mais bonitas. De um momento terrível e algumas fugas, nasceram amizades verdadeiras: ao grupo do "Cruzeiro Nota Mil": Carmen, Tavinho, Mário, Elaine, Bea Tropicália, Luan, Helena, Gabi, Pedro Henrique, Cadu, Edu, Chico e Valéria.

Às amizades que ultrapassaram 40 anos e seguirão por toda a vida: da cumplicidade e cultura — Renato; da ETI — Emílio, Sílvia, Cláudia, Marilda, Moema, Zuza, Fera, Niltão, Jaú, Explode, Richard, Valdir, Michelin, Gilberto, Seabra, Chui, Meleiro e, *in memorian*, Taiji, Ferroso, Cegonha e Chumbinho; da música — Waltinho, Geraldinho e Vitão Bonesso.

Aos meus queridos alunos e alunas, que são as coisas mais importantes da vida do Professor Edu, ou eduardolno.

Eduardo Cesar Alves Cruz

Aos meus pais, Luciano e Tuska, sempre presentes em minha vida, e à minha família.

Enzo Gaudino Mendes

Dedico esta obra a meu pai, Luiz Adriano, que sempre me ensinou sobre a importância do conhecimento, da curiosidade e da busca constante por aperfeiçoamento.

José Domingos Adriano

Dedico este livro aos meus familiares, colegas da ETEC Jorge Street e amigos, em especial, a Carlos Alberto Cruz Junior.

Salomão Choueri Junior

AGRADECIMENTOS

À Rosana Arruda, pelo apoio e presteza no período de finalização e produção deste livro.

À Laudemir, pelo brilhante trabalho na elaboração das figuras e imagens deste livro.

À Rosana Santos, pela compreensão e apoio na primeira etapa deste livro.

A Exsto Tecnologia e ETEC Jorge Street, que propiciaram nosso encontro, e aos colegas e professores que participaram dos treinamentos ministrados pela empresa e discutiram este tema conosco, o que nos motivou a escrever este livro.

SOBRE OS AUTORES

Eduardo: Técnico eletrônico pela ETI Lauro Gomes (1978), engenheiro eletrônico pela FEI (1984) e professor da área elétrica desde 1983, tendo atuado como professor convidado na *Technische Fachhochschule Berlin*, Alemanha, em 1988–1989 e 1992–1993. Autor de diversos livros sobre eletricidade e eletrônica pela Editora Érica-Saraiva. Atualmente, além de professor, atua em pesquisa e desenvolvimentos tecnológicos e pedagógicos na nova área denominada tecnotrônica.

Enzo: Engenheiro eletricista pelo Instituto Nacional de Telecomunicações — INATEL (2011), com especialização em Sistemas Eletrônicos para Controle pelo SENAI Anchieta, São Paulo (2018). Tem experiência nas áreas de eletrônica e telecomunicações, tendo atuado na engenharia de aplicação da Exsto Tecnologia, empresa do ramo de soluções para o ensino tecnológico e na área de implantação da multinacional chinesa, do segmento de telefonia móvel, Huawei Technologies. Como docente, lecionou no SENAI e ministrou treinamentos técnicos para profissionais em várias cidades do Brasil. Atualmente, é professor concursado do Instituto Federal de Educação, Ciência e Tecnologia de São Paulo — IFSP, campus Bragança Paulista.

Domingos: Empreendedor desde os 19 anos, fundou a Exsto Tecnologia em 2001 e, desde então, ocupa a função de CTO. Técnico em eletrônica pela ETE"FMC" (2000), engenheiro eletricista com ênfase em Telecom pelo INATEL (2005), possui especialização em gestão de projetos pela FAI (2007), MBA em automação industrial pela Poli-USP (2015) e especialização em Telecomunicações pelo INATEL (2020). É também professor do programa de pós-graduação (*lato sensu*) do INATEL e dos cursos da Exsto Academy.

Salomão: Trabalha há mais de 20 anos como professor de ensino técnico e universitário nas áreas de eletrônica, telecomunicações, mecatrônica e automação industrial. É autor de diversos livros sobre eletricidade, eletrônica analógica e digital, todos publicados pela Editora Érica-Saraiva. Desenvolve pesquisas e materiais didático-pedagógicos voltados para o "ensino e a avaliação orientados por projetos e desenvolvimento de competências" — em um programa denominado "Educatrônica — Educação em Eletrônica". Formou-se técnico eletrônico, em 1979, pela ETI Lauro Gomes; em psicologia, em 1985, pela Universidade Metodista; em licenciatura em eletrônica, em 1995, pela FATEC–SP; e é mestre em educação tecnológica pelo CEETEPS, em 2006.

SUMÁRIO

APRESENTAÇÃO xix

PREFÁCIO xxi

1. INTRODUÇÃO À ELETRÔNICA DIGITAL 23
    1.1 REVOLUÇÕES TECNOLÓGICAS E A REVOLUÇÃO 4.0 25
    1.2 AS TECNOLOGIAS E A SOCIEDADE 28
    1.3 A ELETRÔNICA DIGITAL 31
        1.3.1 A integração e a miniaturização da eletrônica 32
        1.3.2 Um pouco sobre as famílias TTL e CMOS 32
        1.3.3 ASIC — Application Specific Integrated Circuit (Circuito Integrado de Aplicação Específica) 34
        1.3.4 PLD — Programmable Logic Device (Dispositivo Lógico Programável) 34
        1.3.5 Tecnologia CPLD 35
        1.3.6 Tecnologia FPGA 36
        1.3.7 Microcontrolador 37
            1.3.7.1 A Plataforma Arduino 38
        1.3.8 Sistema em um chip — SOC 39
        1.3.9 Qual tecnologia escolher: ASIC, Microcontrolador ou PLD? ... 40
    1.4 EXERCÍCIOS PROPOSTOS 40
    1.5 PESQUISA PROPOSTA 41

2. SINAIS ANALÓGICO E DIGITAL, E CONVERSORES AD E DA 43
    2.1 SISTEMAS E GRANDEZAS ANALÓGICA E DIGITAL 45
        2.1.1 O bit e os níveis lógicos 46
        2.1.2 Variáveis lógicas 48
    2.2 AQUISIÇÃO DE SINAIS 49
        2.2.1 Etapas do sistema de aquisição de sinais 49
        2.2.2 Sensores 50
        2.2.3 Digitalização de sinais 52
        2.2.4 Vantagens e desvantagens dos sistemas digitais 54

2.3 SISTEMAS NUMÉRICOS: BASES 2, 10 e 16 55
    2.3.1 Sistema binário 55
    2.3.2 Sistema hexadecimal 57
2.4 CONVERSÃO ENTRE SISTEMAS NUMÉRICOS 58
    2.4.1 Tabela de conversão 58
    2.4.2 Conversão de número binário para decimal 59
    2.4.3 Conversão de número hexadecimal para decimal 59
    2.4.4 Conversão da base 10 para uma base qualquer, pelo método das divisões sucessivas 60
        2.4.4.1 Conversão da base decimal para a base binária 61
        2.4.4.2 Conversão da base decimal para hexadecimal 62
    2.4.5 Conversão direta entre as bases binária e hexadecimal 63
        2.4.5.1 Conversão da base binária para a base hexadecimal.. 63
        2.4.5.2 Conversão da base hexadecimal para a base binária 64
2.5 OPERAÇÕES DE ADIÇÃO E SUBTRAÇÃO 64
    2.5.1 Adição no sistema decimal 65
    2.5.2 Adição no sistema hexadecimal 65
    2.5.3 Adição no sistema binário 66
    2.5.4 Subtração no sistema decimal 67
    2.5.5 Subtração no sistema hexadecimal 68
    2.5.6 Subtração no sistema binário 68
2.6 CONVERSORES AD E DA 69
    2.6.1 Características 70
    2.6.2 Conversor DA 71
    2.6.3 Conversor AD 73
        2.6.3.1 Amostragem 74
        2.6.3.2 Quantização e Codificação 76
2.7 EXERCÍCIOS PROPOSTOS 78
2.8 PESQUISA PROPOSTA 79

3. A LINGUAGEM VHDL 81
    3.1 INTRODUÇÃO 83
    3.2 LINGUAGEM DE DESCRIÇÃO DE HARDWARE 84
    3.3 DESCRIÇÃO RTL E SÍNTESE 86
    3.4 FLUXO DE PROJETO 86

3.5 CARACTERÍSTICAS GERAIS DA LINGUAGEM VHDL 88
3.6 ESTRUTURA BÁSICA DO CÓDIGO.. 89
    3.6.1 Bibliotecas e Pacotes.. 91
    3.6.2 Entidade 93
    3.6.3 Arquitetura 94
3.7 IDENTIFICADORES 95
3.8 CLASSES DE OBJETOS... 96
3.9 TIPOS DE DADO 98
    3.9.1 Dados Escalares.. 98
    3.9.2 Dados Compostos 99
    3.9.3 Criação de novos tipos de dado 101
        3.9.3.1 Subtipos 101
    3.9.4 Tipos STD_LOGIC e STD_LOGIC_VECTOR 102
3.10 OPERADORES 103
    3.10.1 Operadores Lógicos... 103
    3.10.2 Operadores aritméticos 104
    3.10.3 Operadores Relacionais 105
    3.10.4 Operador de Concatenação 105
3.11 EXERCÍCIOS PROPOSTOS 106
3.12 PESQUISA PROPOSTA 107

4. FUNÇÕES E PORTAS LÓGICAS 109
    4.1 FUNÇÕES E PORTAS LÓGICAS BÁSICAS... 111
        4.1.1 Função e porta NOT 111
            4.1.1.1 Função NOT 111
            4.1.1.2 Porta NOT 113
        4.1.2 Função e porta AND 113
            4.1.2.1 Função AND 113
            4.1.2.2 Porta AND 114
        4.1.3 Função e porta OR 115
            4.1.3.1 Função OR.. 115
            4.1.3.2 Porta OR... 116
    4.2 FUNÇÕES E PORTAS LÓGICAS DERIVADAS...................................... 117
        4.2.1 Funções e portas NAND e NOR 117
            4.2.1.1 Função e porta NAND 117
            4.2.1.2 Função e porta NOR... 118

4.2.2 Funções e portas *XOR* e *XNOR* 119
    4.2.2.1 Função e porta *XOR* 119
    4.2.2.2 Função e porta *XNOR* 121
4.3 CIRCUITOS INTEGRADOS COM PORTAS LÓGICAS 122
4.4 EXERCÍCIOS PROPOSTOS 124

5. SISTEMAS COMBINACIONAIS 127
5.1 CIRCUITO COMBINACIONAL 129
5.2 IDENTIFICAÇÃO E DEFINIÇÃO DAS VARIÁVEIS
DE ENTRADA E SAÍDA 130
5.3 TABELA-VERDADE BASEADA EM ANÁLISE DE PROCESSOS 133
    5.3.1 Condições irrelevantes 134
    5.3.2 Tabela-verdade do processo 134
5.4 IMPLEMENTAÇÃO POR PORTAS LÓGICAS 136
    5.4.1 Obtenção da expressão lógica sem considerar as condições
    irrelevantes 136
    5.4.2 Obtenção da expressão lógica considerando as condições
    irrelevantes 137
    5.4.3 Álgebra booleana 139
        5.4.3.1 Postulados da álgebra booleana 139
        5.4.3.2 Propriedades da álgebra booleana 139
        5.4.3.3 Teoremas da álgebra booleana 140
    5.4.4 Método de simplificação algébrica 141
    5.4.5 Implementação de circuitos lógico e elétrico com circuitos
    integrados discretos 148
5.5 IMPLEMENTAÇÃO POR DISPOSITIVO DE HARDWARE
RECONFIGURÁVEL 152
    5.5.1 Implementação de circuito lógico em FPGA por diagrama
    em blocos 152
    5.5.2 Implementação de circuito lógico em FPGA usando
    expressões lógicas ou concorrentes 153
    5.5.3 Atribuição condicionada: Construção WHEN-ELSE 159
    5.5.4 Atribuição selecionada: Construção WITH-SELECT 160
    5.5.5 Implementação de circuito lógico em FPGA
    usando atribuição selecionada 161
5.6 PROJETOS PROPOSTOS 163

6. CIRCUITOS DEDICADOS **165**
   6.1 Introdução 167
   6.2 Comandos sequenciais em VHDL 167
      6.2.1 Processo 167
         6.2.1.1 Utilização de processos na descrição de
          circuitos combinacionais *169*
         6.2.1.2 Sinais em processos 170
         6.2.1.3 Atribuição em processos: Sinais e variáveis 171
      6.2.2 IF-THEN-ELSE 173
      6.2.3 CASE-WHEN 174
   6.3 Decodificadores e Codificadores 175
      6.3.1 Definição Geral — Decodificadores N entradas e M saídas .. 175
      6.3.2 Decodificador binário para decimal (Gerador de
       produtos canônicos) 176
      6.3.3 Decodificador BCD para Decimal 181
      6.3.4 Decodificador BCD para 7 Segmentos 182
      6.3.5 Codificador 4 para 2 186
      6.3.6 Codificador decimal para BCD 187
      6.3.7 Codificador octal para binário 192
   6.4 Multiplexadores e Demultiplexadores 194
      6.4.1 Multiplexador de N entradas 195
      6.4.2 Demultiplexador de N saídas 199
      6.4.3 Associação de multiplexadores 201
   6.5 Circuitos Aritméticos 213
   6.6 Comparadores 220
      6.6.1 Comparador de igualdade 220
      6.6.2 Comparador de magnitude 223
   6.7 Unidade Lógica Aritmética — ULA 226
   6.8 Exercício Proposto 230
   6.9 Projeto Proposto 231
   6.10 Pesquisa Proposta 231

7. SISTEMAS SEQUENCIAIS **233**
   7.1 Conceito de circuito sequencial 235
   7.2 Flip-flop 235
      7.2.1 VHDL — Inferência de memória 236

7.2.2 Latch RS 237
7.2.3 Sinal de clock 241
7.2.4 LATCH RS síncrono 242
7.2.5 Flip-flop JK 244
7.2.6 Flip-flop JK com preset e clear 246
7.2.7 Descrição de circuitos com detecção de borda
       (transições de sinal) 247
7.2.8 Flip-flop D 250
7.2.9 Flip-flop T 252
7.2.10 Descrições de circuitos sensíveis a nível ou borda 253
7.3 Divisor de frequências 254
7.4 Contador 258
   7.4.1 Conceito 258
   7.4.2 Contador binário assíncrono crescente 260
   7.4.3 Contador de década assíncrono crescente 261
   7.4.4 Contador binário assíncrono decrescente 262
   7.4.5 Contadores síncronos 263
7.5 Registrador 267
   7.5.1 Conceito 267
   7.5.2 Registrador de deslocamento: entrada serial e saída serial .. 268
   7.5.3 Registrador de deslocamento (shift register) genérico 273
7.6 Máquina de estados 276
7.7 EXERCÍCIO PROPOSTO 287
7.8 PESQUISA PROPOSTA 288

ANEXO 1 – TIPOS DE MEMÓRIA 289
A1.1 DEFINIÇÃO 289
A1.2 CONFIGURAÇÃO E CARACTERÍSTICAS TÉCNICAS 289
A1.3 RAM 293
   A1.3.1 RAM estática 293
   A1.3.2 RAM dinâmica 293
A1.4 ROM 294
   A1.4.1 ROM máscara 294
   A1.4.2 PROM 294
   A1.4.3 EPROM 295

    A1.4.4 EEPROM 295

    A1.4.5 Flash ROM... 296

ANEXO 2 – TIPOS DE DISPOSITIVO LÓGICO PROGRAMÁVEL 297

  A2.1 INTRODUÇÃO.. 297

  A2.2 TIPOS DE SPLD 298

    A2.2.1 PROM como PLD 298

    A2.2.2 PAL 302

    A2.2.3 PLA 306

    A2.2.4 GAL 308

  A2.3 TIPOS DE HCPLD 308

    A2.3.1 CPLD 308

    A2.3.2 FPGA 310

REFERÊNCIAS...313

ÍNDICE..315

APRESENTAÇÃO

O livro é composto de sete capítulos e dois anexos.

Os sete capítulos apresentam a eletrônica digital de forma diferente da clássica, quebrando alguns paradigmas, por causa das mudanças tecnológicas que transformaram tanto o modo de implementação dos sistemas digitais, como a metodologia de desenvolvimento de projeto.

Nesse sentido, o livro atende aos alunos e aos professores, tanto de cursos técnicos como de cursos de nível superior em eletrônica, automação industrial, mecatrônica e afins, além de atender aos profissionais que atuam em desenvolvimento de projetos eletrônicos.

O Capítulo 1, *Introdução à Eletrônica Digital*, traça um panorama de como essa área evoluiu até o estado atual, que é a de projetos usando dispositivos de hardware reconfigurável.

O Capítulo 2, *Sinais Analógico e Digital, e Conversores AD e DA*, aborda conceitos de níveis lógicos, sistemas numéricos e os conversores digital-analógico e analógico-digital, permitindo ao leitor um posicionamento imediato nesse confronto da lógica com o mundo analógico.

O Capítulo 3, *A Linguagem VHDL*, apresenta a estrutura da linguagem VHDL, usada para programar os dispositivos de hardware reconfigurável, com destaque para o FPGA. Aqui, o livro inicia, de fato, a transição do ensino clássico e ultrapassado da eletrônica digital para o que hoje se utiliza nas empresas de desenvolvimento de projetos eletrônicos.

No Capítulo 4, *Funções e Portas Lógicas*, são apresentadas as funções lógicas do ponto de vista conceitual, bem como suas descrições em VHDL para programação de FPGA e os dispositivos tradicionais (portas lógicas), para que se estabeleça um paralelo entre essas tecnologias, a antiga e a nova.

No Capítulo 5, *Sistemas Combinacionais*, é apresentada a metodologia de projeto desses sistemas, iniciando pelo processo tradicional e ainda válido, mas finalizando com a implementação por FPGA, deixando nítida a diferença entre essas tecnologias e iniciando o leitor no mundo de elaboração de códigos em VHDL.

O Capítulo 6, *Circuitos Dedicados*, aborda os diversos dispositivos digitais dedicados, como decodificadores, multiplexadores etc., ainda dentro do conceito de circuito combinacional, mas totalmente implementados pelos dispositivos de hardware reconfigurável. Nesse momento, são apresentados diversos recursos metodológicos de desenvolvimento de códigos em VHDL.

O Capítulo 7, *Circuitos Sequenciais,* explora os dispositivos básicos sequenciais, como flip-flops, contadores e registradores, mas sempre apresentando metodologia de desenvolvimento de códigos em VHDL, culminando com a metodologia de desenvolvimento por máquina de estado.

Por fim, nos dois anexos, são analisados as memórias e os tipos de dispositivos lógicos programáveis, que formam a base estrutural dos dispositivos de hardware reconfigurável.

O livro apresenta diversos exemplos, exercícios e projetos, para que o leitor se familiarize da melhor forma possível com esse tema dentro da perspectiva do novo paradigma que se apresenta.

Bem-vindo ao presente e ao futuro!

PREFÁCIO

Este livro tem o intuito de diminuir a defasagem do ensino da eletrônica ante a indústria ao adotar uma nova abordagem didática para o ensino da eletrônica digital, a qual precisa se difundir tanto no nível da graduação — engenharia e/ou tecnologia —, como também no nível médio — técnico. Para tanto, a proposta didática dos seus autores, todos engenheiros e professores, faz uso da metodologia de ensino que parte diretamente do emprego da lógica reconfigurável e, ao mesmo tempo, esmera-se em oferecer ao leitor uma abordagem aos temas digitais correlatos em ambas as linhas didáticas, de forma gradativa, bem contextualizada e munida de exemplos comentados.

Ainda são minorias os cursos e materiais didáticos que apresentam a lógica reconfigurável como principal instrumento de implementação da eletrônica digital. Isso precisa mudar, e este livro contribui com tal propósito!

Para os docentes, como eu, materializa-se aqui uma interessante e útil ferramenta norteadora para a adoção imediata deste conteúdo, tanto teórico como prático, seja para a atualização de ementas de cursos digitais, seja para a implementação de temas reconfiguráveis nos cursos inseridos nesse contexto.

Este livro também altera o formato da abordagem inicial das literaturas tradicionais ao propor como tema inicial os CAD — Conversores Analógicos Digitais, em vez da costumeira introdução feita com a abordagem dos sistemas de numeração. Dessa forma, evidencia-se que seus autores esperam que, ao se abordar o tema binário, esse conteúdo passe a ter maior sentido para o leitor iniciante.

Nesta leitura, evidencia-se ainda que o tema VHDL não é tratado com o objetivo de aprofundamento, mas, sim, como ferramenta de explicação da eletrônica na síntese de circuitos. Dessa forma, evita-se torná-la desnecessariamente pesada para o leitor iniciante.

Finalmente, compartilho que este livro oferece a mim um significado singular, haja vista que um dos seus autores é nosso único filho, e, por isso, Tuska e eu pudemos acompanhar de perto o processo desta criação desenvolvido por eles, ao longo dos anos recentes, culminando com o honroso convite — oriundo dos demais autores — para que eu escrevesse este prefácio. Por isso tudo, e por Deus, uma oportunidade única.

Como eu, aproveitem a leitura deste livro, que ajudará a mudar conceitos, e dela façam uso em suas aulas digitais!

Luciano Guimarães Mendes
Professor de mecatrônica do IFSP — Instituto Federal de Educação, Ciência e Tecnologia de São Paulo, Campus Bragança Paulista. Mestre em Automação e Controle.

INTRODUÇÃO À ELETRÔNICA DIGITAL

CAPÍTULO 1

Neste capítulo, você aprenderá:

- A história da tecnologia e das revoluções industriais.
- A evolução da eletrônica digital.
- O que são ASICs.
- O que são PLDs.
- O que são microcontroladores.
- Quando utilizar cada uma das tecnologias citadas.

1.1 REVOLUÇÕES TECNOLÓGICAS E A REVOLUÇÃO 4.0

As grandes revoluções industriais trouxeram ao mundo incontáveis avanços científicos e tecnológicos, e profundas mudanças na sociedade.

A Primeira Revolução, iniciada na segunda metade do século XVIII, ficou marcada pela utilização de máquinas a vapor em processos produtivos (principalmente, na produção têxtil) e nos meios de transporte (Figura 1.1). Já a Segunda Revolução, que ocorreu na segunda metade do século XIX, caracterizou-se pelo emprego da energia elétrica e dos combustíveis derivados do petróleo (Figura 1.2).

Figura 1.1 – Máquina a vapor (Primeira Revolução Industrial).
Fonte: Pixabay

Figura 1.2 – Rádio Galena (Segunda Revolução Industrial).
Fonte: Pixabay

Mas foi após as duas Grandes Guerras que o mundo começou, de fato, a conhecer a eletrônica, uma das áreas protagonistas da Terceira Revolução Industrial, iniciada em meados do século XX. O desenvolvimento industrial durante o período transformou as indústrias no que conhecemos hoje, com as pesquisas científicas e tecnológicas andando de mãos dadas com a busca por processos produtivos cada vez mais eficientes e automatizados. Áreas como informática, eletrônica, robótica e telecomunicações foram fundamentais durante todo esse processo (Figura 1.3).

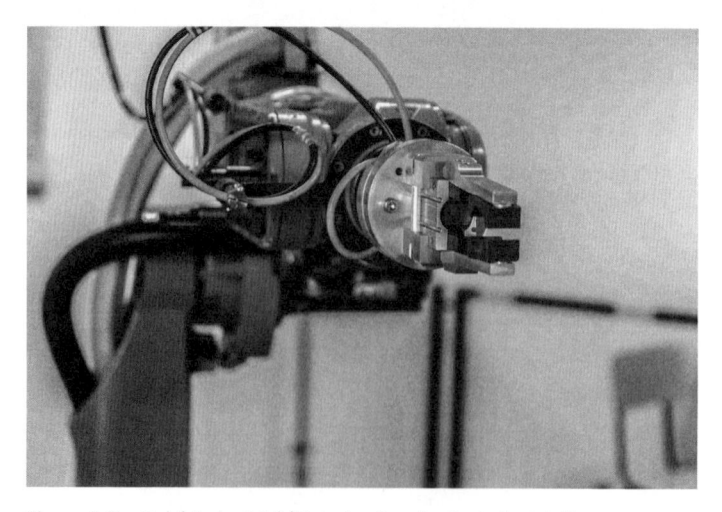

Figura 1.3 – Robô industrial (Terceira Revolução Industrial).
Fonte: Pixabay

Ainda nesse contexto, é praticamente impossível mencionar a evolução dos sistemas de informação sem nos lembrarmos do papel da internet, da presença de computadores com processadores cada vez mais poderosos e do aumento exponencial do fluxo de dados consumidos pelo mundo. Dá-se, então, início ao que chamamos de "Era da Informação", ou "Era Digital". Aqui, antigos paradigmas foram quebrados, e o mundo passou a exigir muito mais dinamismo e velocidade nas tomadas de decisão; dessa maneira, as indústrias não puderam fugir à regra para conseguir sobreviver em um mundo cada vez mais competitivo.

Atualmente, vivemos a Quarta Revolução Industrial, chamada de Revolução 4.0, ou Indústria 4.0, cujas propostas são pautadas em ambientes inteligentes, com grande interconectividade e processamento de informações em tempo real. As áreas em destaque aqui são:

- **Inteligência artificial**: Desenvolve mecanismos que permitem aos dispositivos serem capazes de analisar e solucionar problemas, simulando a capacidade do ser humano de pensar, tornando-os de certa forma "inteligentes" (Figura 1.4A). Dentro desse ramo, há o que chamamos de **aprendizagem de máquina (machine learning)**, que é um método que analisa dados e informações passadas para tomar decisões futuras, ou seja, faz com que os dispositivos sejam capazes de aprender sozinhos; este é o fundamento dos carros autônomos.
- **Big Data**: Termo em inglês, utilizado para se referir ao grande volume de informação processada atualmente (Figura 1.4B). Estuda-se, aqui, como gerenciar e lidar com tamanha quantidade de dados.
- **Cibersegurança (CiberSecurity)**: Abrange tudo o que está ligado à segurança virtual (Figura 1.4C). Engloba transmissão e recepção de informações, evitando que sejam perdidas e/ou roubadas por qualquer que seja o tipo de ação maliciosa.
- **Internet das Coisas (IoT — Internet of Things)**: Conceito de dispositivos interconectados trocando informações pela rede (Figura 1.4D).

Assim como as três primeiras revoluções, a Quarta não é um evento repentino que se iniciou ou que acabará de uma hora para outra. Todas essas melhorias e descobertas fazem parte de um processo contínuo que perdura e resulta de anos de pesquisa e trabalho. Portanto, não é difícil imaginar e esperar que a busca constante por maior eficiência e perfeição nos levará a novos patamares tecnológicos, assim como outrora ocorreu, fazendo-nos perguntar: Qual será a Quinta Revolução e quando ela ocorrerá?

A Inteligência Artificial.
Fonte: Pixabay

B Big Data.
Fonte: Pixabay

C Cibersegurança.
Fonte: Pixabay

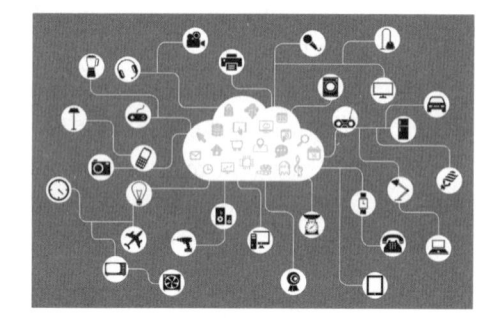

D Internet das Coisas – IoT.
Fonte: Pixabay

Figura 1.4 – Quarta Revolução Industrial.

1.2 AS TECNOLOGIAS E A SOCIEDADE

As tecnologias criadas ao longo dos anos também impactam diretamente o nosso cotidiano, afetando a forma como realizamos nossas atividades diárias, nossas expectativas e, até mesmo, nossos relacionamentos interpessoais. Por vezes, têm-se verdadeiras quebras de paradigmas e novas realidades, que jamais seriam pensadas anos atrás.

Atualmente, passamos grande parte de nosso tempo olhando para telas de smartphones e computadores, seja trabalhando, seja vendo algo de interesse pessoal, conversando com amigos por meio de aplicativos ou em jogos virtuais. Um celular apenas para fazer ligações é algo ultrapassado e que já não atende às necessidades do consumidor. Os smartphones são verdadeiros computadores de bolso, com os mais variados recursos integrados em um equipamento de pequeno porte e mais poderosos do que antigos computadores de mesa.

As pessoas não esperam mais pelo seu programa de televisão favorito e, sim, assistem a ele quando bem entendem e nem sequer precisam mais da televisão para isso. Aliás, há quem nem mais a tenha em casa. É incrível pensar que ela já foi um dos eletrodomésticos mais requisitados em uma residência e, mais ainda, lembrar a clássica época do rádio, na qual ele era o principal difusor de informação.

Se, antes, as crianças empinavam pipas, hoje, elas controlam drones; leitores da digital humana estão substituindo nossos documentos de identificação; armazenamento de fotos e demais documentos são feitos na "nuvem" (servidores) e não mais em estantes. Essas são algumas entre muitas outras novas situações trazidas com o avanço tecnológico.

A própria internet representou um processo de globalização e integração social, "encurtou" distâncias, facilitando as comunicações, e fomentou a difusão de informação. Considerando o fácil acesso a uma quantidade inimaginável de conteúdo, alguns segundos ou minutos de pesquisa podem ser um divisor de águas entre uma pessoa que conhece ou não determinado assunto. Será que longos cursos, como graduações de 4 ou 5 anos, satisfarão às necessidades atuais e às rápidas mudanças que estamos vivenciando? Ou o novo profissional já sairá desatualizado da faculdade?

Inteligência artificial e realidade virtual são algumas das tecnologias que estão sendo aplicadas à educação: o perfil dos alunos mudou e continuará mudando, bibliotecas já não são frequentadas como antes, e a quantidade de informação ao alcance de todos nos faz repensar a real necessidade de um professor falando por horas sobre um assunto que facilmente poderia ser lido. Renovações à vista no sistema de ensino!

Novas disciplinas, como lógica de programação, não deveriam ser acrescidas na grade curricular do ensino fundamental? Noções sobre como navegar na internet com segurança não seriam uteis às nossas crianças?

Este mundo cada vez mais digital e interconectado, pegando carona no conceito trazido com a Internet das Coisas, promete ainda mais alterações e novas tendências. A quinta geração (5G) de telefonia celular vem para suprir a demanda por um fluxo de dados cada vez maior, com novas infraestruturas de telecomunicações e preocupações com a cibersegurança.

Cidades inteligentes (*Smart Cities*) mudarão o conceito de gestão pública dos centros urbanos e rurais, e a automação nas residências (Domótica) ficará cada vez mais presente e acessível (Figura 1.5).

Figura 1.5 – A cidade inteligente em nossas mãos.
Fonte: Pixabay

A área da saúde promete equipamentos melhores, novos tratamentos e operações cada vez menos invasivas, exigindo um menor tempo de recuperação. Imaginem a qualidade e o quão confiáveis deverão ser as redes de comunicação para permitir as desejadas intervenções cirúrgicas realizadas a distância.

Há também novas profissões substituindo outras e novos nichos de mercado surgindo. As empresas tradicionais, que antes figuravam como as de maior valor de mercado, estão perdendo posições e, hoje, as mais valiosas são as empresas de software, mudando totalmente o panorama anterior.

Cada vez mais, precisaremos de profissionais empreendedores, com capacidade de aprender rápido, autodidatas e com poder de adaptação. A tecnologia afeta todas as áreas, e muitas coisas poderiam ser citadas e discutidas (prós e contras) sobre todas as mudanças e os impactos no cotidiano, mas o fato é que elas continuarão a ocorrer, pois a busca por mais conforto e facilidades é inerente à evolução humana. Já vimos que esta não é a primeira revolução e nem será a última. Se partirmos do princípio de que esses processos são contínuos e inevitáveis, o que nos resta é estarmos preparados para enfrentá-los.

Conjuntamente com os grandes desafios, surgirão muitas oportunidades.

Profissionalmente falando, precisamos aceitar e nos preparar para as mudanças, sermos "disruptivos" e nos reinventarmos para não ficarmos de fora. Do lado pessoal, jamais nos esquecermos de nossas responsabilidades social, ambiental, familiar etc., de constantemente refletirmos sobre o certo e o errado, termos ética e caráter. Podemos criar robôs, mas não podemos permitir que a sociedade nos transforme em um.

1.3 A ELETRÔNICA DIGITAL

Principalmente após a invenção do transistor, na década de 1940, o mundo presenciou uma revolução tecnológica. Cada vez mais, vemos circuitos eletrônicos menores e com capacidades ainda maiores do que as dos anteriores.

A velocidade dos lançamentos de novos equipamentos é cada vez maior. Dificilmente, vemos uma pessoa com o mesmo smartphone por mais de dois ou três anos. Haja dinheiro para se manter atualizado eletronicamente!

Obviamente, todo esse avanço também modifica a forma como são realizados os projetos eletrônicos, demandando contínua atualização dos projetistas e fabricantes. Foi-se o tempo em que as grandes indústrias tecnológicas trabalhavam com os circuitos integrados tradicionais, com pequenas funções específicas, como as famílias TTL e CMOS. Se, nas décadas de 1970 e 1980, esses componentes tiveram seu auge, hoje o cenário de projetos se encontra bastante modificado, principalmente após a chegada e a popularização dos Dispositivos Lógicos Programáveis — PLDs (Programmable Logic Device). A Tabela 1.1 situa historicamente as tecnologias eletrônicas predominantes.

Tabela 1.1 – Histórico das tecnologias da eletrônica digital.

Tecnologia Predominante	Período
Tubos a vácuo	Até a década de 1950
Transistores	Décadas de 1950 e 1960
Circuitos Integrados (SSI, MSI, LSI, VLSI etc.), TTL, MOS e ASICs	Décadas de 1970 e 1980
ASICs, DSP, Microcontroladores, PLDs (CPLDs e FPGAs) e SOC	A partir da década de 1990

Atualmente, as principais tecnologias utilizadas pelos projetistas são os ainda bastante fortes: ASICs (Application Specific Integrated Circuit), microcontroladores, microprocessadores e PLDs (Programmable Logic Device).

1.3.1 A integração e a miniaturização da eletrônica

Essa evolução da eletrônica teve como grande marco a invenção do transistor, no final da década de 1940, substituindo as antigas válvulas termiônicas e permitindo a construção de circuitos muito mais compactos.

Na década de 1970, houve um grande crescimento dos circuitos integrados — CIs, ou seja, circuitos miniaturizados construídos dentro de um mesmo encapsulamento com escalas de integração cada vez maiores (Tabela 1.2), e, em 1971, o surgimento do primeiro processador, pela Intel.

Tabela 1.2 — Evolução das escalas de integração de circuitos.

Sigla	Nomenclatura	Quantidade de portas lógicas em um único chip
SSI	Small Scale Integration	Até 10
MSI	Medium Scale Integration	De 10 a 100
LSI	Large Scale Integration	De 100 a 10000
VLSI	Very Large Scale Integration	De 10000 a 100000
ULSI	Ultra Large Scale Integration	> 100000

1.3.2 Um pouco sobre as famílias TTL e CMOS

No mercado, existem circuitos integrados — CIs digitais — para vários propósitos, contendo desde simples portas lógicas e flip-flops até os tradicionais circuitos combinacionais e sequenciais prontos para utilização em projetos.

Duas famílias de CIs tiveram bastante destaque e aceitação no mercado: TTL e CMOS. As famílias de componentes diferenciam-se entre si por diversos aspectos, como tecnologia de construção, consumo de energia e níveis de tensão de trabalho para entrada e saída de sinal.

A família TTL tem sua tecnologia de construção baseada em transistores bipolares e sua nomenclatura vem de *Transistor-Transistor Logic* (Lógica Transistor-Transistor). É alimentado com tensão contínua de 5V e seus chips são disponibilizados pelas famosas séries 54XX — para fins militares — e 74XX — para aplicações gerais (Figura 1.6).

A Encapsulamento DIP — Dual In-Line Package.
Fonte: Pixabay

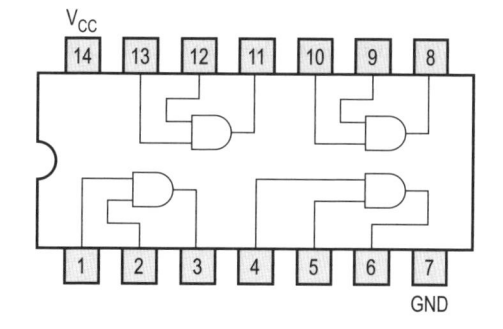

B Diagrama de conexão do 7408 — portas AND (E).

Figura 1.6 — Circuito integrado tradicional.

A família CMOS — Complementary MOS (MOS complementar) — baseia-se na tecnologia MOS — Metal Oxide Semiconductor (Semicondutor de Óxido-Metal) —, sendo seus elementos construídos com transistores de efeito de campo do tipo MOSFET — Metal Oxide Semiconductor Field Effect Transistor.

Essa família é representada por diferentes séries de componentes, sendo a mais famosa a 4.000. Há também as séries 54C/74C, 74HC, 74HCT que são compatíveis com os circuitos integrados TTL. Devido à variedade de séries disponível, a faixa de alimentação é bastante ampla (de 1V a 15V), sendo sempre necessário consultar o manual do fabricante.

A família CMOS é mais moderna e apresentou evoluções frente à TTL, como menor consumo de potência e dissipação de calor, alta imunidade a ruído e maior densidade de integração (maior compactação dos CIs).

1.3.3 ASIC — Application Specific Integrated Circuit (Circuito Integrado de Aplicação Específica)

Como sugere o nome, esse dispositivo é projetado e fabricado para atender a um propósito específico de um determinado sistema, ou seja, desde o momento de sua concepção, ele é pensado para aquela aplicação, de forma que nenhum outro circuito disponível no mercado atenderia àquele projeto e àquela aplicação de forma tão perfeita quanto um ASIC (desempenho, consumo de energia, pinagem, tamanho etc.). No entanto, seu desenvolvimento demanda muito tempo e envolve alto custo, se comparado às opções de mercado.

1.3.4 PLD — Programmable Logic Device (Dispositivo Lógico Programável)

É um dispositivo que permite que seu hardware interno seja configurado eletronicamente, por meio de linguagens específicas, para atender às demandas de um projeto.

Os primeiros dispositivos lançados continham algumas centenas de portas lógicas, poucas entradas e saídas, e só podiam ser programados uma vez. Hoje, são reprogramáveis e têm capacidade lógica infinitamente maior.

A utilização dessa tecnologia de dispositivos que utilizam a lógica programável para conceber sistemas digitais trouxe uma nova realidade na concepção de projetos. Técnicas e etapas tradicionais de projetos passaram a ser realizadas por um computador por meio de um software de desenvolvimento, entre elas: obtenção de expressões booleanas, levantamento da tabela-verdade do circuito com as combinações possíveis de entradas e respectivos comportamentos para as saídas, simplificação de circuitos, seleção de quais componentes (CIs) comprar e como os interligar.

Além de tornar os ciclos de projetos mais curtos e ágeis, essa tecnologia facilitou seus processos de testes e suas alterações, reduziu a quantidade de dispositivos, o tamanho das placas, o consumo de energia e o custo, e ainda maximizou a confiabilidade e a segurança dos circuitos.

Os PLDs podem ser divididos em dois grandes grupos: dispositivos lógicos programáveis simples — **SPLDs** — e dispositivos lógicos programáveis de alta capacidade — **HCPLDs**. A Figura 1.7 apresenta a classificações das tecnologias de sistemas digitais:

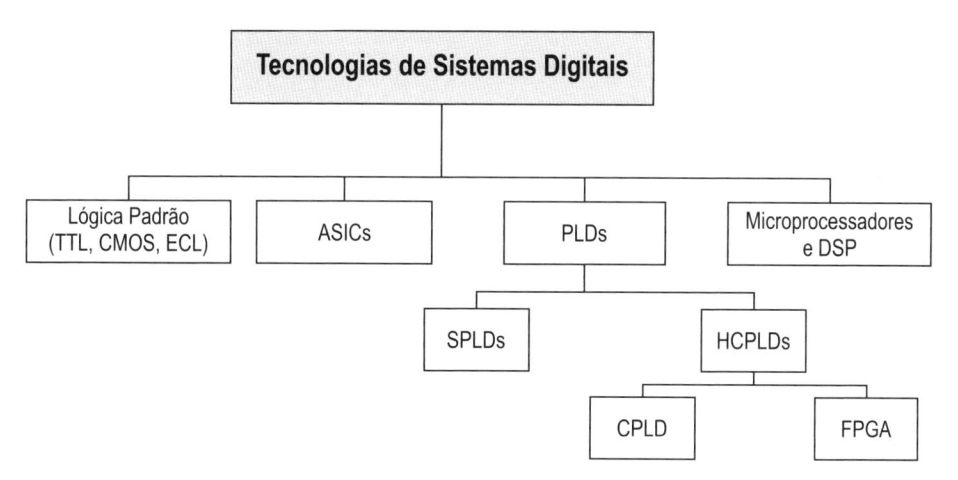

Figura 1.7 — Tecnologias de sistemas digitais.

No Anexo 2, no fim deste livro, explicaremos a evolução desses dispositivos e suas características principais. No entanto, ainda será abordado neste livro, com mais detalhes, os HCPLDs (CPLD e FPGA).

1.3.5 Tecnologia CPLD

O CPLD — Complex Programmable Logic Device (Dispositivo Lógico Programável Complexo) — é um arranjo de SPLDs, ou seja, um conjunto de blocos lógicos de menor complexidade lógica reunidos em um único dispositivo (Figura 1.8).

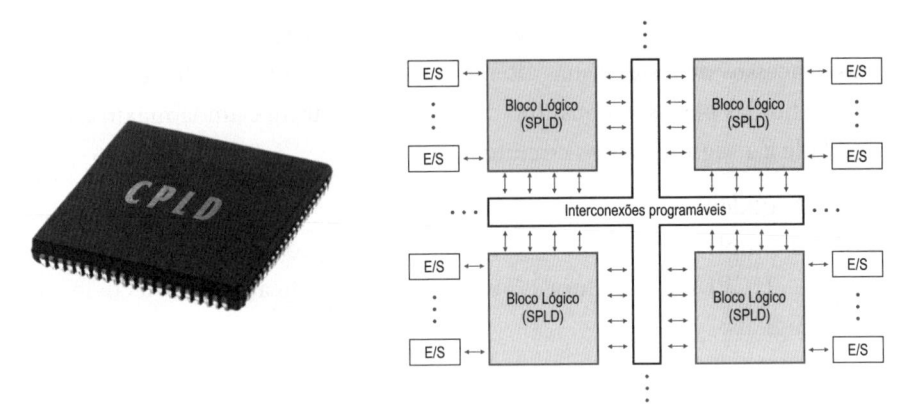

A Aspecto físico.   **B** Arquitetura interna.

Figura 1.8 — CPLD.

Criado pela Altera Inc., em 1984, os modelos de CPLD possuem quantidade de blocos lógicos variável dependendo do componente e da família a que pertence.

Entre os blocos lógicos, existem interconexões programáveis responsáveis por conectá-los conforme o circuito que se deseja construir.

1.3.6 Tecnologia FPGA

O FPGA — Field Programmable Gate Array (Arranjo de portas programável em campo) — integra o grupo dos HCPLDs e seu primeiro representante foi criado em 1983 pela empresa Xilinx Inc. A Figura 1.9A apresenta o aspecto físico de um FPGA e a sua arquitetura interna.

O FPGA é constituído, basicamente, por um grande arranjo de blocos lógicos conectados uns aos outros por canais de roteamento programáveis, formando uma matriz bidimensional (Figura 1.9B).

O FPGA difere do CPLD na sua constituição e tamanho dos seus blocos lógicos, que não mais se baseiam nas arquiteturas dos SPLDs. O seu roteamento é, também, mais eficiente, ele tem a possibilidade de atingir níveis de integração superior ao CPLD, e, portanto, sua implementação é mais compactada.

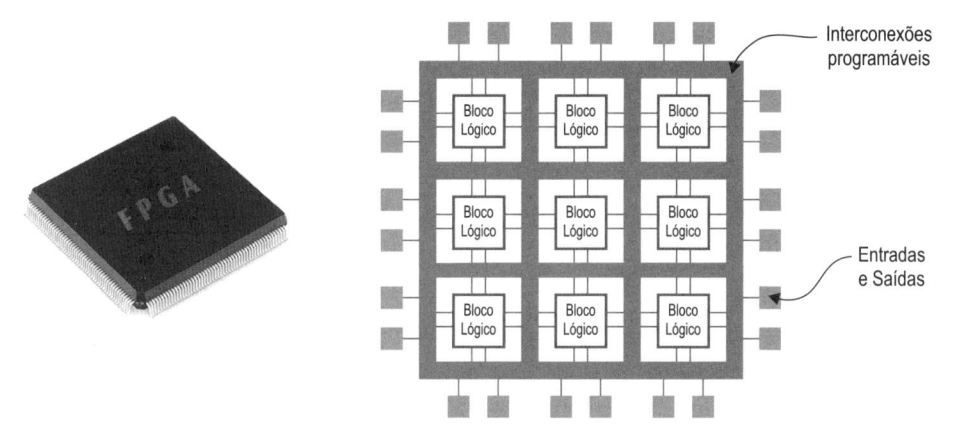

A Aspecto físico.
B Arquitetura interna.
Figura 1.9 — FPGA.

1.3.7 Microcontrolador

É um circuito integrado programável (Figura 1.10A) dotado de processador, memórias/registradores, Unidade Lógica Aritmética — ALU (Arithmetic Logic Unit) —, entradas e saídas — I/O (Input/Output) — e circuitos periféricos (Figura 1.10B). É comum compará-lo a um computador em miniatura, de forma que a programação (software) comandará o funcionamento do circuito (hardware).

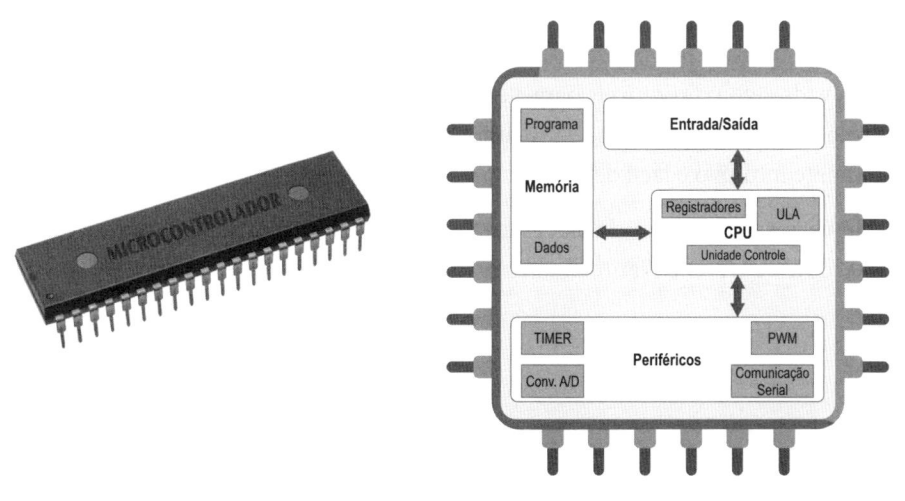

A Aspecto físico.
B Arquitetura interna.
Figura 1.10 — Microcontrolador.

É um tipo de dispositivo bastante difundido, fácil de encontrar e com inúmeros modelos disponíveis no mercado, cada qual com seus recursos e periféricos próprios. A necessidade do projeto definirá qual deles escolher.

O microcontrolador não é um circuito pensado para uma única aplicação; pelo contrário, sua concepção é pensada de forma genérica para atender a vários tipos e necessidades de projetos, tendo, com isso, uma alta demanda no mercado. Dessa forma, seu custo fica acessível, mas seu hardware não é o mais eficiente, considerando que nem todos os recursos serão usados em um projeto, ocasionando consumo desnecessário de energia e maior área de placa utilizada.

1.3.7.1 *A Plataforma Arduino*

Arduino é uma plataforma de prototipagem aberta, ou seja, o usuário tem acesso ao código-fonte e ao hardware do projeto, podendo alterá-lo e dele usufruir como bem entender. Seu advento, feito por pesquisadores italianos, atingiu seu objetivo de popularizar a eletrônica embarcada, tornando a elaboração de projetos microcontrolados acessíveis a todos, até mesmo àqueles que não são técnicos ou engenheiros da área. Com apenas um cabo USB interligando a placa ao computador, e, claro, um pouco de estudo e curiosidade, já é possível desenvolver projetos interessantes e baratos, fazendo do Arduino um grande sucesso, com uma grande rede de seguidores e hobbistas.

Essa plataforma nada mais é do que uma placa com um microcontrolador Atmel como elemento central conectado a diversos recursos de hardware (chaves, LEDs, gravador etc.) disponíveis para elaboração de projetos. A plataforma é programada pela IDE do Arduino, que é um ambiente de desenvolvimento (software) próprio, bastante intuitivo e fácil de usar, e cujo código é baseado na linguagem C/C++.

São vários os modelos de placas existentes, sendo as mais famosas e difundidas os Arduinos UNO e Nano, mostrados na Figura 1.11.

A Arduino Uno.

B Arduino Nano.
Fonte: Pixabay

Figura 1.11 — Exemplos de Arduino.

Várias dessas plataformas possuem barramentos que permitem conectar placas, chamadas de shields, com recursos adicionais, como displays, drivers para motores, buzzer, entre muitos outros.

Já está também disponível no mercado a plataforma Arduino baseada em FPGA. A primeira lançada foi a placa MKR Vidor 4000.

Devido à popularidade do Arduino, outras plataformas e placas de desenvolvimento adotaram o seu sistema de conexão, permitindo a intercambialidade com esses dispositivos mesmo quando utilizam tecnologia, linguagem e ambientes de desenvolvimento diferentes, como é o caso das placas Núcleo para microcontroladores STM32 e de algumas placas de FPGAs, como a DE-10 Nano da Terasic.

1.3.8 Sistema em um chip — SOC

O termo "sistema em um chip" — SOC (System on Chip) — refere-se a um sistema que pode conter diversas funções e tecnologias reunidas em um único circuito integrado, incluindo processadores, circuitos digitais, analógicos e de radiofrequência. Podemos encontrar, por exemplo, um ou mais núcleos de processadores embarcados em um FPGA ou, ainda, com processadores digitais de sinais (DSPs), memórias e muitos outros periféricos integrados em um chip.

1.3.9 Qual tecnologia escolher: ASIC, Microcontrolador ou PLD?

O ASIC traz uma solução pensada para um projeto específico, enquanto o microcontrolador possui uma arquitetura mais genérica, capaz de atender a várias necessidades por um baixo custo, se comparado ao anterior. No entanto, se por um lado o ASIC é mais caro, devido ao tempo de desenvolvimento dedicado ao cliente que o encomendou, por outro, trata-se de algo exclusivo e personalizado, de forma que o cliente não encontrará outra solução melhor para sua necessidade. Mas quanto esse cliente está disposto a pagar por essa solução "perfeita"?

O PLD, por sua vez, traz uma solução intermediária, nem tão cara quanto o ASIC, nem tão genérica quanto o microcontrolador. Embora o PLD ainda seja mais caro que o microcontrolador, a possibilidade de se reconfigurar o hardware traz ao PLD uma flexibilidade ao atendimento de demandas que o microcontrolador não possui, maior velocidade de processamento e paralelismo; porém, não atinge o grau de personalização de um ASIC, uma vez que já possui predefinidos pelo fabricante a disposição de pinos, a quantidade de I/Os, o encapsulamento, a quantidade de elementos lógicos etc., pois é pensado para venda em varejo.

Note, portanto, que não é possível declarar uma dessas tecnologias como a melhor, mas, sim, aquela que será a mais indicada para cada necessidade e situação. Cabe ao projetista conhecê-las, analisar o custo e as respectivas vantagens e desvantagens para, então, poder decidir.

1.4 EXERCÍCIOS PROPOSTOS

1) Cite e descreva de forma objetiva as quatro áreas de destaque da Revolução 4.0.

2) Faça uma comparação objetiva entre as famílias de circuitos integrados TTL e CMOS.

3) Cite as vantagens e as desvantagens de utilizar um ASIC no lugar de um circuito com TTL ou CMOS em uma aplicação.

4) Descreva de forma suscinta as características e as diferenças entre os HCPLDs (CPLD e FPGA).

1.5 PESQUISA PROPOSTA

Pesquise algumas opções disponíveis no mercado, comparando recursos e preços, de novas placas de desenvolvimento e kits didáticos para o aprendizado de dispositivos de hardware reconfigurável.

SINAIS ANALÓGICO E DIGITAL, E CONVERSORES AD E DA

CAPÍTULO 2

Neste capítulo, você aprenderá:

- Diferenciar grandezas e sinais analógico e digital.
- O que são BIT, níveis lógicos e variáveis lógicas.
- O processo de aquisição de sinais.
- Os princípios de medição dos sensores.
- Trabalhar com diferentes sistemas de numeração e como realizar conversões.
- Realizar operações de adição e subtração nos sistemas binário e hexadecimal.
- Os princípios de conversão analógica-digital e digital-analógica.

2.1 SISTEMAS E GRANDEZAS ANALÓGICA E DIGITAL

Por definição, um sistema é um conjunto de elementos interligados que interagem entre si. No ramo da eletrônica, os sistemas podem ser divididos em duas grandes áreas: a analógica e a digital.

Os sistemas analógicos trabalham com **grandezas analógicas**, ou contínuas, isto é, podem assumir qualquer valor em um intervalo de tempo (Figura 2.1A), enquanto os sistemas digitais trabalham com **grandezas digitais**, ou discretas, aquelas que são capazes de assumir apenas valores previamente conhecidos (Figura 2.1B).

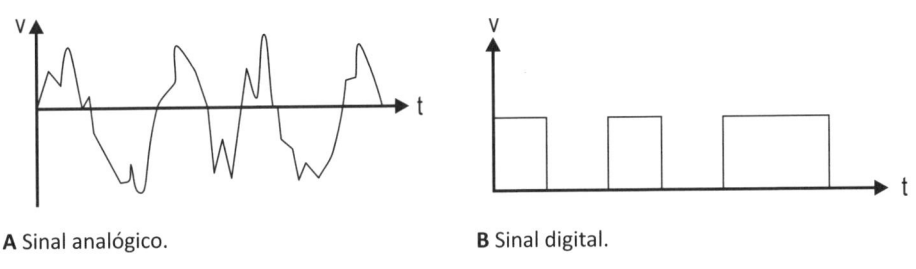

A Sinal analógico.

B Sinal digital.

Figura 2.1 — Sinais elétricos analógico e digital.

A maior parte daquilo que se pode medir na natureza, como temperatura, pressão, umidade etc., caracteriza-se como grandeza analógica, pois não sai de um valor e chega instantaneamente em outro e, sim, percorre **infinitos** valores durante um intervalo.

Os sinais digitais estão presentes e são processados em circuitos eletrônicos digitais, e o **sistema de numeração binária**, composto por 0 (zero) e 1 (um), é utilizado para a sua representação numérica.

Se, em um passado recente, a tecnologia analógica predominava na fabricação de circuitos eletrônicos (Figura 2.2A), e a digital era basicamente restrita aos processadores e sistemas computacionais, hoje, esse cenário se alterou completamente, com a maioria dos dispositivos eletrônicos que nos rodeiam possuindo processamento digital de informação (Figura 2.2B).

A Equipamento de som analógico.   **B** Smartphone.

Figura 2.2 — Sistemas analógico e digital.

2.1.1 O bit e os níveis lógicos

Um **dígito** do sistema binário é chamado de ***bit*** (contração de binary digit) e assume apenas dois valores: 0 (zero) ou 1 (um). Uma combinação de bits forma um código binário. Tanto o bit quanto o código representam grandezas, condições, símbolos etc.

No âmbito da eletrônica digital, esses bits representam faixas de tensão elétrica, chamadas de níveis lógicos BAIXO (*LOW*, ou L) e ALTO (*HIGH*, ou H) para os bits 0 e 1, respectivamente.

Por exemplo, na Figura 2.3, qualquer tensão entre VH (máx) e VH (mín) será representada pelo bit 1, enquanto o bit 0 representará tensões entre VL (máx) e VL (mín).

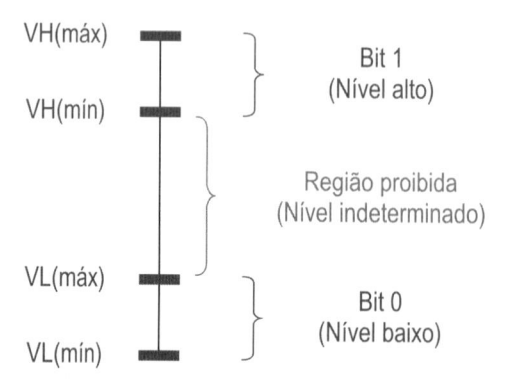

Figura 2.3 — Representação digital das tensões elétricas.

Ainda, a faixa entre VL (máx) e VH (mín) não é permitida durante o funcionamento do circuito, pois o nível lógico é indeterminado. Por esse motivo, essa faixa é denominada de **região proibida**.

Para ilustrar, a antiga família TTL entende, como nível lógico ALTO em suas entradas, a faixa de tensão entre 2,0 e 5,0 V e, como nível lógico BAIXO, a faixa entre 0 e 0,8 V.

A região proibida é muito importante, pois permite diferenciar bem os níveis lógicos BAIXO e ALTO. Quanto maior é a região proibida, maior é a imunidade do dispositivo a ruídos.

Nos circuitos integrados da família CMOS, essa região depende da tensão de operação dos dispositivos, que varia entre 3 e 15 V, ao contrário da família TTL, cuja tensão de operação é fixa em 5 V.

O simples ato de abrir e fechar a chave de um circuito elétrico é suficiente para gerar um sinal elétrico digital 0 ou 1 (Figura 2.4).

A Lâmpada apagada → 0 V.

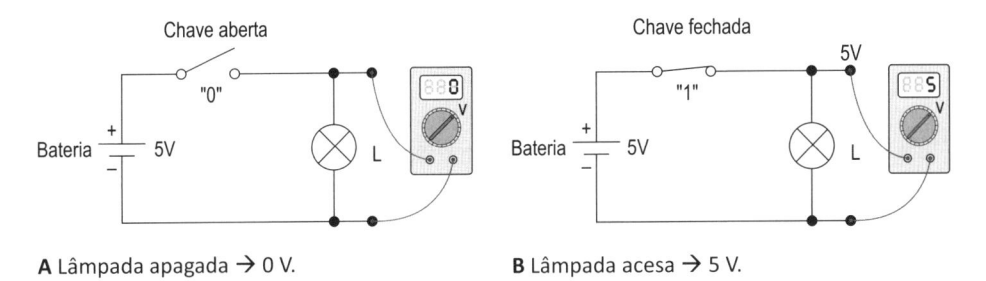

B Lâmpada acesa → 5 V.

Figura 2.4 — Comportamento da chave e da lâmpada.

Também é possível representar graficamente esses bits, como mostra a Figura 2.5:

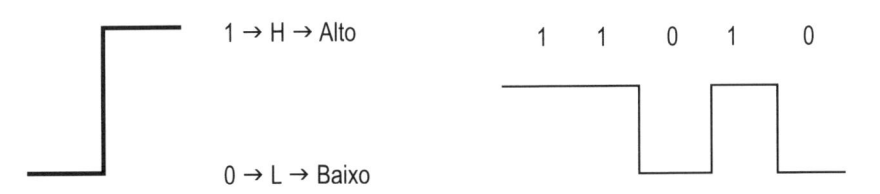

A Valores lógico em níveis baixo e alto.

B Níveis lógicos de um bit variando no tempo.

Figura 2.5 — Representação dos níveis lógicos.

2.1.2 Variáveis lógicas

As variáveis lógicas são representações de estados, que podem assumir apenas dois valores: 0 ou 1.

Normalmente, usam-se letras para designar as variáveis lógicas nas expressões lógicas, ou booleanas, que descrevem o comportamento de circuitos digitais.

Observação: A denominação booleana refere-se a George Boole (1815–1864), matemático e filósofo britânico, criador da álgebra booleana, que é a base da computação moderna, tendo sido baseada nos princípios da lógica aristotélica (filósofo grego Aristóteles — 384–322 a.C.).

Consideraremos essas variáveis sempre atuando com a lógica positiva. Na lógica positiva, 0 indica uma proposição falsa e 1, uma proposição verdadeira. O critério da lógica positiva também está associado ao nível de tensão mais positiva (nível alto) o qual é definido como estado lógico 1 e o nível lógico de tensão mais negativa (nível baixo), definido como estado lógico 0.

No circuito da Figura 2.4A, quando a chave está aberta, não há corrente elétrica, e a lâmpada fica apagada. Quando a chave está fechada, como na Figura 2.4B, a corrente elétrica se estabelece no circuito e mantém a lâmpada acesa.

Assim, a chave e a lâmpada do circuito podem ser associadas às seguintes variáveis lógicas:

Chave → variável C

Lâmpada → variável L

Definidas as variáveis, adotaremos para elas os níveis lógicos conforme a lógica positiva:

Chave aberta → C = 0 - Chave fechada → C = 1

Lâmpada apagada → L = 0 - Lâmpada acesa → L = 1

Analisando a condição para acender a lâmpada, podemos escrever que L = C. Essa igualdade matemática é chamada de função, e, por utilizar variáveis lógicas, é conhecida por função lógica; de outra forma, podemos dizer que L = f(C), ou seja, L é função de C: o estado da lâmpada depende do acionamento ou não da chave. A função lógica é, portanto, uma das formas de se representar o funcionamento de um circuito lógico.

2.2 AQUISIÇÃO DE SINAIS

2.2.1 Etapas do sistema de aquisição de sinais

A parte integrante de um sistema que é responsável por captar, medir e adequar um sinal presente na natureza para a sua correta interpretação é chamada de **sistema de aquisição**. O próprio corpo humano possui vários sistemas de aquisição de informações, como a visão, o olfato e a audição, que capturam, respectivamente, luz, cheiro e som, atuando como interfaces do nosso corpo com o mundo externo.

O mesmo ocorre em um circuito eletrônico, que possui uma ou mais interfaces para captação e/ou preparação de um sinal qualquer para posterior envio às etapas de processamento, que, com base nos resultados, determinam a ação a ser tomada (atuador).

Em se tratando de circuitos digitais, uma das interfaces pertencentes ao sistema de aquisição é justamente aquela responsável pela transformação de um sinal analógico (presente na natureza) em digital.

A quantidade e as características das etapas envolvidas em determinado sistema de aquisição dependem da necessidade e da aplicação do circuito no qual estão inseridos. A seguir, serão apresentadas e definidas as principais etapas:

- **Transdução**: Processo que transforma uma grandeza física em um sinal elétrico proporcional à sua variação. O elemento principal desse processo é o **sensor**, que detecta (ou "sente") a grandeza física a ser medida.
- **Condicionamento de sinal**: Recebe o sinal proveniente da etapa de transdução e realiza o tratamento necessário para ser manipulado e processado pelas etapas seguintes. A filtragem de ruídos, a isolação elétrica, a multiplexação e o ajuste dos níveis de tensão (amplificação, atenuação, linearização etc.) podem compor esse tratamento do sinal.
- **Digitalização**: Responsável por transformar o sinal analógico em digital.

A Figura 2.6 apresenta o diagrama em blocos de um circuito eletrônico digital genérico, que contém, antes do processamento, um **sistema de aquisição**.

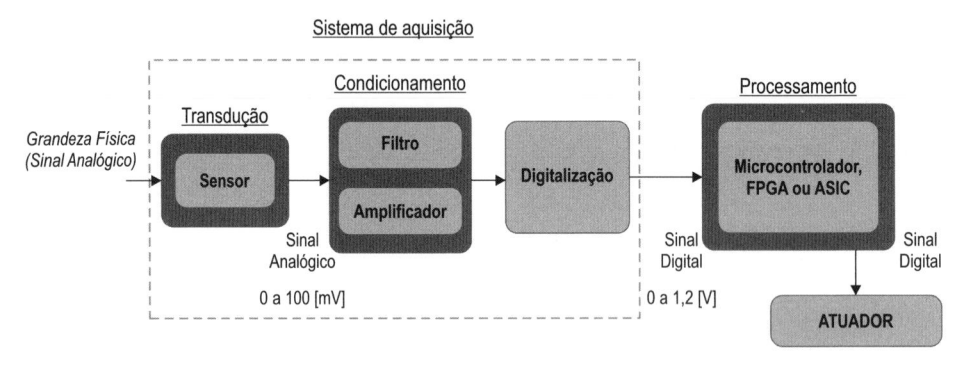

Figura 2.6 — Etapas de um sistema de aquisição de dados.

Supondo que o elemento responsável pelo processamento digital trabalhe com níveis de tensão de 0 e 1,2 V, e que o sinal obtido pela etapa de transdução seja analógico e entre 0 e 100 mV, não haveria compatibilidade entre eles. Dessa forma, o processamento do sinal só é possível graças ao tratamento recebido pelo sinal analógico nas etapas de condicionamento e digitalização.

2.2.2 Sensores

Os sensores podem ser classificados segundo seus princípios de medição, em:

Sensor resistivo: Dispositivo cuja resistência elétrica [R] varia com a grandeza a ser medida. A resistência é a oposição à passagem da corrente elétrica, e sua unidade de medida no sistema internacional (SI) é ohm (Ω).

O termistor é um exemplo de sensor resistivo, pois sua resistência varia com a temperatura, sendo, portanto, usado para medi-la. O LDR — Light Dependent Resistor (resistor dependente de luz), cuja resistência varia com a intensidade luminosa, é outro tipo de sensor resistivo. Esses dois dispositivos estão mostrados na Figura 2.7A. Outros exemplos são: potenciômetro, que possui uma lâmina resistiva circular na qual uma haste metálica desliza, de modo que a resistência varia com a posição de eixo rotativo (giro), Figura 2.7B, e o sensor de água, composto de duas trilhas de cobre estanhadas e isoladas entre si e que se conectam pela presença da água, reduzindo a resistência entre elas, Figura 2.7C.

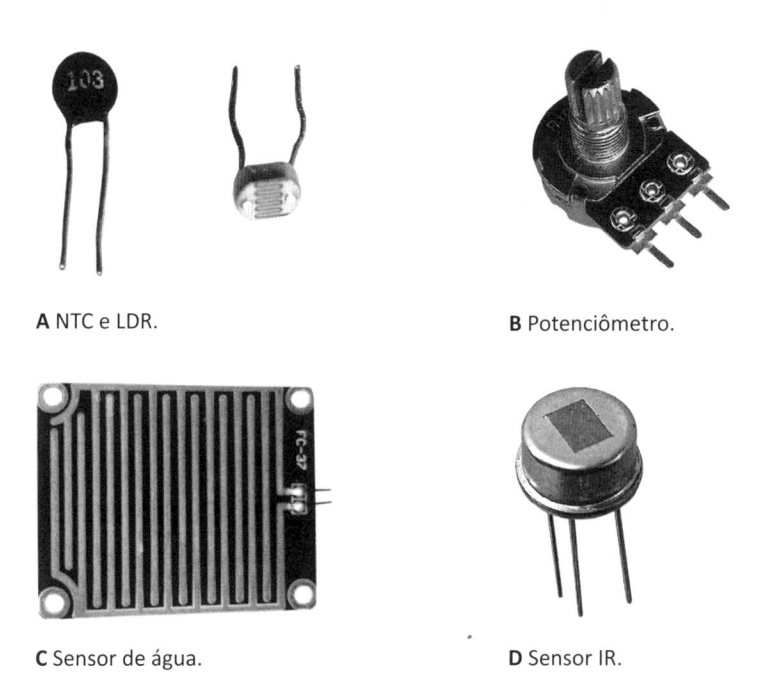

A NTC e LDR.

B Potenciômetro.

C Sensor de água.

D Sensor IR.

Figura 2.7 – Exemplos de sensores resistivo e piroelétrico.

Sensores piezoelétrico e piroelétrico: São elementos formados por materiais de natureza cristalina. O efeito piezoelétrico é sensível à direção, enquanto o efeito piroelétrico é sensível ao fluxo de calor (temperatura).

O sensor ultrassônico e o acelerômetro piezoelétricos são dois exemplos de sensores pertencentes a esta classificação. O primeiro é bastante utilizado na medição de distância e vazão, enquanto o segundo, na medição de vibração.

Sensores de presença ou de iluminação, por sua vez, são exemplos de aplicação do efeito piroelétrico. A Figura 2.7D apresenta um sensor IR (infra red, ou infravermelho) do tipo piroelétrico usado para a implementação do sensor de presença.

Sensor capacitivo: Também conhecido como detector de proximidade por efeito capacitivo. Neste dispositivo, é a capacitância elétrica (C) que varia em função da proximidade de determinados materiais. A capacitância é a grandeza elétrica que mede a capacidade de armazenar carga e, no SI, sua unidade de medida é o Farad (F).

É largamente utilizado na detecção de objetos e líquidos, sendo uma excelente opção para medição em sistemas de nível, vazão e na contagem de itens em uma linha de produção.

Sensor indutivo: Caracteriza-se por variar a indutância elétrica (L) em função da proximidade de materiais ferromagnéticos ou metálicos. A indutância está relacionada à capacidade de um elemento condutor (ex.: bobina) de produzir campo magnético quando é percorrido por corrente elétrica. O Henry (H) é sua unidade de medida padronizada pelo SI.

2.2.3 Digitalização de sinais

Como vimos, em circuitos digitais, os elementos centrais responsáveis pelo processamento da informação e tomadas de decisão são, em sua maioria, os ASIC's, microcontroladores ou FPGAs, que trabalham com grandezas digitais. Assim sendo, as grandezas físicas (analógicas) presentes na natureza, que desejamos captar e medir nos projetos de engenharia, terão que ser digitalizadas, caso contrário, não poderão ser processadas.

Para tanto, em vez de uma medição contínua, o que corresponderia a infinitos valores, ela é feita em intervalos fixos de tempo (de 10 em 10 minutos, por exemplo), obtendo uma quantidade finita de valores discretos.

Note, na Figura 2.8, que o gráfico de infinitos valores foi discretizado e, agora, contém um número finito de amostras (momentos em que a medição foi realizada).

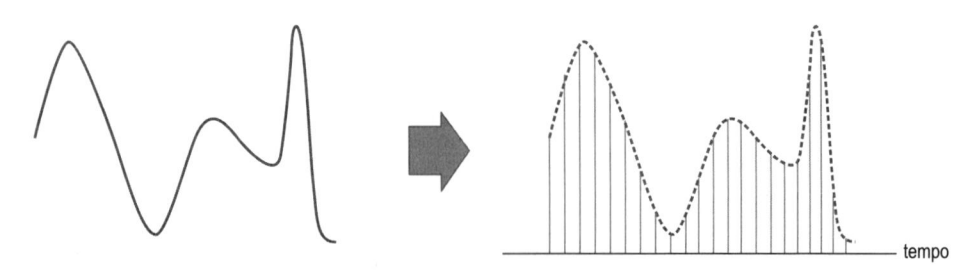

Figura 2.8 — Sinal analógico e sinal discreto.

Esse procedimento de colher amostras de uma grandeza a ser medida é chamado de amostragem e é uma das três etapas pertencentes ao processo de digitalização de um sinal, que são:

- **Amostragem**: Realiza a transformação de infinitos valores para um número finito de amostras.
- **Quantização**: As amostras são niveladas em valores específicos e predeterminados.
- **Codificação**: Cada nível da quantização é convertido em código binário.

O processo de digitalização de um sinal analógico está exemplificado pelo diagrama em blocos da Figura 2.9:

Figura 2.9 — Processo de digitalização de um sinal.

O circuito responsável pela conversão do sinal analógico para digital é conhecido como **conversor analógico-digital** ou **conversor AD** (Analog to Digital Converter — **ADC**).

Após transformar um sinal analógico em digital e realizar o processamento desejado, muitas vezes é necessário realizar o procedimento inverso, o que é feito pelo circuito **conversor digital-analógico** ou **conversor DA** (Digital to Analog Converter — **DAC**). Essas duas conversões estão representadas na Figura 2.10:

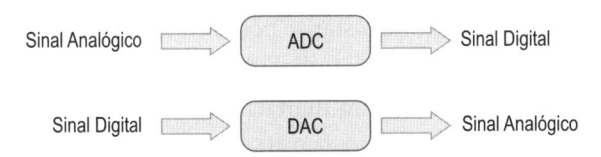

Figura 2.10 — Conversores AD e DA.

Esses conversores podem estar presentes em um sistema embarcado através de um componente específico ou já estar contido no próprio chip de um microcontrolador ou FPGA.

Exemplo de digitalização de sinal

A Figura 2.11 exemplifica, de forma básica, a transmissão e a recepção digital de um sinal de voz (analógico), no qual é possível perceber a ação do ADC e DAC nesse processo.

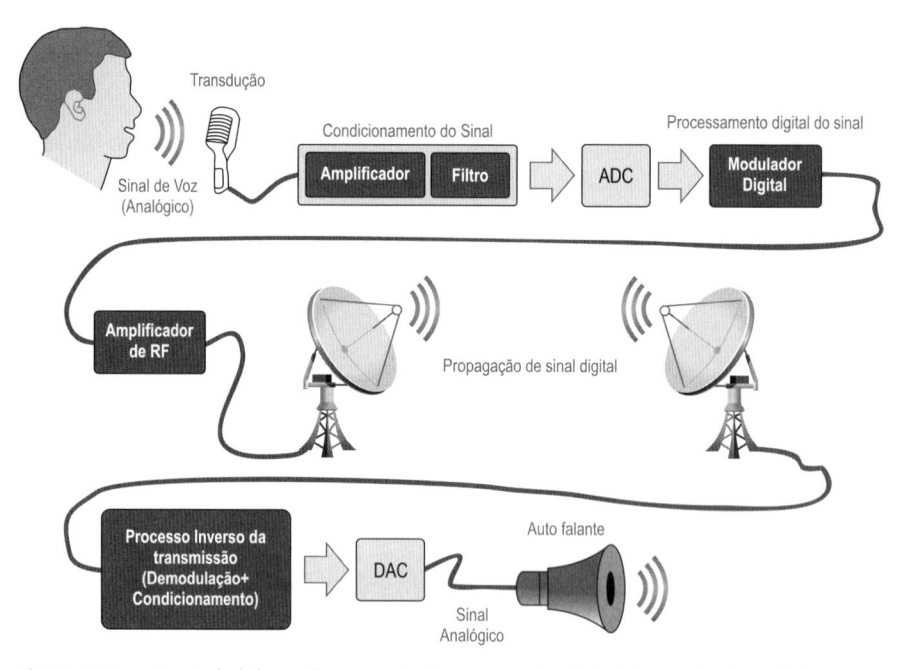

Figura 2.11 — Exemplo básico de transmissão e recepção digital de um sinal analógico.

2.2.4 Vantagens e desvantagens dos sistemas digitais

Diante da necessidade de conhecer todos esses conceitos, circuitos e processos para poder trabalhar com sinais digitais, você deve estar se perguntando o porquê de tudo isso, se há circuitos analógicos que poderiam trabalhar com os sinais analógicos, sem ter a necessidade de transformá-los em digitais. Pois, acredite que, apesar de vivermos em um mundo de natureza analógica, ainda assim vale a pena processar o sinal digitalmente tendo em vista as vantagens obtidas.

Para começar, desenvolver circuitos digitais é mais fácil ao projetista, uma vez que trabalham apenas dois níveis lógicos de tensão, além de serem menos suscetíveis a ruídos e interferências externas.

O armazenamento da informação digital é mais simples, exige menor capacidade de memória e possibilita a utilização de técnicas de compressão. Deve-se, ainda, levar em consideração que o tamanho físico do circuito será menor se comparado ao analógico, uma vez que circuitos digitais permitem um maior nível de integração de hardware.

Também corroboram neste sentido, o advento dos processadores, dos microcontroladores e das tecnologias de hardware reconfigurável, sendo estas últimas os alvos deste livro.

Trabalhar com softwares e sistemas operacionais, além de todo o seu poder de processamento, mais do que justifica o estudo desta área da eletrônica: a digital.

2.3 SISTEMAS NUMÉRICOS: BASES 2, 10 E 16

Quando necessitamos quantificar alguma coisa, por exemplo, contar o número de alunos presentes em uma sala de aula, é natural que lancemos mão do sistema decimal de numeração, que nos ensinaram desde os primeiros anos de nossas vidas.

Esse sistema de numeração é formado por símbolos denominados algarismos arábicos, ou, simplesmente, algarismos ou dígitos.

Todos sabem que, com a utilização destes dez símbolos: 0, 1, 2, 3, 4, 5, 6, 7, 8 e 9, é possível representar qualquer quantidade.

Os computadores, os robôs, os periféricos de computadores, as máquinas automatizadas fazem essas atividades com grande precisão e rapidez, mas não no sistema decimal: eles utilizam o sistema binário de numeração. Utilizam, também, o código binário em atividades de lógica.

2.3.1 Sistema binário

O sistema binário utiliza-se da combinação de dois algarismos para representar qualquer quantidade: 0 e 1; por esse motivo a sua base é 2. Cada algarismo é chamado de **bit**. O conjunto de 8 bits constitui um **byte**.

> **→ EXEMPLOS**
>
> **a)** O número 10101011 possui 8 bits, ou 1 byte.
>
> **b)** O número 1011001011101100 possui 16 bits, ou 2 bytes.

A formação dos números binários obedece à mesma regra de formação dos números decimais. No sistema decimal, quando se esgota a possibilidade de representar quantidades com os dez símbolos, inicia-se nova combinação para representar quantidades maiores. No sistema binário, acontece o mesmo, porém com dois símbolos apenas.

A Tabela 2.1 apresenta a equivalência entre o sistema binário com até quatro bits e o sistema decimal.

Tabela 2.1 — Regra prática para montar uma tabela binária.

Decimal	4ª	3ª	2ª	1ª	Binário
0	0	0	0	0	Uma regra prática para preencher uma tabela, na ordem crescente, é observar a colocação dos algarismos binários em cada coluna:
1	0	0	0	1	
2	0	0	1	0	
3	0	0	1	1	▪ Na 1ª coluna, os algarismos se alternam primeiro zero depois um (0 e 1), até a última linha da tabela desejada.
4	0	1	0	0	
5	0	1	0	1	▪ Na 2ª coluna, os algarismos se repetem de dois em dois, primeiro dois zeros depois dois uns (00 e 11), sempre, até o final.
6	0	1	1	0	
7	0	1	1	1	▪ Na 3ª coluna, os algarismos se repetem de quatro em quatro, iniciando com quatro zeros, depois quatro uns (0000 e 1111) e assim por diante.
8	1	0	0	0	
9	1	0	0	1	
10	1	0	1	0	▪ Na 4ª coluna, os algarismos se repetem de oito em oito, primeiro oito zeros seguidos, depois oito uns seguidos (00000000 e 11111111) e assim sucessivamente, até o final da tabela.
11	1	0	1	1	
12	1	1	0	0	
13	1	1	0	1	
14	1	1	1	0	
15	1	1	1	1	

SINAIS ANALÓGICO E DIGITAL, E CONVERSORES AD E DA   57

!) IMPORTANTE!

- Assim como ocorre no sistema decimal, no sistema binário, o algarismo zero (0) é par e o um (1) é ímpar.

- 1 byte = 8 bits; 1 *nybble* = 4 bits; 1 *word* = 32 bits; 1 *halfword* = 16 bits; 1 *doubleword* = 64 bits.

- 1024 bits = 1kb; 2048 bits = 2kb; 1024 *bytes* = 1kB; 2048 *bytes* = 2kB.

- Em notação digital, usa-se MSB (*Most Significant Bit*) para indicar o bit mais significativo e LSB (*Least Significant Bit*) para indicar o bit menos significativo.

2.3.2 Sistema hexadecimal

O sistema hexadecimal possui base 16, ou seja, utiliza a combinação de 16 algarismos para expressar qualquer quantidade: 0, 1, 2, 3, 4, 5, 6, 7, 8, 9, A, B, C, D, E e F.

→ EXEMPLOS

a) O número $(3B4F)_{16}$ é um número hexadecimal de quatro dígitos.

b) O número $(A17)_{16}$ é um número hexadecimal de três dígitos.

c) Ao contar os alunos da sala de aula, Figura 2.12, nos diversos sistemas, o resultado é:

- Sistema decimal: 1, 2, 3, 4, 5, 6, 7, 8, 9, 10, 11, *12 (12 alunos)*;

- Sistema binário: 1, 10, 11, 100, 101, 110, 111, 1000, 1001, 1010, 1011, *1100 (1100 alunos)*;

- Sistema hexadecimal: 1, 2, 3, 4, 5, 6, 7, 8, 9, A, B, C (C alunos).

Figura 2.12 – Representação de alunos em uma sala de aula.

Para indicar em que base os números estão, duas formas são utilizadas com mais frequência:

1ª) Utiliza-se uma letra após o número para indicar a base, por exemplo: 4CF3H, 1010B, 2367D, em que H significa hexadecimal, B = binário e D = decimal.

2ª) Coloca-se o número entre parênteses e a base subscrita, como se fosse um índice do número, por exemplo $(4CF3)_{16}$, $(1010)_2$ e $(2367)_{10}$.

2.4 CONVERSÃO ENTRE SISTEMAS NUMÉRICOS

2.4.1 Tabela de conversão

A Tabela 2.2 é bastante útil nas consultas rápidas e, também, durante as sessões de estudo para a compreensão dos diversos sistemas.

Tabela 2.2 – Conversão entre bases.

Decimal	Binário	Hexadecimal
0	0	0
1	1	1
2	10	2
3	11	3
4	100	4
5	101	5
6	110	6
7	111	7
8	1000	8
9	1001	9
10	1010	A
11	1011	B
12	1100	C
13	1101	D
14	1110	E
15	1111	F
16	10000	10
17	10001	11
18	10010	12
⋮	⋮	⋮

2.4.2 Conversão de número binário para decimal

Uma forma prática para converter um número em qualquer base para decimal, e vice-versa, é memorizar os pesos de cada sistema de numeração. No caso do sistema binário, a Tabela 2.3 mostra o início da sequência de pesos se desenvolvendo da direita para a esquerda.

Tabela 2.3 — Pesos dos bits no sistema binário.

2^{10}	2^9	2^8	2^7	2^6	2^5	2^4	2^3	2^2	2^1	2^0
1024=1k	512	256	128	64	32	16	8	4	2	1

EXERCÍCIO RESOLVIDO

1) Aplique a tabela de pesos para converter o número binário $(1101)_2$ para a base decimal.

Solução

Sobre cada algarismo do número binário, anote o peso correspondente; comece sempre da direita para a esquerda; depois, é só somar os pesos colocados sobre os algarismos de valor 1.

Tabela 2.4 — Conversão de binário para decimal por meio de pesos.

Peso binário	8	4	2	1
Binário	1	1	0	1

Somente os pesos sobre os algarismos de valor 1 devem ser somados. No exercício, eles aparecem em destaque:

$(1101)_2 = 8 + 4 + 1 = (13)_{10}$

Resposta: $(1101)_2 = (13)_{10}$

2.4.3 Conversão de número hexadecimal para decimal

Para fazermos a mudança de hexadecimal para a base 10, devemos proceder da seguinte forma:

1) Multiplicar cada algarismo do número hexadecimal pelo seu peso posicional correspondente.

2) Somar os produtos obtidos no item anterior.

3) O resultado da soma é o número decimal correspondente.

Quando houver letras no número hexadecimal, devem ser substituídas pelo número decimal equivalente: A = 10, B = 11, C = 12, D = 13, E = 14, F = 15.

Tabela 2.5 — Pesos dos dígitos no sistema hexadecimal.

16^4	16^3	16^2	16^1	16^0
65536	4096	256	16	1

EXERCÍCIO RESOLVIDO

2) Utilize a Tabela 2.5 para realizar a conversão do número $(3AF7)_{16}$ para a base decimal.

Solução

Como o número hexadecimal escolhido para o exercício possui quatro dígitos, vamos utilizar os quatro primeiros pesos da Tabela 2.5 (4096, 256, 16 e 1) para multiplicar pelos algarismos 3, A, F e 7, respectivamente. Na sequência, vamos somar os produtos. O desenvolvimento matemático ilustra o que foi explicado.

$(3AF7)_{16} = 3 \cdot 4096 + A \cdot 256 + F \cdot 16 + 7 \cdot 1$ ⇒

↑   ↑   ↑   ↑
peso   peso   peso   peso

$(3AF7)_{16} = 3 \cdot 4096 + 10 \cdot 256 + 15 \cdot 16 + 7 \cdot 1$ ⇒

$(3AF7)_{16} = 16384 + 2560 + 240 + 7 = (19191)_{10}$

Resposta: $(3AF7)_{16} = (19191)_{10}$

2.4.4 Conversão da base 10 para uma base qualquer, pelo método das divisões sucessivas

Dado um número inteiro na base 10, para obter seu equivalente em uma base qualquer, divida o número decimal pela base desejada e obtenha um quociente inteiro. Em seguida, faça a mesma operação com o quociente quantas vezes forem necessárias até que o quociente da divisão seja zero. Os restos das divisões sucessivas correspondem aos algarismos do número na nova base, e o último resto é o algarismo mais significativo.

2.4.4.1 Conversão da base decimal para a base binária

O exercício seguinte mostra a aplicação do método das divisões sucessivas na conversão da base decimal para a base binária.

> **EXERCÍCIO RESOLVIDO**
>
> **3)** Converta o número 28, da base 10 para a base 2.
>
> **Solução**
>
> Comece a conversão dividindo o número 28 por 2, depois divida o quociente por 2 novamente e repita a operação até obter o quociente zero. O resultado será composto pelos restos, e o último dígito é o algarismo mais significativo do número, MSB (*Most Significant Bit*).
>
> ```
>       28 | 2
> LSB ( 0   14 | 2
>             0    7 | 2
>                  1    3 | 2
>                       1   1 | 2
>                           1   0
>                          MSB )
> Sentido da leitura
> ```
>
> **Resposta:** $(28)_{10} = (11100)_2$

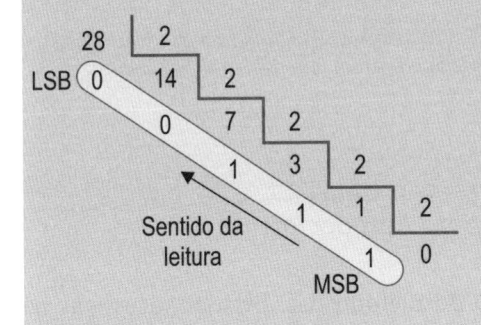

O conceito de peso também pode ser aplicado para realizar a conversão de um número decimal para a base 2. Primeiro anote a sequência de pesos, como a da Tabela 2.3. Comece com o número 1, depois 2, 4, 8, 16…, da direita para a esquerda, até obter um peso que não ultrapasse o valor do número decimal.

Feito isso, marque o peso de maior valor com um círculo, continue a marcação de outros pesos de forma que a soma dos pesos escolhidos seja exatamente igual ao número a ser convertido. Para finalizar a conversão, troque os números marcados com círculos por 1 e os sem círculos por 0.

> **EXERCÍCIO RESOLVIDO**

4) Faça a conversão do número $(178)_{10}$ para a base 2.

Solução

- Anote os pesos binários na ordem crescente, da direita para a esquerda, de forma que todos os pesos da sequência sejam menores que 178.
- Marque com um círculo os números que somados totalizam 178.
- Troque os números marcados com círculos por 1 e os sem círculos por 0.

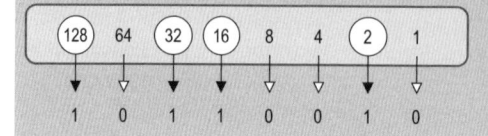

(128)	64	(32)	(16)	8	4	(2)	1
1	0	1	1	0	0	1	0

Os pesos que somados resultam no valor decimal 178, isto é, (128 + 32 + 16 + 2), definem os algarismos de valor 1 do número binário. Os pesos que ficaram fora da soma têm valor 0.

Resposta: $(178)_{10} = (10110010)_2$

2.4.4.2 Conversão da base decimal para hexadecimal

O exercício seguinte mostra a aplicação do método das divisões sucessivas na conversão da base decimal para a base hexadecimal.

> **EXERCÍCIO RESOLVIDO**

5) Faça a mudança de base do número decimal $(1207)_{10}$ para a base 16.

Solução

- Divida o número 1207 por 16, sucessivas vezes, até que o quociente da divisão seja zero, observando que os restos inteiros são os algarismos da nova base.
- Para conhecer o resultado, organize os restos anotando-os na ordem do algarismo mais significativo para o menos significativo.
- Quando houver restos com os valores 10, 11, 12, 13, 14 ou 15, eles devem ser substituídos por letras do sistema hexadecimal: 10 = A, 11 = B, 12 = C, 13 = D, 14 = E e 15 = F.

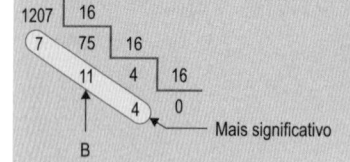

```
1207 | 16
  (7)  75 | 16
        11   4 | 16
             (4)  0
              ↑   — Mais significativo
              B
```

Resposta: $(1207)_{10} = (4B7)_{16}$

2.4.5 Conversão direta entre as bases binária e hexadecimal

2.4.5.1 *Conversão da base binária para a base hexadecimal*

O sistema hexadecimal é muito utilizado para representar um número binário de forma mais compacta, por exemplo, nas referências de endereços e dados de memória de microcontroladores.

O processo é relativamente simples, pois cada 4 dígitos binários equivalem a um dígito em hexadecimal. Basta converter cada grupo de 4 dígitos binários, organizados da direita para a esquerda, para se obter o decimal correspondente e, em seguida, o hexadecimal correspondente. Os algarismos 10, 11, 12, 13, 14 e 15 quando houver, devem ser substituídos por letras do sistema hexadecimal: 10 = A, 11 = B, 12 = C, 13 = D, 14 = E e 15 = F.

> **EXERCÍCIO RESOLVIDO**
>
> **6)** Converta o número binário $(101110010011010)_2$ para hexadecimal.
>
> **Solução**
>
> - Separe o número binário de 4 em 4 dígitos da direita para a esquerda. Caso necessário, utilize zeros para completar o último grupo.
> - Converta cada grupo para o decimal correspondente.
> - Converta cada algarismo decimal obtido na operação anterior para hexadecimal.
> - Anote todos os algarismos hexadecimais juntos, na mesma ordem, e a conversão está finalizada.
>
> 0101 1100 1001 1010
>
> 5   12   9   10
>
> 5   C   9   A
>
> **Resposta:** $(101110010011010)_2 = (5C9A)_{16}$

2.4.5.2 Conversão da base hexadecimal para a base binária

A conversão de hexadecimal para binário é também muito simples, basta fazer o processo inverso ao do item anterior, ou seja, cada algarismo hexadecimal corresponde a quatro dígitos binários; assim, sem alterar a ordem, os algarismos hexadecimais devem ser convertidos um a um para binário.

A conversão finaliza ao escrever todos os grupos binários juntos. Os zeros à esquerda não precisam ser anotados.

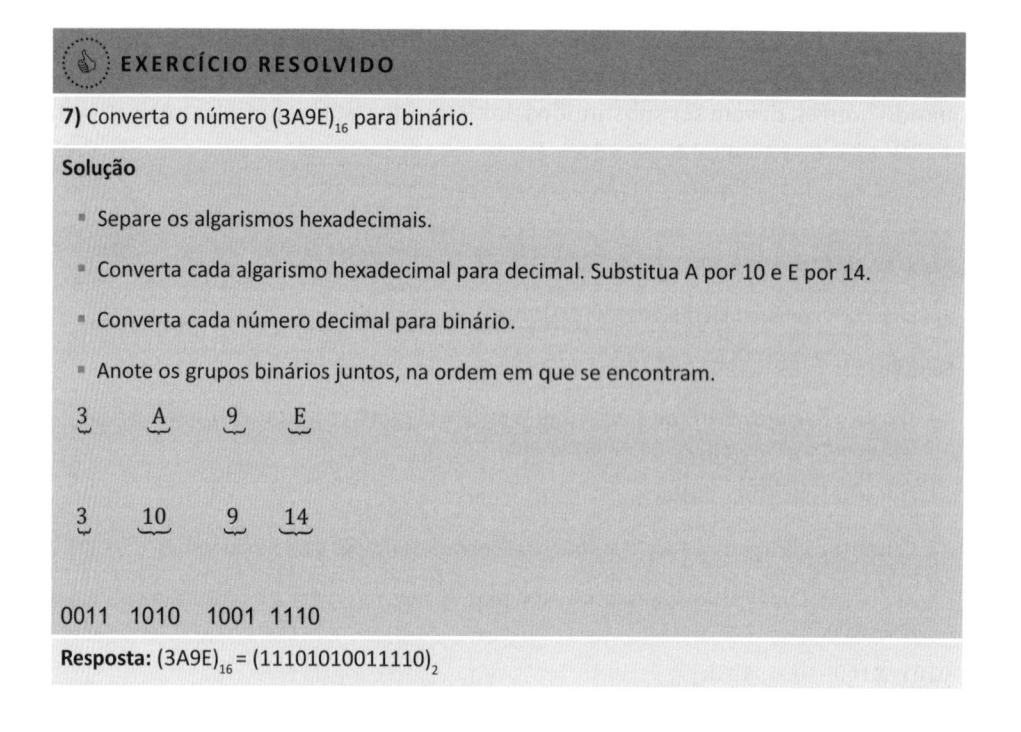

EXERCÍCIO RESOLVIDO

7) Converta o número $(3A9E)_{16}$ para binário.

Solução

- Separe os algarismos hexadecimais.
- Converta cada algarismo hexadecimal para decimal. Substitua A por 10 e E por 14.
- Converta cada número decimal para binário.
- Anote os grupos binários juntos, na ordem em que se encontram.

3 A 9 E

3 10 9 14

0011 1010 1001 1110

Resposta: $(3A9E)_{16} = (11101010011110)_2$

2.5 OPERAÇÕES DE ADIÇÃO E SUBTRAÇÃO

Certamente, você já deve ter se perguntado o que se passa dentro de um cérebro eletrônico. Ora! Silenciosamente, ele pensa de que maneira resolver os seus problemas, como produzir sons, imagens e movimentos, dar ordens, cumprir ordens, comunicar-se "telepaticamente" com outros cérebros eletrônicos.

As soluções desses problemas se resumem em sequências de operações de lógica e aritmética, executadas em um local especial, dentro de uma estrutura física chamada ULA (Unidade de Lógica e Aritmética), ou ALU (Arithmetic Logic Unit). Nesse tópico, estudaremos a aritmética envolvida em sistemas digitais e, mais adiante, a lógica aplicada às operações aritméticas.

2.5.1 Adição no sistema decimal

Na adição de dois números decimais de um algarismo cada, o resultado apresentará:

- Um dígito quando o total for menor do que a base.
- Dois dígitos quando o total for igual ou maior do que a base; nesse caso, ocorre o transporte, ou seja, o algarismo 1 será transportado para uma posição de maior peso, isto é, no dígito à esquerda, com um significado dez vezes maior. Esse transporte é conhecido como **vai um**, ou carry.

O exemplo a seguir mostra as duas situações descritas.

> **→ EXEMPLOS**
>
> **a)** Resultado de 1 dígito
>
>   6
> +3
> ---
>   9
>
> **b)** Resultado de dois dígitos
>
> 1* *(carry)*
>   7
> +6
> ---
> 13
>
> No caso (b), verifica-se: 7 + 6 = *13, com ocorrência de *carry, o qual é anotado na parte superior esquerda.
>
> Como não há outros dígitos a serem somados naquela coluna, o carry retorna com o mesmo valor para a linha do resultado da soma, à esquerda do número 3, e a operação se finaliza com o resultado 13.

2.5.2 Adição no sistema hexadecimal

Os exemplos seguintes mostram que a adição no sistema hexadecimal segue as mesmas regras da adição do sistema decimal.

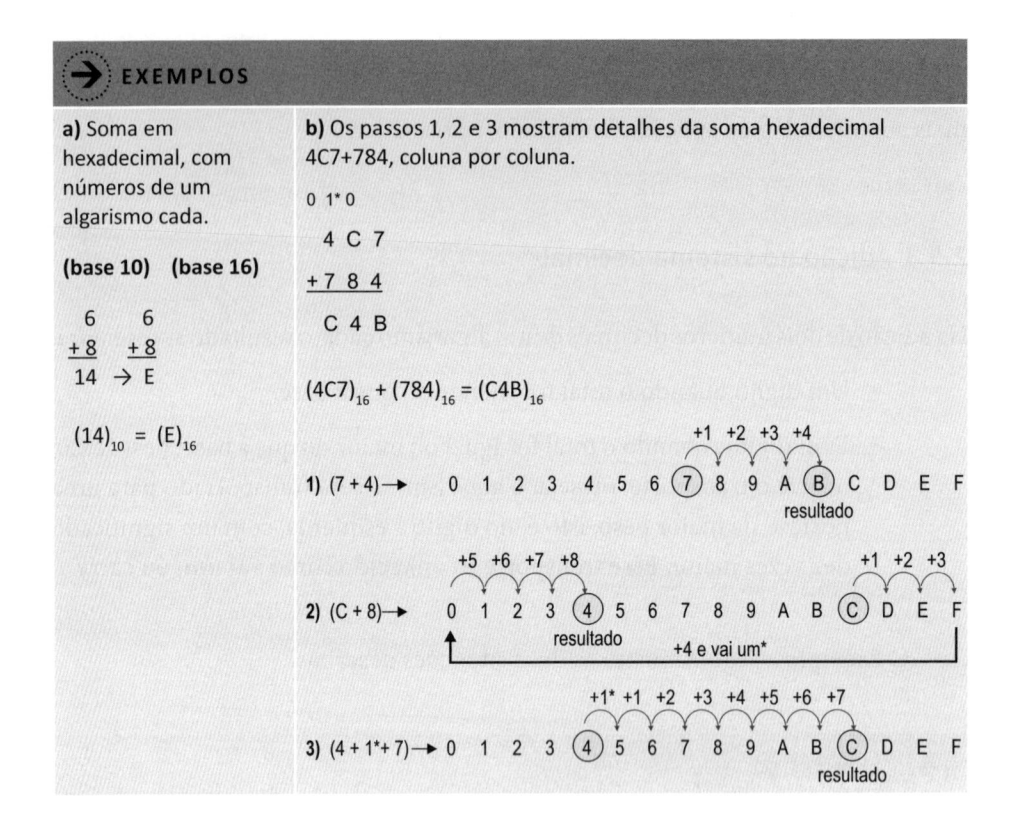

> **EXEMPLOS**

a) Soma em hexadecimal, com números de um algarismo cada.

(base 10) (base 16)

```
  6        6
 +8       +8
 14    →  E
```

$(14)_{10} = (E)_{16}$

b) Os passos 1, 2 e 3 mostram detalhes da soma hexadecimal 4C7+784, coluna por coluna.

```
  0 1* 0
  4 C 7
 +7 8 4
  C 4 B
```

$(4C7)_{16} + (784)_{16} = (C4B)_{16}$

1) $(7+4) \rightarrow$ 0 1 2 3 4 5 6 ⑦ 8 9 A Ⓑ C D E F
                                                                          resultado

2) $(C+8) \rightarrow$ 0 1 2 3 ④ 5 6 7 8 9 A B Ⓒ D E F
   (resultado; +4 e vai um*)

3) $(4+1^*+7) \rightarrow$ 0 1 2 3 ④ 5 6 7 8 9 A B Ⓒ D E F
                                                                          resultado

2.5.3 Adição no sistema binário

A adição no sistema binário é efetuada da mesma forma que no sistema decimal, porém, agora existem apenas dois algarismos: 0 e 1.

Nesse caso, o carry = 1 ocorre apenas quando se adicionar uma unidade ao algarismo 1.

A Tabela 2.6 mostra todas as possibilidades da operação de adição entre dois algarismos A e B na base 2.

```
Carry ←┐  A
       │ +B
       │ ─────
       │  S
```

Tabela 2.6 — Adição de números binários.

Operandos		Resultado	Estouro
A	B	S	Carry
0	0	0	0
0	1	1	0
1	0	1	0
1	1	0	1

EXERCÍCIO RESOLVIDO

8) Com base na Tabela 2.6, resolva as operações de adição binária e faça a verificação dos resultados no sistema decimal.

a)	b)	c)
0 $0\ 1$ $\underline{+\ 1\ 0}$ $1\ 1$	$1\ 1\ 1$ $1\ 0\ 1$ $\underline{+\ 0\ 1\ 1}$ $1\ 0\ 0\ 0$	$1\ 0\ 1\ 1\ 1\ 1\ 0\ 1$ $1\ 0\ 0\ 1\ 1\ 1\ 0\ 1$ $\underline{+\ 1\ 0\ 1\ 0\ 0\ 1\ 0\ 1}$ $1\ 0\ 1\ 0\ 0\ 0\ 0\ 1\ 0$

Se for feita a conversão destes números para o sistema decimal, obtém-se, respectivamente:

a)	b)	c)
1 $\underline{+\ 2}$ 3	5 $\underline{+\ 3}$ 8	$0\ 1\ 1$ $1\ 5\ 7$ $\underline{+\ 1\ 6\ 5}$ $3\ 2\ 2$
$(3)_{10} = (11)_2$	$(8)_{10} = (1000)_2$	$(322)_{10} = (101000010)_2$

2.5.4 Subtração no sistema decimal

Ao realizar uma operação de subtração, naturalmente, montamos a operação da forma tradicional (Figura 2.13A) e iniciamos o processo por coluna, subtraindo de cada algarismo do minuendo o subtraendo correspondente.

Quando nos deparamos com o algarismo do minuendo menor que o subtraendo da mesma posição, sabemos que, nesse caso, precisamos pedir um empréstimo para o algarismo à esquerda, o qual passa a valer uma unidade a menos. Esse empréstimo recebe o nome de borrow, ou **vem um** (Figura 2.13B).

Outra forma de sinalizar o borrow é somar uma unidade ao algarismo do subtraendo da mesma posição, em vez de subtrair do minuendo, como é no modo tradicional (Figura 2.13C).

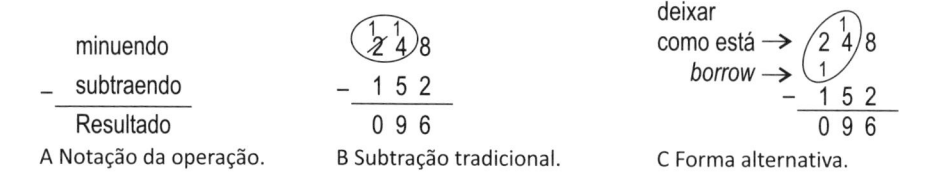

minuendo − subtraendo Resultado	$\overset{1}{2}\overset{1}{4}\,8$ $-\ 1\ 5\ 2$ $0\ 9\ 6$	deixar como está → $\ 2\overset{1}{4}\,8$ borrow → $\underset{1}{-\ 1}\ 5\ 2$ $0\ 9\ 6$
A Notação da operação.	B Subtração tradicional.	C Forma alternativa.

Figura 2.13 — Operação de subtração.

2.5.5 Subtração no sistema hexadecimal

O exemplo seguinte mostra passo a passo o desenvolvimento de uma subtração em hexadecimal.

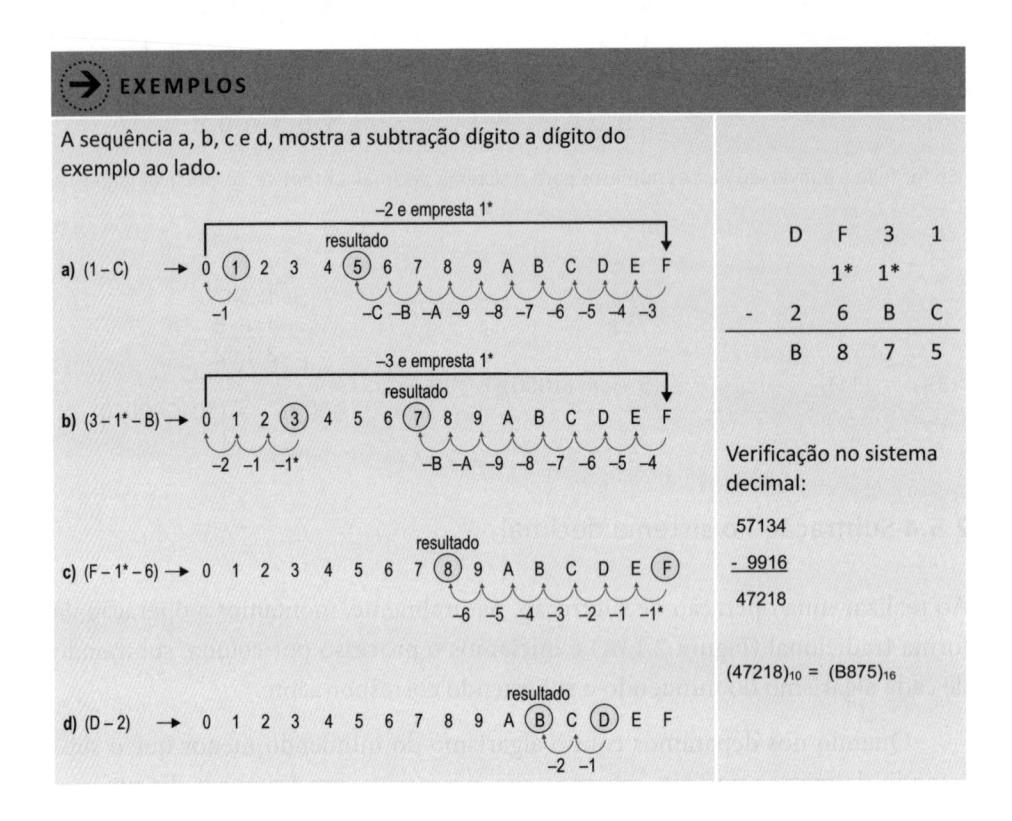

> **EXEMPLOS**
>
> A sequência a, b, c e d, mostra a subtração dígito a dígito do exemplo ao lado.
>
> a) (1 − C) → 0 ① 2 3 4 ⑤ 6 7 8 9 A B C D E F
> −2 e empresta 1*, resultado = 5
> −1 ... −C −B −A −9 −8 −7 −6 −5 −4 −3
>
> b) (3 − 1* − B) → 0 1 2 ③ 4 5 6 ⑦ 8 9 A B C D E F
> −3 e empresta 1*, resultado = 7
> −2 −1 −1* ... −B −A −9 −8 −7 −6 −5 −4
>
> c) (F − 1* − 6) → 0 1 2 3 4 5 6 7 ⑧ 9 A B C D E ⑤
> resultado
> −6 −5 −4 −3 −2 −1 −1*
>
> d) (D − 2) → 0 1 2 3 4 5 6 7 8 9 A ⑤ C ⓪ E F
> resultado
> −2 −1
>
> ```
>       D F 3 1
>       1* 1*
>   −   2 6 B C
>   ─────────────
>       B 8 7 5
> ```
>
> Verificação no sistema decimal:
>
> ```
>     57134
>   −  9916
>   ────────
>     47218
> ```
>
> $(47218)_{10} = (B875)_{16}$

2.5.6 Subtração no sistema binário

A operação de subtração de dois algarismos no sistema binário é resumida pela Tabela 2.7.

Borrow → A
− B
─────
S

Tabela 2.7 — Subtração de números binários.

Operandos		Resultado	Estouro
A	B	S	Barrow
0	0	0	0
0	1	1	1
1	0	1	0
1	1	0	0

Os exemplos seguintes mostram a aplicação da tabela, com a regra de sinalização do borrow, sobre o minuendo.

→ EXEMPLOS

a) Subtração: $(110110)_2 - (11001)_2$

	1	1	0	1	1	0	→	$(54)_{10}$
	1	1		1				
−	0	1	1	0	0	1	→	$(25)_{10}$
	0	1	1	1	0	1	→	$(29)_{10}$

b) Subtração: $(10000)_2 - (1)_2$

	1	0	0	0	0	→	$(16)_{10}$
	1	1	1	1			
−	0	0	0	0	1	→	$(\,1)_{10}$
	0	1	1	1	1	→	$(15)_{10}$

2.6 CONVERSORES AD E DA

A Figura 2.14 apresenta um sistema de cultivo em estufa sem o uso de solo, chamado de hidroponia, que exemplifica o uso de um sistema digital com entrada e saída analógicas.

Nesta estufa de cultura hidropônica, os sensores de PH e temperatura enviam sinais analógicos ao sistema digital, que os converte para digitais e, após processá-los em seu sistema, converte-os novamente em analógicos para controlar o nível do PH da água do sistema de irrigação e o nível de temperatura interna. Como vimos, estas transformações nos sinais são realizadas pelos conversores AD e DA.

Traduzir plenamente um sinal analógico (infinitos valores) em uma informação digital seria impraticável, visto que seriam necessários infinitos bits para fazê-lo. Afinal, quanto mais valores ou níveis diferentes de tensão (quantização) houver, mais bits são necessários para representá-los.

O que se faz, então, é uma codificação binária de níveis discretos de tensão (valores finitos) de tal forma que os intervalos de tensão entre os níveis adjacentes atendam às necessidades da aplicação, tornando a perda de informação irrelevante para o processo. Perda de informação? Sim, pois passamos de uma situação de infinitos valores para uma de finitos valores.

Figura 2.14 — Controle de PH e temperatura em estufa de cultura hidropônica.
Fonte: Pixabay

2.6.1 Características

A seguir, têm-se algumas características e definições importantes e comuns aos conversores AD e DA:

- **Faixa dinâmica**: É a faixa de valores de amplitude do sinal analógico, que pode ser tensão ou corrente.
- **Resolução**: É o menor valor de tensão ou corrente que pode ser convertido:

$$res = \frac{V_{REF}}{2^N - 1}$$

Em que:

V_{REF} = Tensão de referência.

res = Resolução.

N = Número de bits do conversor.

- **Tempo de conversão ou tempo de acomodação**: É o tempo necessário para obter na saída o valor convertido ou estabilizado, a partir do momento em que o sinal de entrada é aplicado e é iniciado o processo de conversão. De modo geral, quanto maior é o número de bits, maior é o tempo de conversão. Este tempo é importante para definir a máxima frequência de conversão.

Iniciaremos o estudo dos conversores AD e DA pelo conversor ou DA, por ser mais simples e por servir de base para construção do conversor AD.

2.6.2 Conversor DA

O conversor DA pode ser representado por um diagrama genérico, como o dado na Figura 2.15.

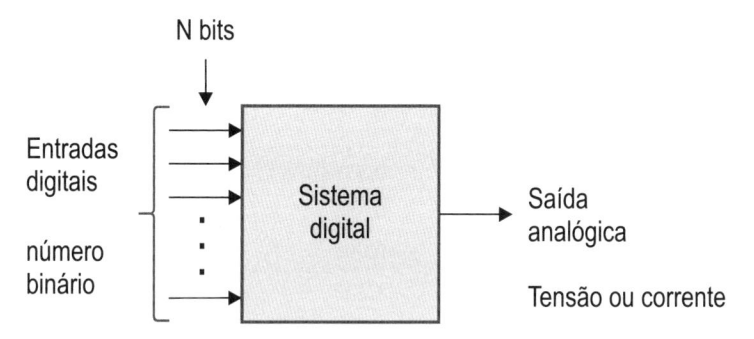

Figura 2.15 — Diagrama genérico de um conversor DA.

Note que o conversor tem em sua entrada N bits, que representam uma grandeza digital, e, na saída, um sinal analógico. Comercialmente, encontram-se conversores DA de 8 a 24 bits.

> **EXEMPLO**

Considerando um conversor DA de 4 bits e tensão de referência de 5V, determine:

a) A resolução do conversor.

$$res = \frac{V_{REF}}{2^N - 1} = \frac{5}{2^4 - 1} = \frac{5}{15} \therefore res \cong 0,333$$

b) O código binário que resultou na tensão de 1,998 V na saída do conversor DA.

$$valor\ decimal = \frac{1,998}{0,333} = 6$$

Convertendo 6_{10} para binário, obtemos o código presente na entrada do conversor:

$$6_{10} = 0110_2$$

Desse exemplo, podemos montar a Tabela 2.8 com todos os códigos binários e seus respectivos valores:

Tabela 2.8 — Níveis de quantização do conversor DA de 4 bits.

Entradas digitais					Saída analógica
Valor em decimal	D	C	B	A	Tensão de saída (V)
0	0	0	0	0	0
1	0	0	0	1	0,333
2	0	0	1	0	0,666
3	0	0	1	1	0,999
4	0	1	0	0	1,332
5	0	1	0	1	1,665
6	0	1	1	0	1,998
7	0	1	1	1	2,331
8	1	0	0	0	2,664
9	1	0	0	1	2,997
10	1	0	1	0	3,330
11	1	0	1	1	3,663
12	1	1	0	0	3,996
13	1	1	0	1	4,329
14	1	1	1	0	4,662
15	1	1	1	1	4,995 $\cong$ 5V (*Fundo de escala*)

A quantidade de bits de um conversor determina quantos valores ele pode representar ($2^{N \, bits}$). Do exemplo anterior, temos 16 diferentes combinações binárias na entrada, de 4 bits cada, gerando 16 tensões diferentes na saída. Nos conversores, é comum representar essa relação entre entrada e saída graficamente (Figura 2.16).

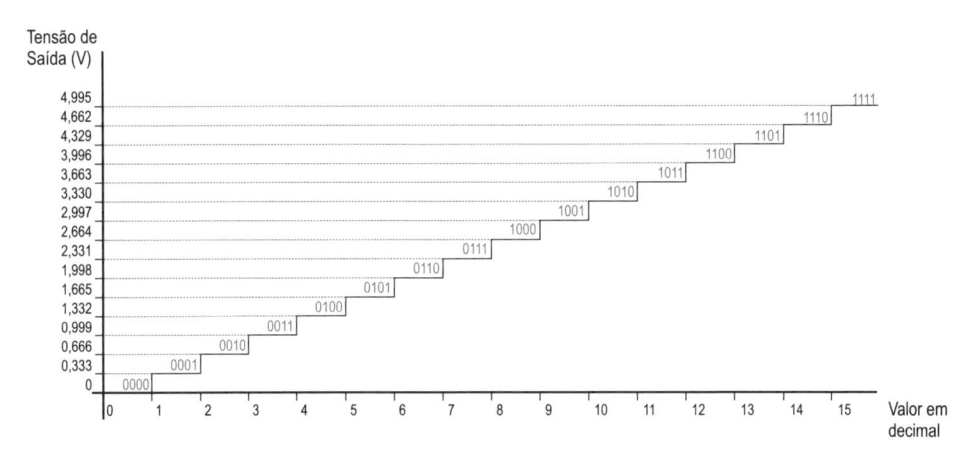

Figura 2.16 — Relação entre entrada e saída do conversor DA.

O gráfico obtido é caracterizado por uma série de degraus, em que a altura de cada degrau representa a resolução do conversor, ou ainda, a alteração do bit LSB. Do gráfico também vemos que qualquer alteração no código digital de entrada do conversor faz com que a saída analógica realize um salto de tensão de um degrau a outro.

2.6.3 Conversor AD

O conversor AD pode ser representado pelo diagrama genérico apresentado na Figura 2.17.

Note que o conversor AD tem uma entrada analógica e N bits de saída, que apresentam um valor digital proporcional ao sinal de entrada.

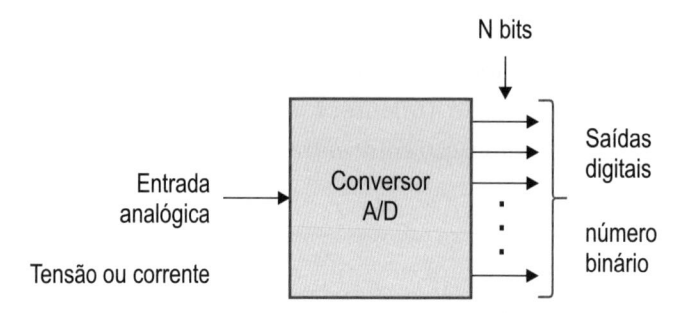

Figura 2.17 — Diagrama genérico de um conversor AD.

> **→ EXEMPLO**
>
> Supondo que na entrada de um conversor AD de 8 bits foi aplicada uma tensão de 3 [V], indique o código binário que será obtido nas saídas após a conversão deste sinal. Considere a alimentação de 5 V.
>
> | | |
> |---|---|
> | Com 8 bits, temos: | $(2^N) = (2^8) = 256$ níveis. |
> | O último nível ou degrau é: | $(2^N - 1) = (2^8 - 1) = 255$ (valor máximo) |
> | A resolução será: | res = 5 / (255) ≈ 0,01960784... |
> | Assim: | código = 3,0 / res ≈ 153 |
> | Portanto: | 3 V equivale ao nível 153 |
> | Convertendo para binário (8 bits): | 1001 1001 |

Conforme vimos no tópico 2.2.3, a conversão AD envolve os processos de **amostragem**, **quantização** e **codificação**.

2.6.3.1 *Amostragem*

A Figura 2.18 apresenta o processo de amostragem. O sinal amostrado (sinal de saída, à direita) pode ser entendido como a multiplicação do sinal contínuo (sinal de entrada, à esquerda) por um trem de impulsos de magnitude 1 ou unitários (sinal na parte inferior).

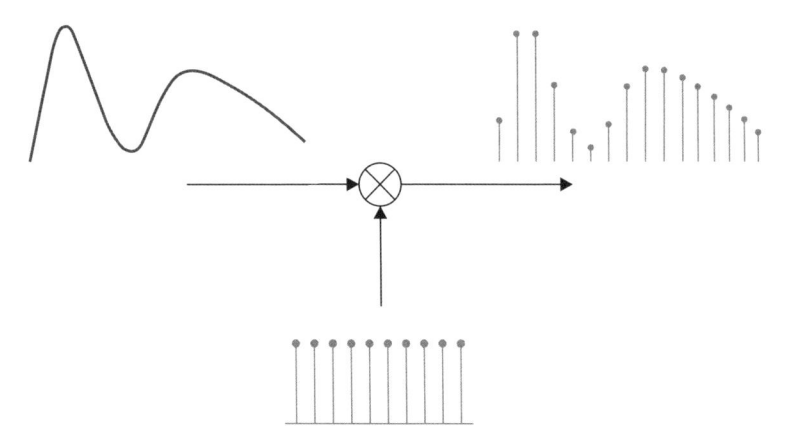

Figura 2.18 — Obtenção de sinal amostrado a partir de um multiplicador.

Note que, mesmo com uma quantidade finita de valores amostrados, ainda conseguimos "entender" o formato original do sinal. No entanto, quanto maior a taxa de amostragem, ou seja, o número de amostras, mais fidedigno será o sinal obtido em relação ao formato do sinal original.

Veja, na Figura 2.19, a seguir, uma comparação de sinais discretos obtidos a partir de diferentes taxas de amostragem, considerando o mesmo sinal analógico:

Sinal original	Após a amostragem — sinal digital: Valores finitos		
Analógico: Valores infinitos	Situação 1:	Situação 2:	Situação 3:
Antes da amostragem	Boa quantidade de amostras	Média quantidade de amostras	Quantidade insuficiente de amostras

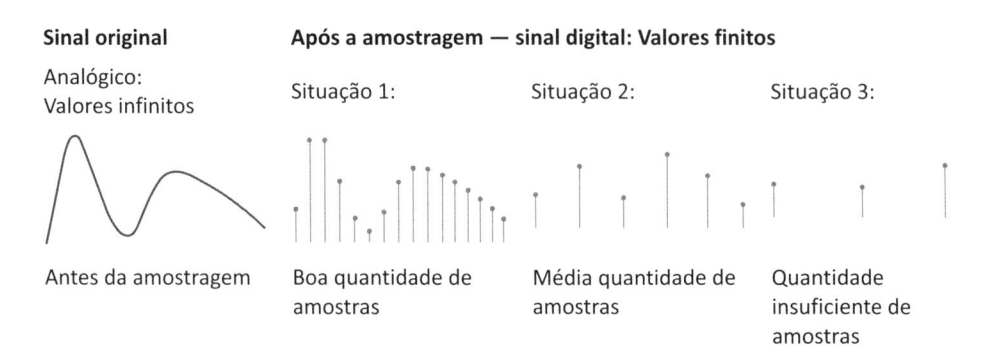

Figura 2.19 — Efeitos da variação da taxa de amostragem no formato do sinal discreto.

Observação: A fim de se evitar uma quantidade insuficiente de amostras para a correta representação de um sinal analógico e garantir sua posterior recuperação, tem-se o chamado **teorema da amostragem** ou **teorema de Nyquist**. Esse teorema diz que para representar um sinal analógico, a frequência de amostragem ($f_{AMOSTRAGEM}$) precisa ser de, ao menos o dobro da componente de maior frequência ($f_{MÁX}$) do sinal analógico.

$f_{AMOSTRAGEM} \geq 2 \cdot f_{MÁX}$

Na prática, como parte do processo de amostragem, há uma etapa que realiza a retenção de cada valor amostrado por um breve período de tempo, até que ocorra a próxima amostra. Nesse caso, temos o chamado circuito *Sample and Hold* (amostra e retém).

Observe, na Figura 2.20, o formato do sinal obtido na saída, com os níveis de tensão mantidos entre uma amostra e outra:

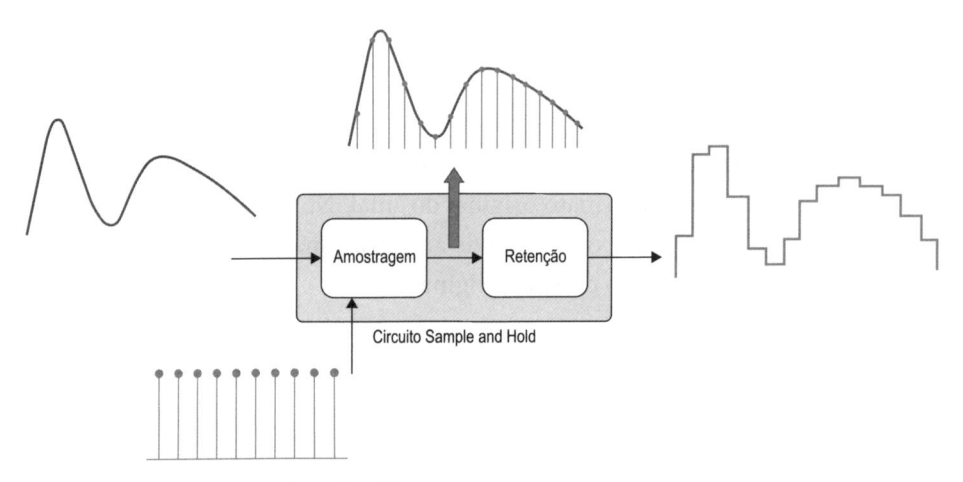

Figura 2.20 — Circuito Sample and Hold.

2.6.3.2 *Quantização e Codificação*

Para quantizar o sinal amostrado, deve-se dividi-lo em níveis de quantização, ou conjunto de valores predeterminados, e aproximar as amplitudes das amostras para estes níveis. Em seguida, codificam-se esses níveis quantizados em códigos binários cujo número de bits depende de sua quantidade.

Assim, a quantidade máxima de níveis de quantização (NQ) é dada por:

NQ = 2^N em que N é o número de bits.

A Figura 2.21 exemplifica as quantizações de 4 e 8 níveis.

Antes da aproximação dos valores

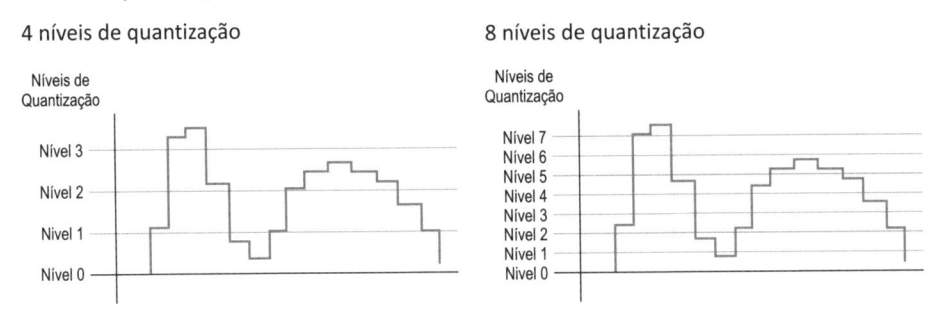

4 níveis de quantização

8 níveis de quantização

Após a aproximação dos valores

4 níveis de quantização

8 níveis de quantização

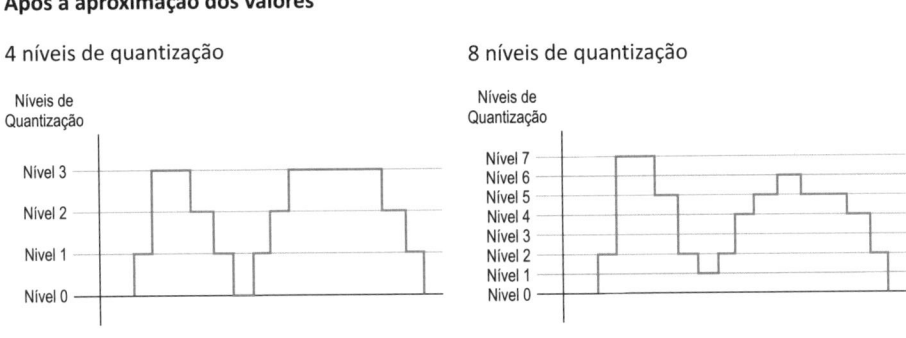

Figura 2.21 — Quantização.

Conforme o esperado, a quantização altera a amplitude da amostra e gera o chamado **erro de quantização**. No entanto, quanto mais níveis de quantização houver, menores serão os intervalos entre eles e, portanto, menor será o erro.

Por fim, realiza-se a codificação dos níveis quantizados. Para os exemplos da Figura 2.21, são precisos 2 bits para codificar 4 níveis e 3 bits para 8 níveis, pois:

- 2 bits: $2^2 =$ **4 níveis**   e   ◆ 3 bits: $2^3 =$ **8 níveis**

A Figura 2.22 associa os níveis dos sinais quantizados aos códigos binários:

Codificação

Codificação dos 4 níveis (2 bits)

Codificação dos 8 níveis (3 bits)

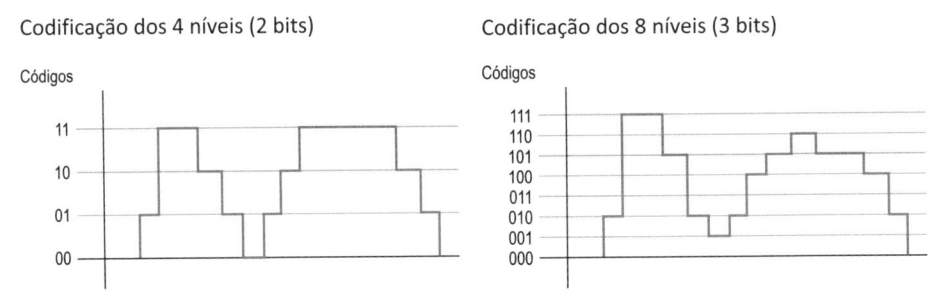

Figura 2.22 — Codificação.

2.7 EXERCÍCIOS PROPOSTOS

1) Descreva a principal característica que diferencia um sistema analógico de um digital.

2) Cite e descreva as três etapas do processo de digitalização de sinais.

3) Faça as seguintes conversões de base:

   a) $(248)_{10} = (\ ? \ )_{16}$

   b) $(AFC)_{16} = (\ ? \ )_{10}$

   c) $(107)_{10} = (\ ? \ )_{2}$

   d) $(10101111)_{2} = (\ ? \ )_{10}$

   e) $(F02)_{16} = (\ ? \ )_{2}$

   f) $(1011011)_{2} = (\ ? \ )_{16}$

4) Faça as seguintes operações matemáticas:

   a) $(7CA)_{16} + (555)_{16} = (\ ? \ )_{16}$

   b) $(1011)_{2} + (1101)_{2} = (\ ? \ )_{2}$

   c) $(D37)_{16} - (59C)_{16} = (\ ? \ )_{16}$

   d) $(1100)_{2} - (101)_{2} = (\ ? \ )_{2}$

5) Dado que um AD de 8 bits tem como tensão de referência 3,3V, determine:

   a) Resolução do conversor com aproximação para 3 casas decimais.

   b) Número binário na saída do AD para uma tensão de entrada de 1,794 V.

2.8 PESQUISA PROPOSTA

Pesquise algumas opções comerciais de chips de FPGA com conversor AD integrado.

A LINGUAGEM VHDL

CAPÍTULO 3

Neste capítulo, você aprenderá:

- O que é uma linguagem de descrição de hardware — HDL.
- As etapas envolvidas no modelamento de circuitos digitais utilizando HDL.
- Fundamentos e características básicas do VHDL para a descrição de circuitos.

3.1 INTRODUÇÃO

Devido à necessidade de uma documentação padrão para projetos, o Departamento de Defesa dos EUA, no início da década de 1980, definiu os requisitos de uma Linguagem de Descrição de Hardware (**H**ardware **D**escription **L**anguage — HDL).

A empresa Altera Corporation, hoje, pertencente à Intel, foi uma das pioneiras na fabricação de PLDs (Programmable Logic Devices), a qual também criou sua própria linguagem: a AHDL (Altera Hardware Description Language).

Existem dezenas de HDLs, no entanto, Verilog e VHDL são as duas que dominam o mercado atualmente, cada uma com maior ou menor aceitação dependendo do país em questão. Neste livro, adotaremos a VHDL, que é um acrônimo de **VHSIC** (Very High Speed Integrated Circuit) **H**ardware **D**escription **L**anguage.

Esta linguagem foi padronizada pelo IEEE (Institute of Electrical and Electronics Engineers) pela primeira vez em 1987, padrão 1076-1987 ou VHDL-1987. Algumas melhorias e atualizações foram feitas ao longo do tempo e, com elas, surgiram novas revisões, referenciadas de forma parecida com a anterior, de acordo com o ano da revisão, como o padrão 1076-1993 ou VHDL-1993, que trouxe uma gama de efetivas mudanças na linguagem, até hoje utilizadas nos projetos. Outras revisões vieram com VHDL-2000 e a VHDL-2002, com mudanças menos significativas e, posteriormente, a VHDL-2008 e, mais recentemente, a VHDL-2019.

A adoção dessas versões por parte dos fabricantes ocorre de forma gradativa. As ferramentas EDA (Electronic Design Automation) utilizadas nos projetos para reconfiguração dos chips FPGA aceitam, por vezes, codificações baseadas em mais de uma versão.

Essas ferramentas EDA são os softwares disponibilizados pelos fabricantes dos PLDs, responsáveis por "traduzir" o que foi descrito pelo projetista via HDL para um circuito físico, de forma eficiente e levando em consideração os recursos oferecidos pelo PLD escolhido.

A linguagem VHDL e essas ferramentas permitem não apenas descrever hardware para implementação em chips, como também elaborar códigos com o propósito de simular o comportamento destes circuitos.

Para tanto, diferentes construções e estruturas de código são possíveis, bem como há recursos da linguagem específicos para cada situação.

3.2 LINGUAGEM DE DESCRIÇÃO DE HARDWARE

Ao contrário de uma linguagem de programação, que dá origem a um software composto por instruções sequenciais executadas durante ciclos de clock em um processador, a linguagem de descrição de hardware, tal qual seu nome, é utilizada para descrever o circuito (hardware) que se deseja implementar no chip.

Por exemplo, a função lógica AND (em português, E) em um microcontrolador é realizada como uma operação, isto é, execução de uma instrução entre duas variáveis diferentes, enquanto no FPGA não se executa esta instrução AND, mas sim, constrói-se a porta lógica, que é um circuito (hardware). Em uma analogia, podemos dizer que a ferramenta EDA "desenha" uma porta lógica AND no chip FPGA.

> **Observação:** As operações AND, OR entre outras serão analisadas no capítulo 4. Neste capítulo, elas estão sendo usadas apenas como instrumentos para a explicação da linguagem VHDL.

Quando se fala de tempo para que a saída responda a estímulos de entrada, no FPGA, isto depende apenas do tempo de propagação de sinal elétrico pelo caminho físico percorrido no chip e não do tempo de execução de um processador, como nos microcontroladores. Afinal, o circuito foi construído no FPGA e não faz sentido falar em "execução" de instrução.

Portanto, um projetista de chips de hardware reconfigurável, como o FPGA, precisa ter em mente que seu código vai descrever qual o circuito a ser construído. No entanto, ele deve se preocupar em descrever o circuito de uma forma correta e possível de ser construído (código convertido em circuito real).

Para fins de comparação, dois trechos de códigos estão exemplificados a seguir, demonstrando como poderia ser projetado o circuito da Figura 3.1 em um FPGA (VHDL) e no microcontrolador (linguagem C).

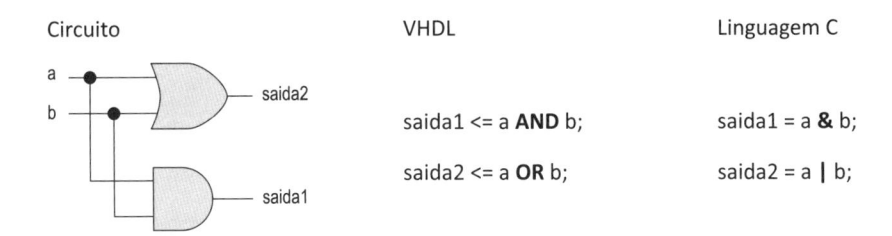

Circuito	VHDL	Linguagem C
a, b → saida2 (OR), saida1 (AND)	saida1 <= a **AND** b; saida2 <= a **OR** b;	saida1 = a **&** b; saida2 = a **|** b;

Figura 3.1 — Circuito composto por duas portas lógicas: AND e OR.

Na linguagem C, as instruções são sequenciais e, portanto, a operação AND (operador &) é executada primeiro que a operação OR (operador |), respeitando a ordem de localização no código. Salvo algumas exceções, no código VHDL, as instruções são concorrentes, ou seja, são interpretadas pela ferramenta ao mesmo tempo, de forma que mesmo se invertêssemos a ordem entre elas, obteríamos o mesmo circuito como resultado. No entanto, inverter a ordem das instruções na linguagem C modifica o resultado.

Os diagramas de tempo, Figura 3.2, ajudam a entender a diferença entre os conceitos apresentados:

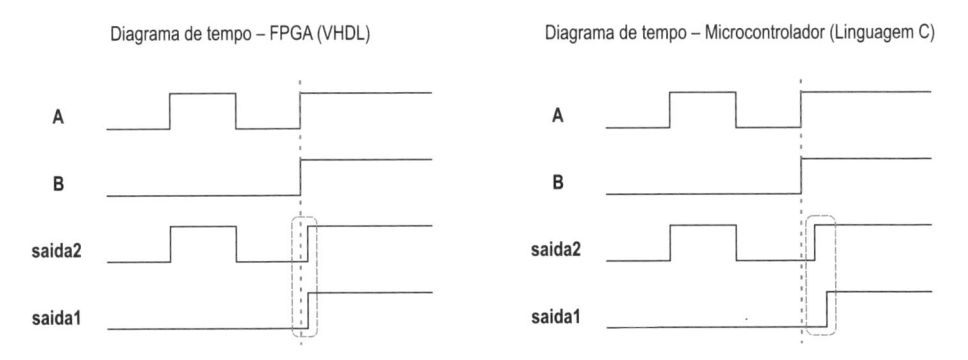

Figura 3.2 — Diagramas de tempo diferentes em FPGA e microcontrolador.

Na situação de entrada A = 1 e B = 1, as saídas "saida1" (operação AND) e "saida2" (operação OR) devem ir para nível lógico 1. Note nos diagramas que há diferença nos tempos de resposta das saídas a partir dos estímulos das entradas.

No FPGA, o tempo de resposta está relacionado apenas à transição do sinal elétrico pelo circuito enquanto o microcontrolador também leva em consideração o tempo de processamento.

Outra observação a ser feita é que no FPGA, ambas as saídas comutam simultaneamente, mas no microcontrolador, a "saida2" comuta primeiro, pois a sua instrução no código é executada antes da "saida1".

3.3 DESCRIÇÃO RTL E SÍNTESE

A **síntese** é um complexo processo de transformação, responsável por converter uma descrição (código VHDL ou esquemático, por exemplo) de abstração alta para o nível físico ou de portas lógicas (gate level) e suas interligações. Em outras palavras, é através deste processo que, a partir de uma descrição em nível RTL (Register-Transfer Level), obtém-se um arquivo chamado netlist (rede de ligações) contendo as informações de elementos, portas e ligações necessárias para a implementação física do circuito no chip de FPGA (gravação).

O **circuito RTL** é composto por componentes genéricos disponíveis na ferramenta, que independem de uma tecnologia específica. Dessa forma, pode-se dizer que este é um circuito "genérico", obtido a partir do entendimento da ferramenta em relação ao código do projetista.

A partir da descrição/circuito RTL, a ferramenta gera um arquivo no nível de portas (gate level), levando agora em consideração a tecnologia disponível para a construção do hardware no componente escolhido.

Após um processo de otimização, obtém-se, dentre outros, o arquivo netlist.

3.4 FLUXO DE PROJETO

Vimos que o projeto de sistemas digitais utilizando dispositivos de lógica reconfigurável é realizado através de ferramentas EDA, graças às quais é possível criar um circuito com o grau de complexidade atual e com o mesmo número de portas lógicas encontradas dentro de um único chip.

Uma vez que já definimos no item anterior o processo de síntese e a descrição RTL, é interessante ter uma visão geral das principais etapas do desenvolvimento de um projeto envolvendo dispositivos de hardware reconfigurável (exemplo: FPGA). As etapas são:

1) Requisitos e especificações do sistema;

2) descrição RTL e Síntese;

3) posicionamento e roteamento;

4) fabricação.

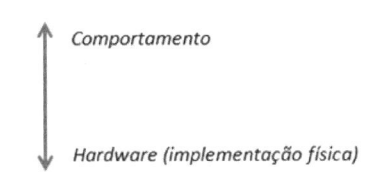

↑ *Comportamento*

↓ *Hardware (implementação física)*

Inicialmente, é necessário obter todas as informações do sistema desejado para, a partir delas, estabelecer os requisitos e os detalhes necessários que permitirão a correta descrição e a construção do circuito. Concomitantemente com os requisitos, também se definem o FPGA e a ferramenta EDA (proprietária ou independente) que serão utilizados.

Com as premissas estabelecidas, o desenvolvedor inicia a criação de um algoritmo, com a HDL escolhida, para modelar o comportamento (abstração alta) do circuito, sem se preocupar, por enquanto, com o hardware. O objetivo desta descrição inicial é validar a ideia.

Uma vez validada, o projetista trabalha no código do circuito preocupado com o hardware que será obtido, pensando em uma descrição mais eficiente que atenda às premissas do projeto, levando em consideração requisitos de temporização e quantidade de recursos do chip que serão utilizados. Esta descrição ocorre no nível de transferência de registradores (RTL) que, ao contrário da descrição inicial, é focada na síntese do circuito. Aqui, vale reforçar que o projetista deve estar atento para não descrever um código RTL que não possa ser traduzido pela ferramenta em um circuito físico real.

Então, após chegar a uma adequada e eficiente descrição RTL e executar todo o processo de síntese já explicado, obtendo o arquivo netlist, realizam-se análises no nível de porta lógica (nível baixo de abstração). Lembre-se que a partir da síntese, tem-se em mãos os arquivos que já consideram a tecnologia do componente escolhido, capazes de gerar um circuito otimizado equivalente ao funcionamento pensado no início (pré-síntese).

Do arquivo netlist, sairão às informações de posicionamento e roteamento que serão utilizadas pela ferramenta para as interligações dos recursos físicos do dispositivo, confeccionando o hardware que será implementado no FPGA. Etapa esta conhecida como Place and Route.

Por fim, o projetista inicia a análise e a verificação final do funcionamento e, se necessário, efetua as correções até que tudo esteja em conformidade. Contínuas verificações e simulações fazem parte de todo o processo de desenvolvimento, garantindo a busca pelo design adequado do circuito.

Após tudo estar validado, dá-se início à fabricação.

3.5 CARACTERÍSTICAS GERAIS DA LINGUAGEM VHDL

VHDL é uma linguagem padronizada pelo IEEE e aceita por qualquer tecnologia de PLD — Dispositivo Lógico Programável, bem como por todos os fabricantes.

Assim como qualquer outra linguagem, seu aprendizado exige o conhecimento de suas particularidades, estruturas, sintaxes, comandos, operadores, identificadores, palavras reservadas etc. Neste momento, serão apresentados os conceitos e as informações necessárias para a realização dos primeiros projetos.

O VHDL traz a possibilidade de descrever um mesmo circuito de diferentes maneiras e com variados graus de detalhamento ou abstração.

Um mesmo circuito pode ser escrito a partir de dois estilos de modelamento: **comportamental** e **estrutural**. No primeiro caso, o projetista informa o comportamento do circuito (em nível de sistema — abstração alta) a partir de processos e de atribuições de sinais. No estilo estrutural, há uma estrutura hierárquica, na qual se faz a interligação de subsistemas (vários circuitos menores ou componentes) para formar o circuito desejado, sendo este o topo da hierarquia ou *top level*. Modelamentos híbridos que misturam os dois estilos também são permitidos na descrição de um hardware.

A Figura 3.3 representa um projeto hierárquico, em que quatro circuitos foram utilizados para a obtenção do circuito final.

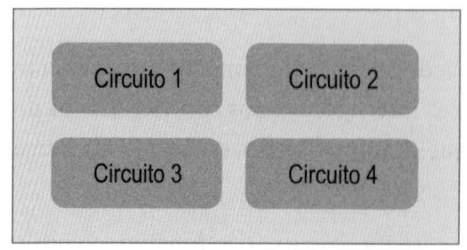

Figura 3.3 — Modelamento estrutural.

A LINGUAGEM VHDL

Essa linguagem é utilizada tanto para descrever o hardware quanto para fins de simulação de circuitos e, portanto, há códigos pensados para simulação que possuem instruções que não podem ser utilizadas para construção de circuitos. Neste livro, não focaremos na simulação e, sim, nos recursos de construção do circuito.

Seus comandos são concorrentes no tempo, no entanto, a linguagem permite regiões específicas de código a partir das quais os comandos são interpretados de forma sequencial.

Algumas características do VHDL são elencadas a seguir:

- Não diferencia letras maiúsculas e minúsculas.
- Suas sentenças devem ser finalizadas com ";" (ponto e vírgula).
- Regiões de códigos não são delimitadas com chaves, colchetes ou parênteses, mas com palavras específicas como: IF para abrir a estrutura e END IF para a fechar.
- Contém palavras reservadas como: ENTITY, IN, OUT, ARCHITECTURE, BEGIN etc., que não devem ser usadas como identificadores.
- Para comentários, utilizar "--" para uma única linha ou, no VHDL-2008, também é possível utilizar "/* */" para múltiplas linhas.

3.6 ESTRUTURA BÁSICA DO CÓDIGO

Basicamente, a estrutura do código VHDL pode ser dividida em três unidades principais de projeto ou design units: **bibliotecas/pacotes**, **entidade** e]**arquitetura**.

Veja na Figura 3.4 a representação da ordem como essas unidades aparecem no código.

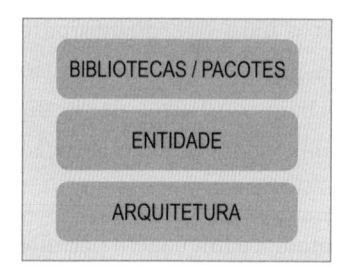

Figura 3.4 — Representação e localização das unidades no código VHDL.

Os **pacotes** podem ser entendidos como o "cabeçalho" do código, local que fornecerá um grupo de informações sobre o que será utilizado ao longo do código, como **tipo de dados**, **funções** e **componentes**.

A **entidade** e a **arquitetura** se referem ao circuito que se deseja desenvolver, sendo a primeira a **forma** como o mundo enxergará o componente ou circuito descrito e a segunda a **funcionalidade** do circuito.

Fazendo uma analogia, conforme a Figura 3.5, podemos dizer que a entidade seria o símbolo do componente e a arquitetura, a lógica interna (circuito) do chip.

Figura 3.5 — Analogia entre entidade/arquitetura do código e um dispositivo físico.

O quadro seguinte evidencia a estruturação básica de um código VHDL:

Estrutura básica	
LIBRARY nome_biblioteca; **USE** nome_biblioteca . nome_pacote . nome_objeto;	Bibliotecas / Pacotes
ENTITY nome_entidade **IS** -- declarações genéricas (opcional) **PORT** (-- declarações de portas (entradas e saídas)); **END** nome_entidade;	Entidade
ARCHITECTURE nome_arquitetura **OF** nome_entidade **IS** -- declarações (sinais, constantes etc.) **BEGIN** -- descrição da lógica do circuito **END** nome_arquitetura;	Arquitetura

3.6.1 Bibliotecas e Pacotes

A **biblioteca** é o nome simbólico de um diretório contendo informações que serão utilizadas na descrição do circuito. Em resumo, nada mais é do que um conjunto de **pacotes**.

As bibliotecas e os pacotes são colocados no início do código para se tornarem visíveis às outras partes da descrição.

Para definir qual biblioteca será utilizada, faz-se uso da cláusula LIBRARY e, a seguir, a palavra USE que é utilizada para especificar o pacote e o objeto pertencentes à biblioteca e que serão usados.

LIBRARY nome_biblioteca;
USE nome_biblioteca . nome_pacote . nome_objeto;

As bibliotecas WORK e STD são implícitas e, portanto, não precisam ser declaradas. No entanto, há várias outras bibliotecas e pacotes que podem ser utilizados em um código, conforme confere-se, a seguir, na Tabela 3.1.

Tabela 3.1 — Exemplos de bibliotecas e pacotes.

Biblioteca ("LIBRARY")	Pacote ("Package")	Resumo
Std	Standard	Define dados do tipo bit, boolean e inteiro.
Std	Textio	Permite operações com arquivos texto.
Work	-	Biblioteca padrão do projeto corrente.
IEEE	std_logic_1164	Define o tipo de dado std_logic.
IEEE	numeric_std	Operações aritméticas com std_logic_vector.
IEEE	numeric_bit	Operações aritméticas com bit_vector.
IEEE	std_logic_arith	Operações aritméticas (pacote não padronizado pelo IEEE).
IEEE	std_logic_unsigned	Complementa o std_logic_arith (pacote não padronizado pelo IEEE).
IEEE	std_logic_signed	Complementa o std_logic_arith (pacote não padronizado pelo IEEE).

No caso de operações aritméticas, recomenda-se utilizar os pacotes padronizados pelo IEEE. Por exemplo, para a utilização do pacote NUMERIC_STD, faz-se:

```
LIBRARY IEEE;
USE IEEE.NUMERIC_STD.ALL;
```

Vale ressaltar que, além dos pacotes já estabelecidos pelo IEEE, também é possível definir outros, assim como outras bibliotecas. Há, por exemplo, pacotes criados por fabricantes que são bastante utilizados e não foram padronizados pelo IEEE.

3.6.2 Entidade

O trecho de código que representa a **entidade** inicia-se com ENTITY e pode ser terminado com: END ENTITY <nome_da_entidade> ou END ENTITY ou END. Estas três formas existem devido aos diferentes padrões do VHDL.

```
ENTITY nome_entidade IS
-- declarações genéricas (opcional)
PORT (
-- declarações de portas (entradas e saídas)
);
END nome_entidade;
```

A entidade possui um local para declaração de portas, no qual são descritas as entradas e as saídas do circuito, e outro local para declarações genéricas (opcional), usado para passar algumas informações adicionais.

As declarações dos pinos de entrada e saída são inseridas após a palavra reservada **PORT,** sempre entre parênteses.

Para exemplificar, vamos supor um componente com duas entradas e uma saída, lembrando que o VHDL não diferencia letras maiúsculas e minúsculas:

```
ENTITY exemplo IS
PORT (
        p1, p2 : IN bit;
        p3 : OUT bit
);
END exemplo;
```

Perceba que:

- O ponto e vírgula da linha de código referente à porta "p3" está após os parênteses que fecham a declaração de portas. Colocá-lo antes dos parênteses seria uma duplicidade de informação e representaria um erro.
- Como "p1" e "p2" são entradas do mesmo tipo, podem ser declaradas juntas ou separadamente.

No trecho de código exemplificado, também é possível notar que a declaração segue a sintaxe abaixo:

```
nome_objeto : MODO tipo;
```

Em que, "nome_objeto" é o nome dado para o sinal ou terminal (no exemplo: pinos p1, p2 e p3) do circuito; "modo" é direção de propagação do sinal em um determinado pino do circuito (no exemplo: IN e OUT) e "tipo" especifica o dado que será aceito/reconhecido (no exemplo: BIT).

A Tabela 3.2 apresenta os quatro modos de direção de propagação de um sinal.

Tabela 3.2 — Modos de direção de propagação de um sinal.

Modo	Significado	Observação
IN	Entrada	-
OUT	Saída	-
INOUT	Bidirecional	-
BUFFER	Saída	Permite realimentação

3.6.3 Arquitetura

A **arquitetura** é a parte do código que vai dizer como as I/O's (entradas — IN e saídas — OUT) anteriormente definidas na entidade trabalharão, ou seja, ela representa a lógica dentro do símbolo (entidade). Também é aqui que os diferentes estilos de modelamentos (comportamental, estrutural ou misto) são aplicados.

A palavra reservada para essa design unit é **ARCHITECTURE**. O código referente à descrição da funcionalidade do circuito é colocado entre **BEGIN** e "**END** nome_arquitetura".

```
ARCHITECTURE nome_arquitetura OF nome_entidade IS
-- declarações (sinais, constantes etc.)
BEGIN
-- descrição da lógica do circuito
END nome_arquitetura;
```

A arquitetura possui um local para declaração de sinais, constantes, tipos de dados, subprogramas e outras informações que serão utilizadas durante a descrição do circuito. Veja que uma determinada declaração deve sempre ocorrer antes de sua utilização.

```
ARCHITECTURE arq OF exemplo IS
BEGIN
    p3 <= NOT (p1 AND p2);
END arq;
```

Em um código VHDL, o símbolo <= indica uma atribuição. Esse símbolo deve ser entendido como uma seta, em que seu sentido indica **"o que" está sendo atribuído "a quem"**.

3.7 IDENTIFICADORES

Identificadores são os nomes dados a sinais, variáveis, portas, processos etc.

Considerando que VHDL não é case sensitive (não diferencia letras maiúsculas e minúsculas), os identificadores devem respeitar as regras seguintes:

- Podem conter apenas letras do alfabeto ('A', 'a', 'B', 'b'… até 'Z', 'z'), underline ('_') e números decimais ('0' a '9').

- Sempre começar com letras.
- Não podem terminar com underline ou conter dois underlines em sequência ('__').
- Nunca utilizar os mesmos nomes de palavras reservadas.

A Tabela 3.3 exemplifica algumas situações:

Tabela 3.3 — Exemplos de identificadores válidos e inválidos.

Exemplos VÁLIDOS		Exemplos INVÁLIDOS	
somador1	-- OK!	result__final	-- NOK! (Dois underlines em sequência)
Porta_3	-- OK!	bus_	-- NOK! (Finaliza com underline)
RESULTADO_FINAL	-- OK!	1porta	-- NOK! (Começa com número)
x3	-- OK!	resultado@soma	-- NOK! (Utiliza caractere não permitido)
		_porta4	-- NOK! (Inicia com underline)
		sinal#2	-- NOK! (Utiliza caractere não permitido)

3.8 CLASSES DE OBJETOS

Objetos são elementos que armazenam valores, tais como:

Sinal (palavra reservada: SIGNAL): pode ser empregado tanto em regiões de código concorrente quanto sequencial. É usado para interconexão, como fios. É declarado antes do **BEGIN** da arquitetura, conforme a sintaxe a seguir:

```
SIGNAL nome_sinal : tipo := valor_inicial (opcional);
```

Inicializar o sinal, na declaração, com valor inicial é opcional. Alguns exemplos:

Exemplos com sinal
SIGNAL s1 : integer; -- Declaração de sinal do tipo inteiro.
SIGNAL s1 : bit := '0'; -- Declaração de sinal do tipo bit, com inicialização.
y <= '0'; -- Atribuição do bit 0 para um sinal chamado y.

Note que <= é o símbolo utilizado na atribuição de valor em sinais. O símbolo := é usado apenas para atribuições de valor inicial, no momento da declaração.

É importante registrar que os valores iniciais são ignorados na síntese dos circuitos (construção do hardware), tendo efeito apenas para simulações e análise de comportamento dos circuitos.

Variável (palavra reservada: VARIABLE): Utilizada em regiões de código sequencial, conhecidas como processos. É declarada dentro dos processos, antes do **BEGIN**, conforme abaixo:

VARIABLE nome_variavel : tipo := valor_inicial (opcional);

As variáveis são "visíveis" apenas dentro do processo no qual ela foi declarada, ou seja, não podem ser utilizadas em regiões de código diferentes daquelas de sua declaração.

Exemplos com variável
VARIABLE v : bit_vector (0 **TO** 1) := "00"; -- Declaração de variável de 2 bits, com inicialização.
x := **2**; -- Atribuição do valor inteiro 2 para a variável x.

Para as variáveis, := é o símbolo utilizado tanto em atribuições ao longo do código quanto nas inicializações.

Constante (palavra reservada: CONSTANT): É um objeto utilizado em diversos locais do código, inicializado com um valor específico e fixo. É útil para representar valores que serão utilizados em diferentes momentos e regiões da descrição. Sua sintaxe de declaração é:

CONSTANT nome_constante : tipo := valor;

Assim como nas variáveis, a constante, também, utiliza o símbolo :=.

Exemplos com constante
CONSTANT x : integer := 25; -- Declaração da constante x, do tipo inteiro e de valor 25.
CONSTANT zero : bit := '0'; -- Declaração da constante zero, de valor igual ao nível lógico 0.

3.9 TIPOS DE DADO

Conforme vimos, cada objeto deve possuir um **tipo de dado** associado a ele, definindo quais valores o objeto poderá assumir e quais operações poderão ser realizadas. Por exemplo, a atribuição "**A <= B**" implica que A seja do mesmo tipo e tamanho que B.

O IEEE padronizou vários tipos de dados, alguns dos quais estão predefinidos no pacote padrão (standard package). Há aqueles que são **sintetizáveis**, ou seja, utilizados pelas ferramentas de síntese na construção de circuitos, enquanto outros tipos são **não sintetizáveis**, sendo usados apenas para modelar e simular comportamentos.

A seguir, veremos alguns tipos de dado pertencentes às classes dos **escalares** e **compostos**, que são comumente presentes nos códigos VHDL e mostraremos como criar um novo tipo de dado e de vetor. Por fim, conheceremos o tipo STD_LOGIC.

3.9.1 Dados Escalares

Bit **(BIT)**: tipo sintetizável, que aceita os valores 0 e 1. Utiliza a palavra reservada BIT.

Aspas simples são usadas para informar o valor do bit em questão ('1' → bit 1 e '0' → bit 0).

Booleano **(BOOLEAN)**: Tipo não sintetizável, que aceita os valores "TRUE" e "FALSE".

Normalmente, o seu uso ocorre de forma indireta, em comandos de testes ou decisões, como no resultado de uma comparação entre dois valores.

Caractere (**CHARACTER**): Utiliza caracteres ASCII (VHDL-1987) ou padrão ISO8859-1 (VHDL-1993). Não sintetizável.

Inteiro (**INTEGER**) e Real (**REAL**): São formatos numéricos. O tipo inteiro é sintetizável e consiste em números não fracionados, enquanto os reais aceitam pontos decimais e não são sintetizáveis. Positivo (**POSITIVE**) e Natural (**NATURAL**) são dois subtipos do tipo inteiro, definidos no pacote padrão.

Veja a seguir alguns exemplos utilizando os tipos escalares apresentados:

Exemplos com tipos escalares
A <= '1'; -- Sinal A, do tipo bit, recebendo o bit 1. Utilização de aspas simples.
CONSTANT c : real := 5.2; -- Declaração de constante e inicialização com número real.
num <= 15; -- num é do tipo inteiro e recebe o número inteiro 15.
'B' -- Caractere é escrito com aspas simples.
SIGNAL faixa : integer range 0 **TO** 9; -- Sinal com limites de valores definidos.
SIGNAL a : integer range 3 **DOWNTO** 0; -- Sinal com limites de valores definidos.

As palavras reservadas **TO** e **DOWNTO** são utilizadas em VHDL para definição dos limites de valores permitidos. Também são utilizadas em tipos de dado compostos, conforme veremos adiante.

3.9.2 Dados Compostos

Os tipos de dado classificados como compostos são aqueles que permitem a manipulação de agrupamentos de informações/elementos, como é o caso do vetor de bits e do vetor de caracteres definidos no pacote padrão.

As aspas duplas são utilizadas, nestes casos, para representação de valores envolvendo múltiplos elementos.

Vetor de caracteres (**STRING**): Contém elementos do tipo CHARACTER.

Vetor de bits (**BIT_VECTOR**): Contém elementos do tipo BIT.

As palavras reservadas TO e DOWNTO são muito utilizadas em tipos compostos. A diferença entre elas está na ordem de posicionamento dos bits mais e menos significativos, ou seja, bits de maior ou menor representatividade (peso), respectivamente.

Vejam esses exemplos representando as duas situações:

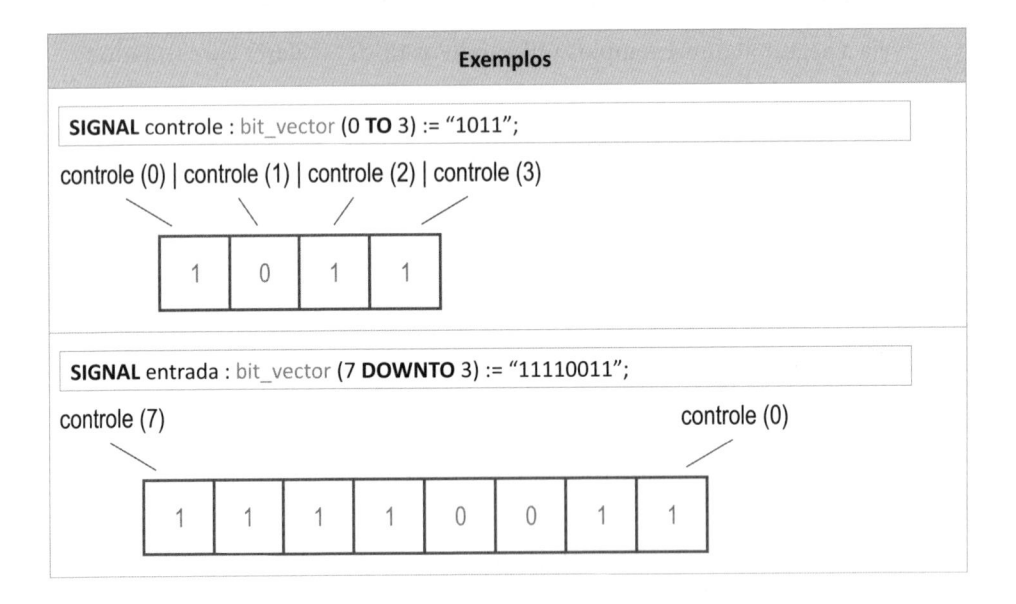

Exemplos
SIGNAL controle : bit_vector (0 **TO** 3) := "1011";
controle (0) | controle (1) | controle (2) | controle (3)
1 0 1 1
SIGNAL entrada : bit_vector (7 **DOWNTO** 3) := "11110011";
controle (7)   controle (0)
1 1 1 1 0 0 1 1

Abaixo há mais alguns exemplos utilizando os tipos compostos:

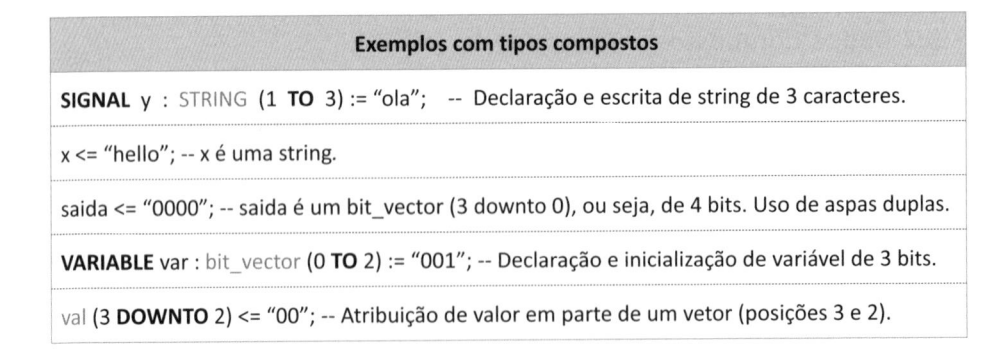

Exemplos com tipos compostos
SIGNAL y : STRING (1 **TO** 3) := "ola";   -- Declaração e escrita de string de 3 caracteres.
x <= "hello"; -- x é uma string.
saida <= "0000"; -- saida é um bit_vector (3 downto 0), ou seja, de 4 bits. Uso de aspas duplas.
VARIABLE var : bit_vector (0 **TO** 2) := "001"; -- Declaração e inicialização de variável de 3 bits.
val (3 **DOWNTO** 2) <= "00"; -- Atribuição de valor em parte de um vetor (posições 3 e 2).

3.9.3 Criação de novos tipos de dado

O VHDL também permite criar novos tipos de dado visando, por exemplo, facilitar a leitura de um código através da utilização de nomes intuitivos e específicos para uma determinada situação. Este recurso é bastante útil e aplicado na descrição por máquina de estados, conforme veremos em capítulo futuro.

Para criar um novo tipo de dado, utiliza-se a palavra reservada TYPE, seguida pelo nome desejado e seus possíveis valores. Com TYPE, também podemos criar um vetor, definindo o tipo, tamanho e limites.

No caso de vetores, utiliza-se a palavra reservada ARRAY. As sintaxes para ambos os casos, novo tipo de dado e novo vetor, são mostradas abaixo:

TYPE nome_escolhido **IS** (valores); -- Sintaxe para criar novo tipo de dado.

TYPE nome_vetor **IS ARRAY** (faixa) **OF** tipo; -- Sintaxe para criar vetor.

Exemplificamos a seguir a criação de um tipo de dado chamado "luz" que permite assumir três diferentes cores e, depois, sua utilização em um sinal chamado "semáforo".

TYPE luz **IS** (vermelho, amarelo, verde);

SIGNAL semaforo : luz := verde;

A seguir, um exemplo de definição de vetor:

TYPE vetor_teste **IS ARRAY** (0 **TO** 9) **OF** integer;

3.9.3.1 *Subtipos*

O subtipo define uma faixa de valores a partir de um tipo já existente, ou seja, dentro de todos os valores possíveis de um determinado tipo de dado, pertence ao subtipo apenas um grupo de valores limitados.

Utiliza-se a palavra reservada SUBTYPE para criar um subtipo, seguida por seu nome, tipo de dados e a faixa de valores, respeitando a sintaxe:

```
SUBTYPE nome IS tipo RANGE (minimo TO maximo);
```

Por exemplo, um subtipo do tipo inteiro, chamado "sist_decimal":

```
SUBTYPE sist_decimal IS integer RANGE (0 TO 9);
```

3.9.4 Tipos STD_LOGIC e STD_LOGIC_VECTOR

Definidos pelo pacote STD_LOGIC_1164 (padrão IEEE 1164), os tipos STD_LOGIC e STD_LOGIC_VECTOR trazem diferentes possibilidades de valores, permitindo descrever situações que não são previstas no pacote padrão do VHDL.

Além dos níveis lógicos 0 e 1, são possíveis 7 outros valores, totalizando 9. Confira as possibilidades na Tabela 3.4:

Tabela 3.4 — Inicialização de código VHDL para utilização do tipo "std_logic".

Valor	Significado	Observações
0	Nível Lógico 0	--------
1	Nível Lógico 1	
Z	Alta Impedância	Situação encontrada em buffer tri-state.
L	Nível Lógico 0 Fraco	Representam níveis impostos por resistores de pull-up ou pull-down — saídas de coletor ou dreno aberto.
H	Nível Lógico 1 Fraco	
X	Desconhecido	Tensão intermediária. Nível lógico indeterminado.
W	Desconhecido Fraco	
U	Não inicializado	Representa um sinal sem valor atribuído.
-	Não importa	Situação a qual o nível lógico não afeta o resultado.

Dessas possibilidades de valores, apenas 0, 1 e Z podem ser utilizadas na síntese. As demais são aplicadas para simular condições encontradas em circuitos reais.

3.10 OPERADORES

Assim como outras linguagens, o VHDL possui operadores que são usados para permitir a comparação entre valores, operações aritméticas, operações booleanas etc.

Na sequência, veremos os operadores lógicos, aritméticos, relacionais e de concatenação.

3.10.1 Operadores Lógicos

A Tabela 3.5 apresenta os operadores lógicos da linguagem VHDL. Eles devem ser utilizados com dados dos tipos BIT ou BOOLEAN. O tipo STD_LOGIC também é aceito, desde que o pacote STD_LOGIC_1164 seja inserido.

Tabela 3.5 — Operadores lógicos.

Operador	Significado
not	Operação lógica NÃO
and	Operação lógica E
or	Operação lógica OU
nand	Operação lógica NÃO E ou NE
nor	Operação lógica NÃO OU ou NOU
xor	Operação lógica OU-EXCLUSIVO
xnor	Operação lógica NÃO OU-EXCLUSIVO

No código, todos têm a mesma ordem de precedência ou prioridade, com exceção do operador NOT que possui a maior delas. Desta forma, muitas situações exigirão o uso de parênteses para definir qual a primeira operação a ser realizada.

Veja alguns exemplos de utilização para a descrição de circuitos a partir de expressões criadas na arquitetura do código VHDL:

Exemplos com operadores lógicos	
saida <= s1 AND (s2 OR s3)	-- Primeiro realiza a operação OR e depois a AND
saida <= s1 AND s2 OR s3	-- Erro! AND e OR têm mesma prioridade. Há conflito!
saida <= s1 AND s2 AND s3	-- Ok! Mesmos operadores. Não importa a ordem.
saida <= NOT s1 AND s2	-- Ok! NOT tem prioridade sobre o operador AND.

Observação: As funções lógicas realizadas por estes operadores, bem como os circuitos obtidos a partir delas, serão explicadas no Capítulo 4.

3.10.2 Operadores aritméticos

Em VHDL, os operadores aritméticos são apresentados na Tabela 3.6:

Tabela 3.6 — Operadores aritméticos.

Operador	Significado
+	Adição ou sinal positivo
-	Subtração ou sinal negativo
*	Multiplicação
/	Divisão
**	Exponenciação
mod	Módulo
rem	Resto da divisão
abs	Valor absoluto

O resultado da operação será do mesmo tipo dos operandos, no entanto, deve-se atentar aos tipos de operandos aceitos por cada operação.

No pacote padrão, não são permitidas operações aritméticas com vetores. Para estes casos, existem os pacotes NUMERIC_BIT e NUMERIC_STD. No momento em que descrevermos os circuitos aritméticos, no capítulo de circuitos dedicados, veremos mais detalhes destes pacotes e suas aplicações.

3.10.3 Operadores Relacionais

Os operadores relacionais, conforme mostra a Tabela 3.7, permitem comparar valores e testar condições.

Tabela 3.7 — Operadores relacionais.

Operador	Significado
=	Igualdade
/=	Diferente
>	Maior
>=	Maior ou igual
<	Menor
<=	Menor ou igual

Os operandos devem ter o mesmo tipo de dado, e o resultado será booleano. Os operadores "=" e "/=" aceitam quaisquer tipos de operando.

É comum utilizar estes operadores em estruturas de teste como a IF-THEN, que será vista mais adiante, conforme mostrado: "IF (A > B) THEN…", "IF (A = B) THEN…" etc., exemplificando a comparação dos dados A e B.

3.10.4 Operador de Concatenação

O operador mostrado na Tabela 3.8 realiza a operação de concatenação, a qual permite compor um vetor a partir de outros vetores e/ou BITs, desde que os operandos sejam do mesmo tipo.

Tabela 3.8 — Operador de concatenação.

Operador	Significado
&	Concatenação

Veja o exemplo abaixo, considerando um trecho de código que faz a concatenação dos sinais Vet_A, Vet_B, Vet_C, bit1 e bit2:

Exemplo de concatenação
SIGNAL Vet_A : bit_vector (0 **TO** 1) := "11"; **SIGNAL** Vet_B : bit_vector (0 **TO** 3) := "0000"; **SIGNAL** Vet_C : bit_vector (0 **TO** 7) := "00000000"; **SIGNAL** bit1, bit2 : bit := '1'; . . . Vet_C <= Vet_A & Vet_B & bit1 & bit2; -- resultado: Vet_C = 11000011

3.11 EXERCÍCIOS PROPOSTOS

1) Qual é a diferença entre o tempo de resposta a estímulos de entrada de um sistema digital, quando o mesmo é implementado por um FPGA e por um microcontrolador?

2) No VHDL, a descrição em nível RTL gera um arquivo denominado netlist. Que informações este arquivo contém?

3) Quais são as quatro principais etapas para o desenvolvimento de um projeto envolvendo dispositivos de hardware reconfigurável, como o FPGA?

4) No VHDL, quais são os dois estilos de modelamento para a descrição de um circuito?

5) No código VHDL, que caracteres devem ser escritos antes de um comentário de uma única linha?

6) Quais são as unidades principais que constituem a estrutura de um código VHDL?

7) Quais são as quatro regras básicas para a criação de identificadores na linguagem VHDL?

8) Qual é a diferença entre os símbolos <= e := na linguagem VHDL?

9) No VHDL, quais são os tipos de dado escalares e compostos que podem ser associados aos objetos?

10) Quais são os operadores do VHDL?

3.12 PESQUISA PROPOSTA

Pesquise e liste os fabricantes de FPGA e as suas respectivas ferramentas de desenvolvimento de circuitos.

FUNÇÕES E PORTAS LÓGICAS

CAPÍTULO 4

Neste capítulo, você aprenderá:

- Funções lógicas previstas na álgebra booleana.
- Funcionamento e simbologia das portas lógicas.
- Operadores lógicos em VHDL.

4.1 FUNÇÕES E PORTAS LÓGICAS BÁSICAS

As **funções lógicas** são operações da álgebra criadas pelo matemático britânico George Boole (1815–1864), denominada de álgebra booleana, podendo envolver uma ou mais variáveis lógicas. Existem três funções lógicas básicas (NOT, AND e OR), das quais derivam outras (NAND, NOR, XOR e XNOR).

As expressões lógicas são implementadas eletronicamente por circuitos que têm como componentes básicos o transistor, o diodo e o resistor. Esses circuitos são denominados **portas lógicas** (logic gates) e, conforme veremos mais adiante, são fabricados de forma integrada em um único chip, recebendo a denominação de **circuito integrado**.

As mesmas expressões lógicas podem ser implementadas pelos dispositivos lógicos programáveis (PLDs), como o CPLD e o FPGA, por meio de diagrama em blocos e de linguagem de descrição de hardware — HDL.

A seguir, apresentaremos as funções e as portas lógicas básicas e, na sequência, as derivadas, bem como as suas implementações em linguagem VHDL.

4.1.1 Função e porta NOT

A função NOT é executada pela porta NOT (NOT gate, ou INVERTER gate). Em português, a porta recebe as denominações NÃO ou INVERSORA.

4.1.1.1 *Função NOT*

A função NOT possui apenas uma variável de entrada, e a sua execução inverte o seu valor de 0 para 1, ou vice-versa.

Uma forma simples de entender as funções lógicas é por meio de circuitos compostos de bateria, chaves e lâmpadas.

A Figura 4.1A apresenta a função NOT implementada por meio de um circuito com chave, estando a chave em paralelo com a lâmpada S.

Analisando tal circuito, é fácil notar que se a chave A do circuito estiver aberta (A = 0), a lâmpada S acenderá (S = 1); caso a chave feche (A = 1), os terminais da lâmpada serão colocados em curto-circuito e a lâmpada apagará (S = 0), caracterizando a negação ou inversão.

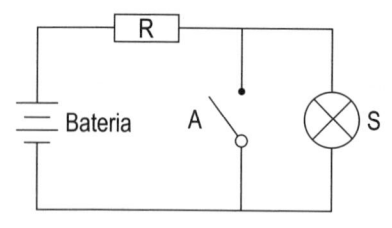

A	S
0	1
1	0

$S = \overline{A}$

A Circuito NOT com chave.

B Tabela-verdade e expressão lógica.

Figura 4.1 — Circuito que representa a função NOT.

O funcionamento lógico do circuito é reproduzido por intermédio de uma tabela, denominada **tabela-verdade**, Figura 4.1B, na qual a coluna esquerda representa o comportamento da entrada A e a coluna direita o comportamento da saída S.

Matematicamente, a função lógica NOT é representada por uma barra sobre a variável negada ou invertida. Neste caso, a expressão fica: $S = \overline{A}$.

Como vimos no Capítulo 3, o VHDL tem operadores lógicos que permitem descrever as funções lógicas de forma simples e direta, no formato de expressão. No código a seguir, consideremos a função NOT com entrada A e saída S:

```
                          Porta NOT
        ENTITY  porta_not  IS
        PORT (
                    A: IN bit;
                    S: OUT bit
        );
        END porta_not;


        ARCHITECTURE arq OF porta_not IS
        BEGIN
                    S <= NOT A;
        END arq;
```

4.1.1.2 Porta NOT

Eletronicamente, o circuito da porta NOT é representado por um único símbolo. No entanto, como há diversas normas técnicas utilizadas por diferentes países, há vários símbolos para uma mesma porta lógica. Apresentamos, na Figura 4.2, os símbolos da porta NOT nas normas ANSI (estadunidense) e ABNT (brasileira).

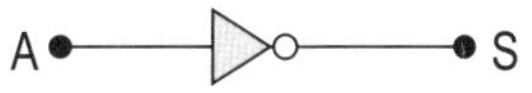

A Norma ANSI.    **B** Norma ABNT.

Figura 4.2 — Símbolos da porta NOT.

No símbolo da porta NOT, em ambas as normas, há um elemento comum, que é a bolinha na saída. Conforme veremos adiante, ela será suficiente para representar a operação NOT em alguns circuitos lógicos ou entradas ativas em nível 0 em diversos sistemas lógicos.

4.1.2 Função e porta AND

A função AND é executada pela porta AND, que, em português, recebe a denominação E.

4.1.2.1 Função AND

A função AND possui duas ou mais variáveis de entrada, cuja saída assume o valor 1 apenas quando todas as entradas são iguais a 1, ou seja, basta que uma das entradas seja 0 para que a saída também seja igual a 0.

A Figura 4.3A apresenta a função AND implementada por meio de um circuito com duas chaves A e B ligadas em série com a lâmpada S.

Analisando-o, vê-se que a lâmpada só acende (S = 1) quando a chave A **E** a chave B estão fechadas (A = B = 1). No entanto, basta que uma das chaves abra (A = 0 ou B = 0) para que a lâmpada apague (S = 0).

A	B	S
0	0	0
0	1	0
1	0	0
1	1	1

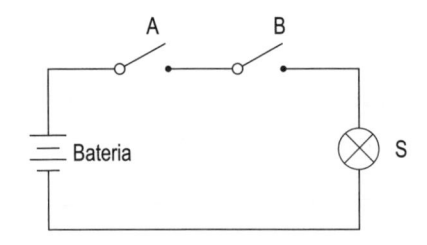

$S = A \cdot B$

A Circuito *AND* com chave.

B Tabela-verdade e expressão lógica.

Figura 4.3 — Circuito que representa a função *AND*.

A Figura 4.3B reproduz o comportamento do circuito *AND* por meio da sua tabela-verdade. Matematicamente, a função lógica *AND* é representada por $S = A \cdot B$.

Consideremos a função *AND* com entradas A e B e saída S:

```
Porta AND
    ENTITY porta_and IS
    PORT (
        A,B: IN bit;
        S: OUT bit
    );
    END porta_and;
    ARCHITECTURE arq OF porta_and IS
    BEGIN
        S <= A AND B;
    END arq;
```

4.1.2.2 *Porta AND*

Eletronicamente, os circuitos da porta AND são representados nas normas ANSI e ABNT pelos símbolos mostrados na Figura 4.4.

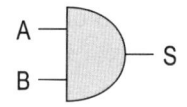

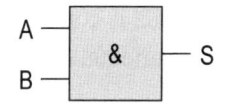

FUNÇÕES E PORTAS LÓGICAS   115

A Norma ANSI.   **B** Norma ABNT.

Figura 4.4 — Símbolos da porta AND.

4.1.3 Função e porta OR

A função OR é executada pela porta OR que, em português, recebe a denominação OU.

4.1.3.1 *Função OR*

A função OR possui duas ou mais variáveis de entrada, cuja saída assume o valor 1 quando uma **OU** mais entradas são iguais a 1, ou seja, para que a saída seja 0, todas as entradas devem ser iguais a 0.

A Figura 4.5A apresenta a função OR implementada por meio de um circuito com duas chaves A e B ligadas em paralelo entre si, mas em série com a lâmpada S. Analisando-o, vê-se que basta uma chave fechada (A = 1 **OU** B = 1) para que a lâmpada acenda (S = 1). No entanto, quando as duas chaves estão abertas (A = B = 0), a lâmpada apaga (S = 0).

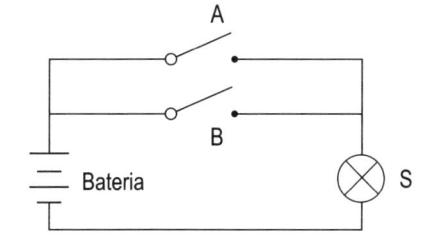

A	B	S
0	0	0
0	1	1
1	0	1
1	1	1

S = A + B

A Circuito OR com chave.   **B** Tabela-verdade e expressão lógica.

Figura 4.5 — Circuito que representa a função OR.

A Figura 4.5B reproduz o comportamento do circuito OR por meio da sua tabela-verdade. Matematicamente, a função lógica OR é representada por S = A + B.

Consideremos a função OR com entradas A e B e saída S:

Porta OR
ENTITY porta_or **IS**
PORT (
A,B: **IN** bit;
S: **OUT** bit
);
END porta_or;
ARCHITECTURE arq **OF** porta_or **IS**
BEGIN
S <= A OR B;
END arq;

4.1.3.2 *Porta OR*

Eletronicamente, os circuitos da porta OR são representados nas normas ANSI e ABNT pelos símbolos mostrados na Figura 4.6.

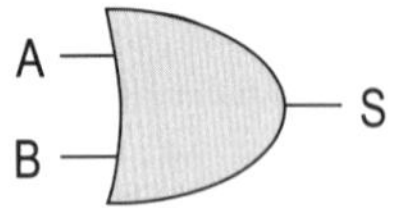

A Norma ANSI. 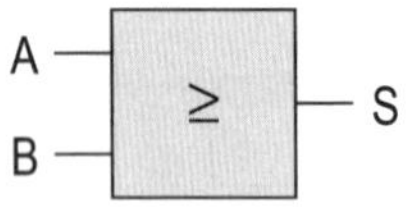 **B** Norma ABNT.

Figura 4.6 — Símbolos da porta OR.

4.2 FUNÇÕES E PORTAS LÓGICAS DERIVADAS

4.2.1 Funções e portas NAND e NOR

As funções NAND e NOR são o inverso, respectivamente, das funções AND e OR e são executadas, respectivamente, pelas portas NAND (NE) e NOR (NOU).

4.2.1.1 *Função e porta NAND*

Na Figura 4.7, são apresentados os símbolos da porta NAND nas normas ANSI e ABNT com sua função lógica, a tabela-verdade e um circuito com chaves que a implementa, composto de duas chaves A e B ligadas em série entre si, mas em paralelo com a lâmpada S.

$$S = \overline{A \cdot B}$$

A	B	S
0	0	1
0	1	1
1	0	1
1	1	0

A Norma ANSI. **B** Norma ABNT. **C** Tabela-verdade. **D** Circuito que representa a função NAND.

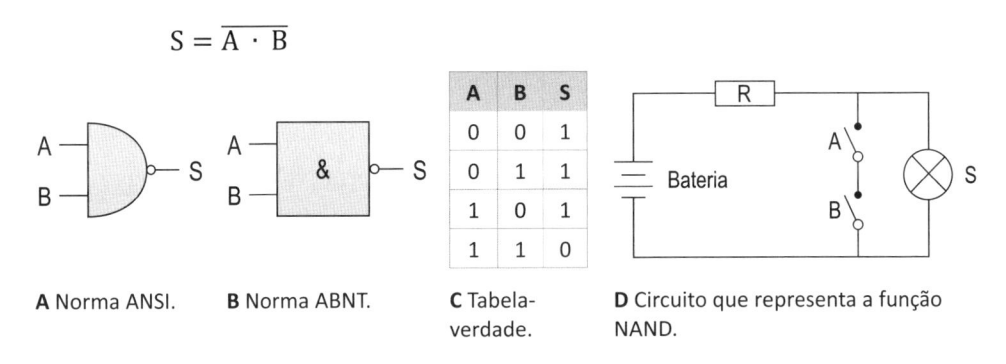

Figura 4.7 — Função, porta e simbologia da NAND.

Analisando o circuito equivalente, vê-se que apenas quando as duas chaves estão fechadas (A = 1 **e** B = 1), a lâmpada apaga (S = 0); caso contrário, ela acende (S = 1).

Consideremos a função NAND com entradas A e B e saída S:

Porta *NAND*

ENTITY porta_nand **IS**
 PORT (
     A,B: **IN** bit;
     S: **OUT** bit
 );
 END porta_nand;
 ARCHITECTURE arq **OF** porta_nand **IS**
 BEGIN
     S <= A NAND B;
 END arq;

4.2.1.2 *Função e porta NOR*

Na Figura 4.8, são apresentados os símbolos da porta NOR nas normas ANSI e ABNT com sua função lógica, a tabela-verdade e um circuito com chaves que a implementa, composto de duas chaves A e B ligadas em paralelo com a lâmpada S.

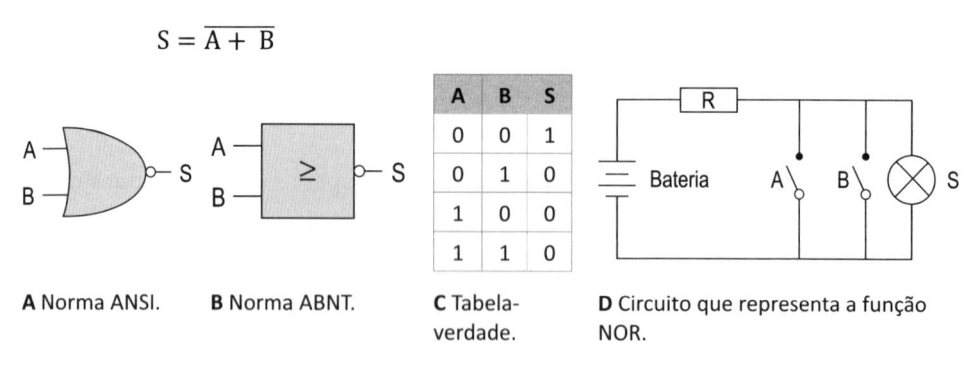

$$S = \overline{A + B}$$

A	B	S
0	0	1
0	1	0
1	0	0
1	1	0

A Norma ANSI.   **B** Norma ABNT.   **C** Tabela-verdade.   **D** Circuito que representa a função NOR.

Figura 4.8 — Função, porta e simbologia da NOR.

Analisando o circuito equivalente, vê-se que basta que uma das chaves esteja fechada (A = 1 **ou** B = 1) para que a lâmpada apague (S = 0); caso contrário, ela acende (S = 1).

Consideremos a função NOR com entradas A e B e saída S:

Porta *NOR*

```
ENTITY  porta_nor  IS
PORT (
    A,B: IN bit;
    S: OUT bit
);
END porta_nor;


ARCHITECTURE arq OF porta_nor IS
BEGIN
    S <= A NOR B;
END arq;
```

4.2.2 Funções e portas *XOR* e *XNOR*

As funções XOR e XNOR são, na realidade, expressões lógicas que contemplam as três funções básicas (NOT, AND e OR), conforme veremos em seguida.

4.2.2.1 *Função e porta XOR*

A função XOR (EXCLUSIVE-OR, ou OU-EXCLUSIVO) possui saída igual a 1 sempre que o número de níveis lógicos 1 nas entradas é ímpar. No caso de função com duas variáveis de entrada, a saída é 1 sempre que as entradas são diferentes e 0 quando elas são iguais, conforme mostra a Figura 4.9.

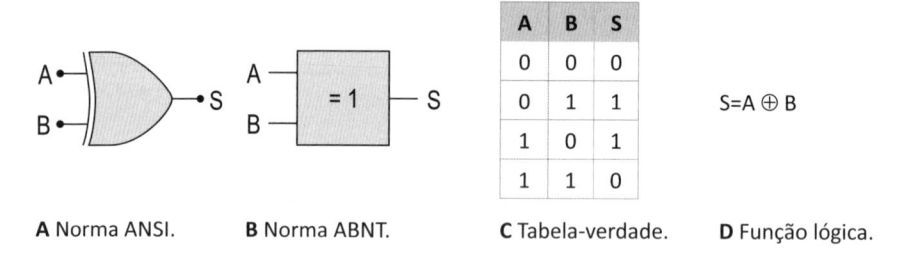

A	B	S
0	0	0
0	1	1
1	0	1
1	1	0

$S = A \oplus B$

A Norma ANSI. **B** Norma ABNT. **C** Tabela-verdade. **D** Função lógica.

Figura 4.9 — Função, porta e simbologia da XOR.

Analisando a tabela-verdade da porta XOR de duas entradas, observa-se que a saída vale 1 quando A = 0 e B = 1, correspondendo ao termo $\overline{A} \cdot B$, ou quando A = 1 e B = 0, correspondendo ao termo $A \cdot \overline{B}$. A Figura 4.10 sintetiza essa equivalência entre a função XOR e a sua expressão lógica.

A	B	S
0	0	0
0	1	1
1	0	1
1	1	0

$\rightarrow \overline{A} \cdot B$
$\rightarrow A \cdot \overline{B}$

$S = \overline{A} \cdot B + A \cdot \overline{B}$

Figura 4.10 — Expressão da porta XOR.

Consideremos a função XOR com entradas A e B e saída S:

FUNÇÕES E PORTAS LÓGICAS   121

Porta XOR
ENTITY porta_xor **IS**
PORT (
A,B: **IN** bit;
S: **OUT** bit
);
END porta_xor;
ARCHITECTURE arq **OF** porta_xor **IS**
BEGIN
S <= A XOR B;
END arq;

4.2.2.2 Função e porta XNOR

A função XNOR (EXCLUSIVE-NOR, ou COINCIDÊNCIA) é o inverso da XOR, de modo que a saída é igual a 1 sempre que o número de níveis lógicos 1 nas entradas é par. No caso de função com duas variáveis de entrada, a saída é 1 sempre que as entradas são coincidentes e 0 quando elas são diferentes, justificando a denominação COINCIDÊNCIA, conforme mostra a Figura 4.11.

A	B	S
0	0	1
0	1	0
1	0	0
1	1	1

$$S = \overline{A \cdot B}$$
ou
$$S = A \odot B$$

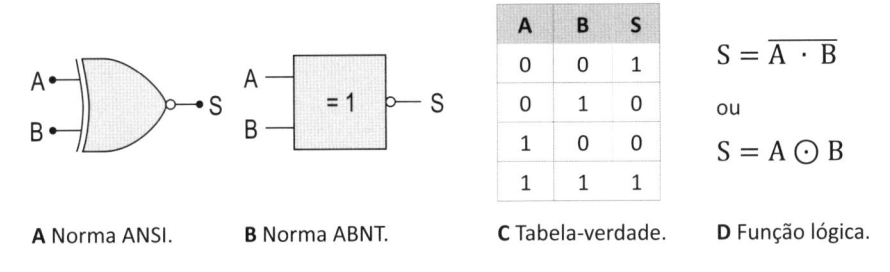

A Norma ANSI.   **B** Norma ABNT.   **C** Tabela-verdade.   **D** Função lógica.

Figura 4.11 — Função, porta e simbologia da XNOR.

Analisando a tabela-verdade da porta XNOR de duas entradas, observa-se que a saída vale 1 quando A = B = 0, correspondendo ao termo $\overline{A} \cdot \overline{B}$, ou quando

A = B = 1, correspondendo ao termo A · B. A Figura 4.12 sintetiza essa equivalência entre a função XNOR e a sua expressão lógica.

A	B	S	
0	0	1	→ $\overline{A} \cdot \overline{B}$
0	1	0	
1	0	0	
1	1	1	→ $A \cdot B$

$$S = \overline{A} \cdot \overline{B} + A \cdot B$$

Figura 4.12 — Expressão da porta XOR.

Consideremos a função XNOR com entradas A e B e saída S:

Porta *XNOR*

ENTITY porta_xnor **IS**

PORT (

    A, B : **IN** bit;

    S : **OUT** bit

);

END porta_xnor;

ARCHITECTURE arq **OF** porta_xnor **IS**

BEGIN

    S <= A XNOR B;

END arq;

4.3 CIRCUITOS INTEGRADOS COM PORTAS LÓGICAS

Os circuitos integrados digitais contendo portas lógicas são, também, denominados de circuitos integrados discretos e foram muito utilizados desde a década de 1970 até meados dos anos 2000 em todos os tipos de projeto de eletrônica digital.

Porém, caíram em desuso com a difusão dos circuitos integrados programáveis como microprocessadores, microcontroladores e dispositivos de hardware reconfigurável como o FPGA (objeto de estudo deste livro).

Há vários motivos para a substituição dos circuitos integrados discretos pelos dispositivos programáveis e os de hardware reconfigurável: miniaturização das placas de circuitos eletrônicos, confiabilidade maior, custo menor, maior facilidade de projeto etc.

Neste tópico, apresentamos, para efeito de resgate histórico, alguns exemplos de circuitos integrados contendo portas lógicas que fazem ou fizeram parte da linha comercial de fabricação.

A Tabela 4.1 mostra diversos circuitos integrados das famílias TTL e CMOS de portas lógicas com diferentes números de entrada.

Tabela 4.1 — Exemplos de circuitos integrados TTL e CMOS.

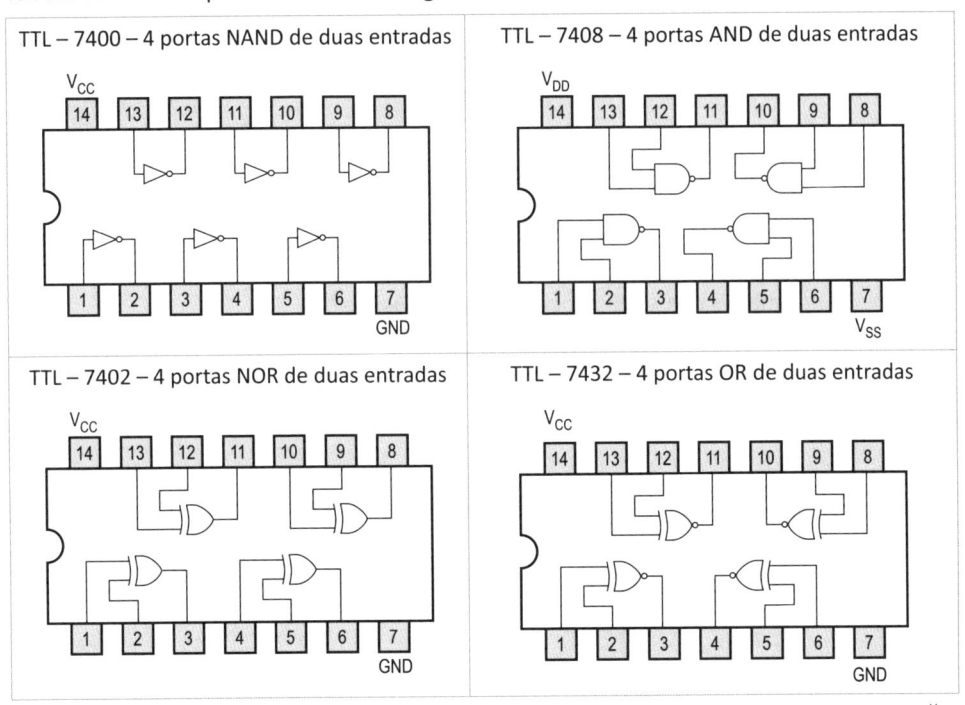

TTL – 7400 – 4 portas NAND de duas entradas	TTL – 7408 – 4 portas AND de duas entradas
TTL – 7402 – 4 portas NOR de duas entradas	TTL – 7432 – 4 portas OR de duas entradas

(Continua)

↳ (Continuação)

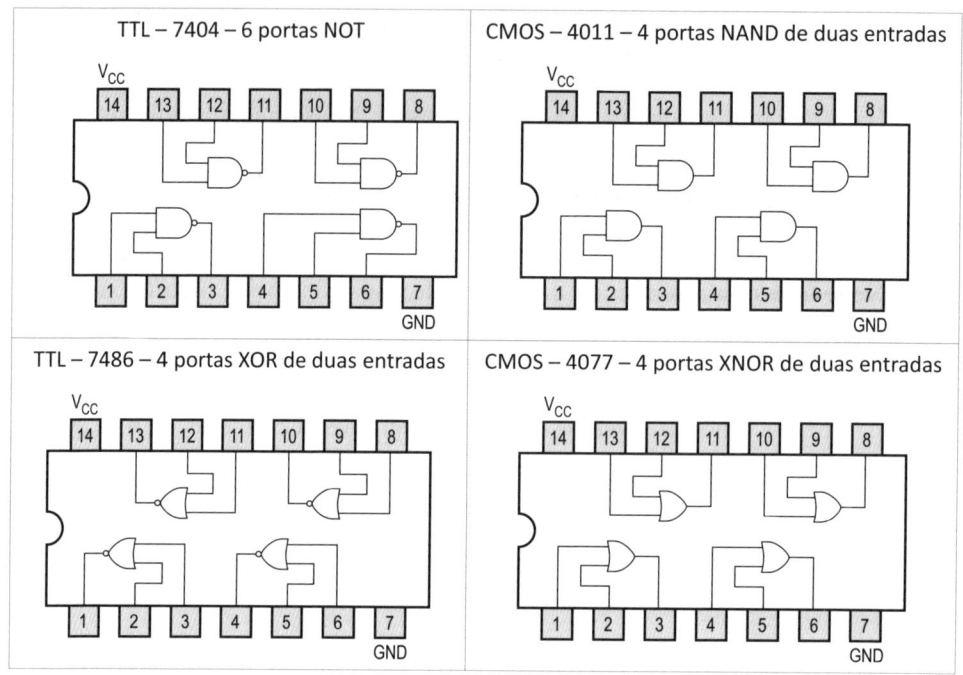

TTL – 7404 – 6 portas NOT	CMOS – 4011 – 4 portas NAND de duas entradas
TTL – 7486 – 4 portas XOR de duas entradas	CMOS – 4077 – 4 portas XNOR de duas entradas

4.4 EXERCÍCIOS PROPOSTOS

1) Quais são as três funções lógicas básicas?

2) Quais são as quatro funções lógicas derivadas das funções básicas?

3) Associe as colunas:

	VHDL	Tabela-verdade			Função lógica	Porta (ANSI)	Porta (ABNT)
	A	B			C	D	E
		A	B	S			
1	S <= A OR B;	0	0	1	$S = \overline{A + B}$		
		0	1	1			
		1	0	1			
		1	1	0			

(Continua) ↳

(Continuação)

	VHDL	Tabela-verdade			Função lógica	Porta (ANSI)	Porta (ABNT)
		A	B	S			
2	S <= A XNOR B;	0	0	0	$S = A \odot B$		
		0	1	0			
		1	0	0			
		1	1	1			
		A	B	S			
3	S <= A AND B;	0	0	1	$S = \overline{A \cdot B}$		
		0	1	0			
		1	0	0			
		1	1	0			
		A		S			
4	S <= A NOR B;	0		1	$S = A \oplus B$		
		1		0			
		A	B	S			
5	S <= A NAND B;	0	0	0	$S = A \cdot B$		
		0	1	1			
		1	0	1			
		1	1	0			
		A	B	S			
6	S <= NOT A;	0	0	0	$S = \overline{A}$		
		0	1	1			
		1	0	1			
		1	1	1			
		A	B	S			
7	S <= A XOR B;	0	0	1	$S = A + B$		
		0	1	0			
		1	0	0			
		1	1	1			

SISTEMAS COMBINACIONAIS

CAPÍTULO 5

Neste capítulo, você aprenderá:

- Definir, projetar e construir circuitos combinacionais, comparando as técnicas de implementação clássicas com as atuais.
- Descrever o hardware de circuitos combinacionais utilizando expressões concorrentes.
- Criar expressões concorrentes utilizando as construções WHEN-ELSE e WITH-SELECT.

5.1 CIRCUITO COMBINACIONAL

Um dos tipos de sistema digital de controle ou automação de um processo é denominado de circuito combinacional, cuja principal característica é ter os níveis lógicos das saídas dependentes única e exclusivamente da relação lógica entre as entradas, conforme mostra a Figura 5.1.

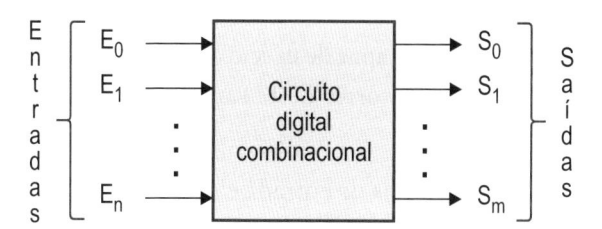

Figura 5.1 — Circuito combinacional.

Atualmente, há quatro tecnologias de implementação de circuitos combinacionais:

1) Circuitos integrados de portas lógicas (tecnologia antiquada perante as demais).

2) Dispositivos lógicos programáveis (PLD) ou, também, dispositivos de hardware reconfigurável (exemplo: FPGA — Field Programmable Gate Array).

3) Microcontroladores.

4) Circuitos integrados de aplicação específica (ASIC — Application Specific Integrated Circuit).

A primeira tecnologia, é baseada nos circuitos integrados de portas lógicas, já não é mais utilizada em função das facilidades de implementação das três outras tecnologias.

No entanto, como este livro trata de eletrônica digital, essa primeira tecnologia será apresentada como referência ao que se fazia antes do advento das novas tecnologias.

É bom que se diga que não estamos tratando de mudanças de conceitos. Esses continuam iguais. Os que mudaram foram apenas as tecnologias envolvidas no projeto dos sistemas digitais.

A segunda tecnologia listada, de dispositivos de hardware reconfigurável (FPGA), é o objeto principal deste livro, pois se encontra em pleno processo evolutivo, dado o seu ótimo desempenho e demais benefícios que se tornam ainda mais evidentes nas aplicações de alta complexidade.

As duas últimas tecnologias, dos microcontroladores e ASIC's, fogem do escopo deste livro.

Assim, partindo do pressuposto de que trataremos de duas tecnologias de implementação de circuitos combinacionais, as etapas de execução de um projeto podem ter variantes, como descreveremos no decorrer deste capítulo a partir da sequência seguinte:

1) Identificação e definição das variáveis de entrada e saída.
2) Tabela-verdade baseada em análise do processo.
3) Método **clássico** de implementação:

    3.1) Obtenção das expressões lógicas e simplificação delas.

    3.2) Obtenção do circuito lógico e implementação com portas lógicas em circuitos integrados.

4) Método **atual** de implementação:

    4.1) Análise do processo e identificação da forma de descrição mais conveniente.

    4.2) Implementação por dispositivo de hardware reconfigurável.

Para facilitar a compreensão de cada etapa de execução do projeto de um sistema combinacional, usaremos como recurso didático o projeto SACI — Sistema Automático de Controle de Irrigação.

5.2 IDENTIFICAÇÃO E DEFINIÇÃO DAS VARIÁVEIS DE ENTRADA E SAÍDA

A primeira etapa é a identificação das variáveis de entrada e saída do sistema digital, que deve ser realizada com todo o cuidado, baseando-se em uma análise preliminar do processo. As variáveis de entrada, normalmente são chaves, teclado e sensores instalados no processo a ser controlado ou automatizado, e as variáveis de saída são aquelas que atuam no processo, como motores, aquecedores e eletroválvulas ou que têm a função de sinalização, como os alarmes luminoso e sonoro.

Para entendermos essa análise, vamos aplicá-la ao projeto SACI — Sistema Automático de Controle de Irrigação.

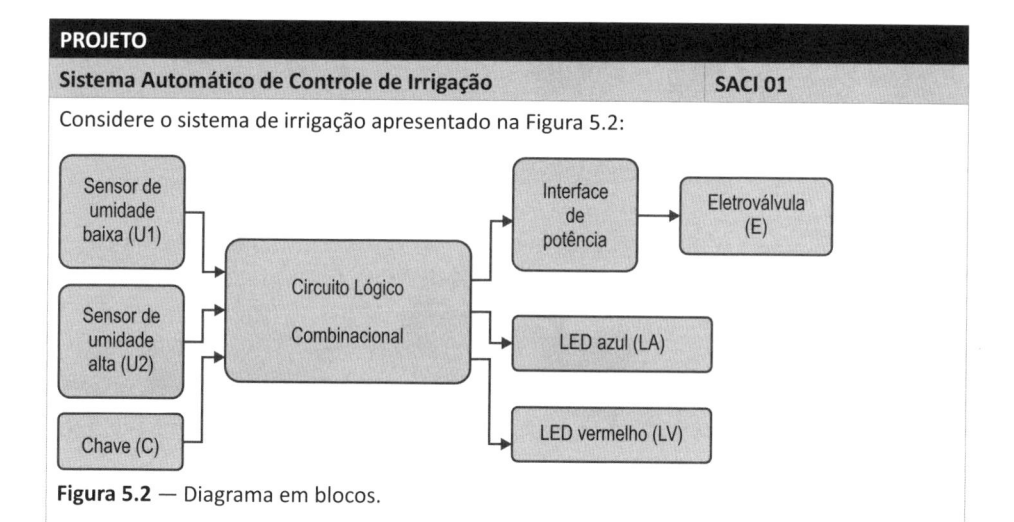

PROJETO

Sistema Automático de Controle de Irrigação　　　　　　　　　　**SACI 01**

Considere o sistema de irrigação apresentado na Figura 5.2:

Figura 5.2 — Diagrama em blocos.

Este sistema é composto dos seguintes blocos:

- Circuito lógico: Circuito combinacional que controla o sistema, cujo projeto será desenvolvido no decorrer deste capítulo — Figura 5.3A.

- Chave: Dispositivo mecânico do tipo botão (push-button) com dois contatos que podem abrir ou fechar em função da ação manual — Figura 5.3B.

- Sensores de umidade do solo: Circuitos compostos de um elemento sensível, cuja resistência varia com a umidade do solo, e um módulo que converte a resistência em nível lógico, tendo um trimpot (dispositivo de resistência ajustável) que permite o ajuste do nível de umidade a ser detectado — Figura 5.3C.

- LEDs: Diodos emissores de luz que acendem quando há corrente direta devido ao anodo estar polarizado positivamente em relação ao catodo — Figura 5.3D.

- Interface de potência: Circuito composto basicamente de um transistor de chaveamento e um relé, cujos contatos abrem ou fecham quando um nível lógico é aplicado à sua entrada — sua função é acionar a eletroválvula do sistema de irrigação — Figura 5.3E.

- Eletroválvula: Dispositivo eletromagnético que controla uma válvula hidráulica que bloqueia a passagem da água quando a sua bobina está desenergizada e permite a sua passagem quando ela está energizada — Figura 5.3F.

(Continua)

↳ (Continuação)

PROJETO
Sistema Automático de Controle de Irrigação SACI 01

A Circuito lógico (FPGA, ou portas lógicas)
Fonte: Pixabay

B Chave *push-button*

C Sensor de umidade

D LED

E Interface de potência

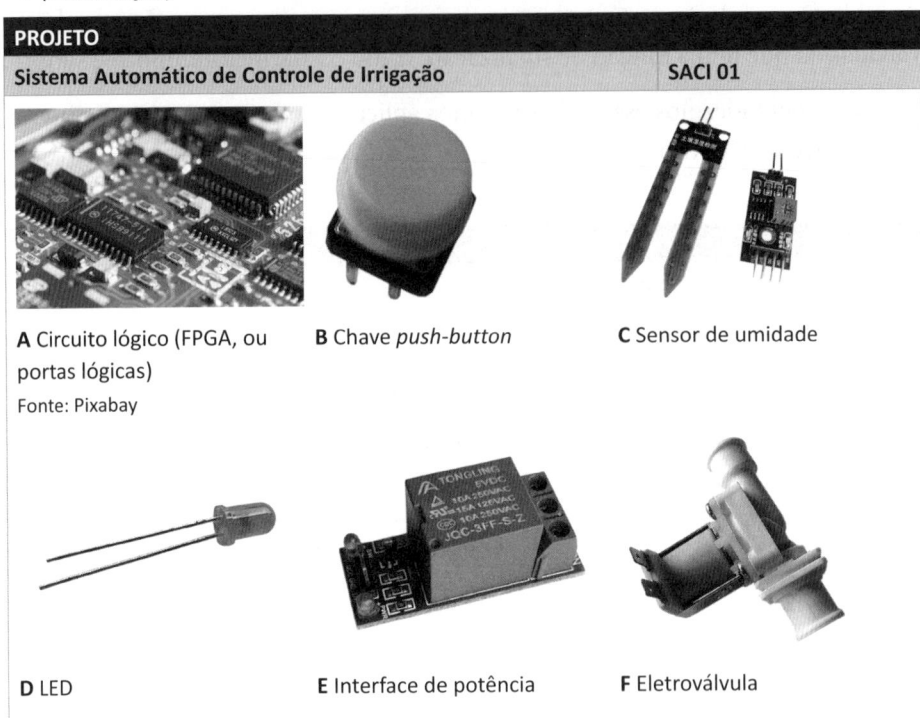

F Eletroválvula

Figura 5.3 — Blocos do sistema.

O Sistema Automático de Controle de Irrigação — SACI — consiste em dois sensores de umidade U1 e U2, que detectam se a umidade do solo está abaixo de 40%, entre 40% e 80%, ou acima de 80%.

- Quando a umidade do solo estiver abaixo de 40%, a eletroválvula E acionará automaticamente, iniciando a irrigação.

- Quando a umidade do solo estiver entre 40% e 80%, a eletroválvula E passará para comando manual, podendo ser acionada pela chave C.

- Quando a umidade do solo estiver acima de 80%, a eletroválvula volta ao comando automático, bloqueando a irrigação.

Um LED azul LA indicará quando o irrigador estiver em operação e um LED vermelho LV indicará quando a umidade estiver maior que 80%.

(Continua) ↳

☝ (Continuação)

PROJETO			
Sistema Automático de Controle de Irrigação			SACI 01
Identificação e definição das variáveis de entrada			
Sensor de umidade: U1	U1 = 0	→	umidade < 40%
	U1 = 1	→	umidade ≥ 40%
Sensor de umidade: U2	U2 = 0	→	umidade ≤ 80%
	U2 = 1	→	umidade > 80%
Chave: C	C = 0	→	chave desligada
	C = 1	→	chave ligada
Identificação e definição das variáveis de saída			
Eletroválvula: E	E = 0	→	eletroválvula fechada (irrigador desligado)
	E = 1	→	eletroválvula aberta (irrigador ligado)
LED azul: LA	LA = 0	→	LED apagado (irrigação desligada)
	LA = 1	→	LED aceso (irrigação ligada)
LED vermelho: LV	LV = 0	→	LED apagado (umidade baixa)
	LV = 1	→	LED aceso (umidade alta)

5.3 TABELA-VERDADE BASEADA EM ANÁLISE DE PROCESSOS

A análise de um processo a ser controlado ou automatizado consiste em estabelecer relações lógicas entre as condições das entradas e as necessidades de acionamento ou não de cada saída.

5.3.1 Condições irrelevantes

Considerando que a tabela-verdade contém todas as combinações lógicas das entradas, é importante atentar para o fato de que nem todas elas são possíveis de ocorrer, por causas puramente físicas. Nesse caso, as saídas são consideradas *irrelevantes*, pois tanto faz elas assumirem nível lógico 0 ou 1. As saídas irrelevantes são designadas por X.

Por exemplo, se um sistema possui dois sensores de temperatura, T1 e T2, o primeiro para detectar temperaturas acima de 50ºC e o segundo, acima de 120ºC, é impossível que a temperatura esteja abaixo de 50ºC e acima de 120ºC ao mesmo tempo. Portanto, essa condição é caracterizada como irrelevante, pois jamais ocorre. Assim, a saída relacionada a essa condição de entrada não é definida como 0 ou 1, mas como X.

Outra situação muito comum, em que há condição irrelevante, é aquela em que um móvel só pode se deslocar entre dois pontos A e B, em que há sensores de fim de curso, ou seja, contatos que se fecham pelo impacto do móvel, sinalizando a sua presença em um ponto ou em outro. Na tabela-verdade, a condição irrelevante é aquela em que os dois sensores de fim de curso aparecem como se estivessem acionados, o que nunca irá ocorrer, pois o móvel não pode estar ao mesmo tempo nos pontos A e B. Assim, a saída relacionada a essa condição de entrada é também X, em vez de 0 ou 1.

As condições irrelevantes são identificadas na montagem da tabela-verdade, conforme veremos em seguida.

5.3.2 Tabela-verdade do processo

No projeto de um sistema digital, a análise que precede a implementação da tabela-verdade é crucial para que o resultado seja correto, ou seja, para que o sistema opere conforme o esperado.

Cada linha da tabela deve ter as entradas bem interpretadas para que as saídas possam ser definidas corretamente como 0, 1 ou X.

PROJETO
Sistema Automático de Controle de Irrigação — SACI 02

Vamos continuar o projeto do sistema de irrigação apresentado na Figura 5.2 e construir a tabela-verdade que sintetiza a sua operação.

O sistema digital possui três entradas (U1, U2 e C) e três saídas (E, LA e LV), conforme mostra a Figura 5.4.

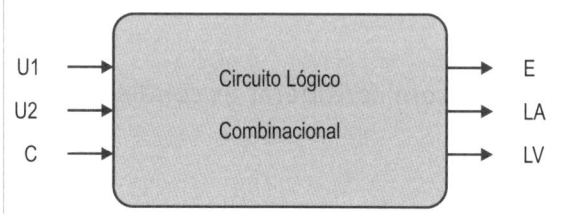

Figura 5.4 — Entradas e saídas do circuito combinacional do SACI.

As três entradas U1, U2 e C definem uma tabela-verdade de oito linhas, pois são oito diferentes condições lógicas, codificadas de 000 até 111. Analisando as condições lógicas das entradas em cada linha, definem-se as suas saídas:

Tabela 5.1

U1	U2	C	E	LA	LV	Análise das entradas e definição das saídas
0	0	0	1	1	0	umidade < 40% e independe da chave C ⇒ irrigação e LED azul ativados
0	0	1	1	1	0	
0	1	0	X	X	X	umidade < 40% e umidade > 80% (impossível) ⇒ saídas irrelevantes (*)
0	1	1	X	X	X	
1	0	0	0	0	0	→ 40% ≤ umidade ≤ 80% e chave desligada ⇒ todas as saídas desativadas
1	0	1	1	1	0	→ 40% ≤ umidade ≤ 80% e chave ligada ⇒ irrigação e LED azul ativados
1	1	0	0	0	1	umidade > 80% e independe da chave C ⇒ só o LED vermelho ativado
1	1	1	0	0	1	

(*) As condições irrelevantes, como indicam situações de entrada impossíveis com o circuito operando normalmente, pode ser usada para sinalizar um erro de operação do sistema, por exemplo, quando o circuito de um sensor, por estar danificado, gera um nível lógico diferente do previsto.

Como se observa, os níveis lógicos da saída E, que controla a eletroválvula, são exatamente iguais aos da saída LA, que controla o LED azul, pois ele funciona como um sinalizador luminoso de que a irrigação está funcionando.

5.4 IMPLEMENTAÇÃO POR PORTAS LÓGICAS

Conforme já afirmamos anteriormente, a tecnologia de implementação por circuitos integrados de portas lógicas não é mais utilizada, mas será apresentada pelo fato de estar apoiada em conceitos importantes da eletrônica digital, conceitos esses que continuam imutáveis.

5.4.1 Obtenção da expressão lógica sem considerar as condições irrelevantes

A etapa seguinte do projeto de um circuito combinacional é a obtenção da expressão lógica de cada saída da tabela-verdade.

O método mais simples e mais utilizado é o resultante de uma operação OR dos produtos canônicos (operação AND) envolvendo apenas as condições de entrada que produzem nível lógico 1 na saída.

Primeiramente, vamos desconsiderar as condições irrelevantes, para depois as analisarmos mais detalhadamente.

Como exemplo, apresentamos a tabela-verdade seguinte em que as células hachuradas correspondem às que produzem nível lógico 1:

Tabela 5.2

C	B	A	S	Produtos canônicos
0	0	0	1	$\rightarrow \overline{C} \cdot \overline{B} \cdot \overline{A}$
0	0	1	0	
0	1	0	1	$\rightarrow \overline{C} \cdot B \cdot \overline{A}$
0	1	1	0	
1	0	0	X	$\rightarrow$ saída irrelevante
1	0	1	0	
1	1	0	1	$\rightarrow C \cdot B \cdot \overline{A}$
1	1	1	0	

Na primeira linha, em que CBA = 000, a saída S é igual a 1, de modo que o produto canônico que produz S = 1 é aquele em que todas as variáveis de entrada são barradas (NOT). Assim, o termo é $\overline{C} \cdot \overline{B} \cdot \overline{A}$.

De fato, o resultado desse produto canônico com CBA = 000 é 1:

$$\overline{C} \cdot \overline{B} \cdot \overline{A} = \overline{0} \cdot \overline{0} \cdot \overline{0} = 1 \cdot 1 \cdot 1 = 1$$

Na terceira linha, em que CBA = 010, a saída S é também igual a 1, de modo que o produto canônico que produz S = 1 é aquele em que apenas as variáveis de entrada A e C são barradas, ou seja, o termo é $\overline{C} \cdot B \cdot \overline{A}$.

Mantendo o mesmo raciocínio, na sétima linha, em que CBA = 110 e S = 1, o produto canônico vale $C \cdot B \cdot \overline{A}$.

Assim, a expressão lógica resultante será a operação OR entre os três produtos canônicos obtidos nos casos em que S = 1, ou seja:

$$S = \overline{C} \cdot \overline{B} \cdot \overline{A} + \overline{C} \cdot B \cdot \overline{A} + C \cdot B \cdot \overline{A}$$

5.4.2 Obtenção da expressão lógica considerando as condições irrelevantes

Na quinta linha da tabela-verdade do exemplo anterior, em que CBA = 100, a saída S é irrelevante (S = X), isto é, S pode valer 0 ou 1, de modo que o produto canônico, que vale $C \cdot \overline{B} \cdot \overline{A}$, pode ou não ser considerado, pois isso significa que se trata de uma condição de entrada hipoteticamente impossível de ocorrer, a não ser que haja falha no sistema.

Assim, se considerarmos X = 0, a expressão lógica da saída será a mesma obtida anteriormente:

$$S = \overline{C} \cdot \overline{B} \cdot \overline{A} + \overline{C} \cdot B \cdot \overline{A} + C \cdot B \cdot \overline{A}$$

Mas, se considerarmos X = 1, a expressão lógica será acrescida do termo $S = C \cdot \overline{B} \cdot \overline{A}$, o que resultará na expressão:

$$S = \overline{C} \cdot \overline{B} \cdot \overline{A} + \overline{C} \cdot B \cdot \overline{A} + C \cdot B \cdot \overline{A} + C \cdot \overline{B} \cdot \overline{A}$$

A questão que se impõe neste momento, certamente é: qual das duas expressões deve ser usada para a implementação do sistema digital?

Na realidade, essa resposta está vinculada ao histórico do desenvolvimento da tecnologia de implementação de sistemas digitais.

Quando os sistemas eram implementados por circuitos integrados de portas lógicas, as condições irrelevantes eram usadas pelo método de simplificação denominado Mapa de Karnaugh, o qual possibilitava obter expressões lógicas, as mais simplificadas possíveis.

Para os objetivos deste livro, abordaremos, nos próximos subtópicos, apenas o método de simplificação por álgebra booleana, por questões didáticas e de fixação da lógica, momento em que mostraremos como as condições irrelevantes podem ajudar na simplificação. Porém, não trataremos de Mapa de Karnaugh, nem nos estenderemos muito no tema de simplificação, já que a implementação usando os dispositivos de hardware reconfigurável torna tal análise desnecessária.

Por ora, voltemos ao sistema de irrigação denominado de SACI.

PROJETO

| Sistema Automático de Controle de Irrigação | SACI 03 |

Vamos obter a expressão lógica das três saídas do sistema de irrigação a partir da sua tabela-verdade, considerando as saídas irrelevantes iguais a 0.

Tabela 5.3

U1	U2	C	E	LA	LV	Termos de E e LA	Termos de LV
0	0	0	1	1	0	$\to \overline{U1} \cdot \overline{U2} \cdot \overline{C}$	
0	0	1	1	1	0	$\to \overline{U1} \cdot \overline{U2} \cdot C$	
0	1	0	X(0)	X(0)	X(0)		
0	1	1	X(0)	X(0)	X(0)		
1	0	0	0	0	0		
1	0	1	1	1	0	$\to U1 \cdot \overline{U2} \cdot C$	
1	1	0	0	0	1		$\to U1 \cdot U2 \cdot \overline{C}$
1	1	1	0	0	1		$\to U1 \cdot U2 \cdot C$

Assim, as expressões lógicas das saídas E, LA e LV são:

$$E = LA = \overline{U1} \cdot \overline{U2} \cdot \overline{C} + \overline{U1} \cdot \overline{U2} \cdot C + U1 \cdot \overline{U2} \cdot C$$

$$LV = U1 \cdot U2 \cdot \overline{C} + U1 \cdot U2 \cdot C$$

5.4.3 Álgebra booleana

A **álgebra booleana** é composta por **postulados**, **propriedades** e **teoremas** que permitem a manipulação das expressões lógicas de forma metódica, com o intuito de simplificá-las, tendo como consequência a simplificação dos circuitos lógicos correspondentes ou de códigos em VHDL, caso eles sejam descritos por expressões lógicas.

5.4.3.1 Postulados da álgebra booleana

Os postulados são operações baseadas nos conceitos das funções lógicas NOT, AND e OR, conforme mostra a Tabela 5.4.

Tabela 5.4 — Postulados da álgebra booleana.

Função NOT	Função AND	Função OR
$\overline{0} = 1$	$0 \cdot 0 = 0 \cdot 1 = 1 \cdot 0 = 0$	$0 + 1 = 1 + 0 = 1 + 1 = 1$
$\overline{1} = 0$	$1 \cdot 1 = 1$	$0 + 0 = 0$
Se $A = 0 \Rightarrow \overline{A} = 1$	$A \cdot 0 = 0$	$A + 1 = 1$
Se $A = 1 \Rightarrow \overline{A} = 0$	$A \cdot 1 = A$	$A + 0 = A$
$\overline{\overline{A}} = A$	$A \cdot A = A$	$A + A = A$
$\overline{\overline{\overline{A}}} = \overline{A}$	$A \cdot \overline{A} = 0$	$A + \overline{A} = 1$

5.4.3.2 Propriedades da álgebra booleana

A álgebra booleana possui três propriedades relativas às operações NOT, AND e OR, conforme mostra a Tabela 5.5.

Tabela 5.5 — Propriedades da álgebra booleana.

Hierarquia	Comutativa	Distributiva
1° NOT; 2° AND; 3° OR	$A \cdot B = B \cdot A$	$A \cdot (B + C) = A \cdot B + A \cdot C$
A hierarquia pode ser alterada pelo uso de parênteses ( ), colchetes [ ] e chaves { }.	$A + B = B + A$	$A + (B.C) = (A + B) \cdot (A + C)$

5.4.3.3 Teoremas da álgebra booleana

Há dois teoremas principais na álgebra booleana, conforme a Tabela 5.6, que podem ser demonstrados algebricamente ou por meio de tabela-verdade.

Tabela 5.6 — Teoremas da álgebra booleana.

De Morgan	Absorção
$\overline{A \cdot B} = \overline{A} + \overline{B}$	$A \cdot B + A \cdot \overline{B} = A$
$\overline{A + B} = \overline{A} \cdot \overline{B}$	$A + A \cdot B = A$
Obs.: $\overline{A \cdot B} \neq \overline{A} \cdot \overline{B}$ e $\overline{A + B} \neq \overline{A} + \overline{B}$	$A + \overline{A} \cdot B = A + B$

A demonstração dos dois teoremas de De Morgan pode ser feita por meio de tabela-verdade:

Tabela 5.7

A	B	$\overline{A \cdot B}$	=	$\overline{A} + \overline{B}$	$\overline{A + B}$	=	$\overline{A} \cdot \overline{B}$
0	0	1		1	1		1
0	1	1		1	0		0
1	0	1		1	0		0
1	1	0		0	0		0

Os dois primeiros teoremas da absorção podem ser demonstrados algebricamente:

$$A \cdot B + A \cdot \overline{B} = A \cdot (B + \overline{B}) = A \cdot 1 = \mathbf{A}$$

$$A + A \cdot B = A \cdot (1 + B) = A \cdot 1 = \mathbf{A}$$

A demonstração do terceiro teorema da absorção pode ser feita por meio de tabela-verdade:

Tabela 5.8

A	B	$A + \overline{A} \cdot B$	$= A + B$
0	0	0	0
0	1	1	1
1	0	1	1
1	1	1	1

5.4.4 Método de simplificação algébrica

Há três métodos clássicos de simplificação de expressões lógicas e circuitos combinacionais: algébrico, mapa de Karnaugh e equivalência entre portas lógicas. Os dois últimos foram muito utilizados durante décadas, enquanto os circuitos combinacionais eram implementados exclusivamente por circuitos integrados (CIs) contendo portas lógicas.

Como essa realidade mudou, isto é, atualmente a implementação é realizada usando dispositivos programáveis (FPGA, microcontroladores etc.), nos restringiremos a apresentar o método algébrico, fazendo, quando necessário, alusão aos demais.

Novamente, é importante destacar que, do ponto de vista prático, a simplificação de expressões lógicas é desnecessária atualmente, pois após a **correta e eficiente descrição** de hardware pelo projetista, otimizações são realizadas pela ferramenta EDA no processo de síntese do circuito.

Porém, a aplicação do método de simplificação algébrico está de acordo com os objetivos deste livro, pois permitirá o exercício da lógica e auxiliará na compreensão dos seus conceitos.

No método algébrico, aplicamos os postulados, as propriedades e os teoremas à expressão lógica a fim de se eliminar variáveis e termos desnecessários, sem que isso comprometa o seu resultado, ou seja, a simplificação algébrica reduz a expressão inicial de modo a se obter uma expressão equivalente mais simples.

Cada expressão pode ter um ou mais caminhos para a simplificação, podendo, inclusive, resultar em mais de uma expressão simplificada, sendo, porém, equivalentes.

Como exemplo, retomemos a tabela-verdade analisada nos subtópicos 5.4.1 e 5.4.2.

Tabela 5.9

C	B	A	S
0	0	0	1
0	0	1	0
0	1	0	1
0	1	1	0
1	0	0	X
1	0	1	0
1	1	0	1
1	1	1	0

Em primeiro lugar, vamos simplificar a expressão obtida quando consideramos a saída irrelevante nula, ou seja, X = 0:

$$S = \overline{C} \cdot \overline{B} \cdot \overline{A} + \overline{C} \cdot B \cdot \overline{A} + C \cdot B \cdot \overline{A}$$

Para facilitar a compreensão do processo de simplificação, os termos da expressão serão identificados pelos números 1, 2 e 3:

$$S = \underbrace{\overline{C} \cdot \overline{B} \cdot \overline{A}}_{1} + \underbrace{\overline{C} \cdot B \cdot \overline{A}}_{2} + \underbrace{C \cdot B \cdot \overline{A}}_{3}$$

Analisando os termos 1 e 2, vemos que o termo $\overline{C} \cdot \overline{A}$ é comum a ambos, de modo que podemos colocá-lo em evidência. O termo 3, por enquanto, será mantido na expressão resultante sem modificação:

$$S = \overline{C} \cdot \overline{A} \cdot (\overline{B} + B) + \underbrace{C \cdot B \cdot \overline{A}}_{3}$$

De acordo com o sexto postulado da operação OR (Tabela 5.4), o termo $\overline{B} + B$ é igual a 1, de modo que a expressão resultante fica assim:

$$S = \overline{C} \cdot \overline{A} \cdot 1 + C \cdot B \cdot \overline{A}$$

Da mesma forma, de acordo com o quarto postulado da operação AND (Tabela 5.4), o termo $\overline{C} \cdot \overline{A} \cdot 1$ é igual a $\overline{C} \cdot \overline{A}$, ficando a expressão resultante assim:

$$S = \overline{C} \cdot \overline{A} + C \cdot B \cdot \overline{A}$$

Agora, podemos observar que $\overline{A}$ é comum aos dois termos resultantes, de modo que podemos também colocá-lo em evidência, ficando a expressão da seguinte forma:

$$S = \overline{A} \cdot (\overline{C} + C \cdot B)$$

No termo entre parênteses, podemos aplicar o terceiro teorema da absorção (Tabela 5.6), eliminando a variável C, resultando na seguinte expressão:

$$\mathbf{S = \overline{A} \cdot (\overline{C} + B)}$$

Essa expressão é a mais simplificada possível. Do ponto de vista lógico, essa expressão final é equivalente à inicial, embora tenham formas diferentes.

Para comprovar este fato, podemos refazer a tabela-verdade a partir da expressão simplificada.

De acordo com a expressão $S = \overline{A} \cdot (\overline{C} + B)$, sempre que A = 1, a saída é S = 0, pois $\overline{A} = 0$, conforme mostra a Tabela 5.10 seguinte.

Tabela 5.10

C	B	A	S
0	0	0	
0	0	1	0
0	1	0	
0	1	1	0
1	0	0	
1	0	1	0
1	1	0	
1	1	1	0

Tabela 5.11

C	B	A	S
0	0	0	1
0	0	1	0
0	1	0	1
0	1	1	0
1	0	0	
1	0	1	0
1	1	0	1
1	1	1	0

Tabela 5.12

C	B	A	S
0	0	0	1
0	0	1	0
0	1	0	1
0	1	1	0
1	0	0	0
1	0	1	0
1	1	0	1
1	1	1	0

Nas demais linhas, como A = 0 e, consequentemente, $\overline{A} = 1$, a saída depende apenas do termo $(\overline{C} + B)$. Nesse caso, nas linhas em que B = 1 e/ou C = 0, a saída resulta em S = 1, conforme se vê na Tabela 5.11.

Por fim, a linha em que CBA = 100, como não se enquadra nas condições anteriores, deve ser analisada na expressão simplificada completa, isto é, $\overline{A} \cdot (\overline{C} + B)$, de onde concluímos que a saída resulta em S = 0, como mostra a Tabela 5.12.

Como podemos observar, essa tabela é exatamente igual à inicial, considerando X = 0, comprovando a equivalência entre as expressões original e simplificada: $S = \overline{C} \cdot \overline{B} \cdot \overline{A} + \overline{C} \cdot B \cdot \overline{A} + C \cdot B \cdot \overline{A} \equiv \overline{A} \cdot (\overline{C} + B)$.

Vejamos agora o que ocorre quando consideramos o irrelevante X = 1. Nesse caso, a expressão lógica será a crescida do termo $C \cdot \overline{B} \cdot \overline{A}$, resultando em:

$$S = \overline{C} \cdot \overline{B} \cdot \overline{A} + \overline{C} \cdot B \cdot \overline{A} + C \cdot B \cdot \overline{A} + C \cdot \overline{B} \cdot \overline{A}$$

Identificaremos os termos pelos números 1, 2, 3 e 4:

$$S = \underbrace{\overline{C} \cdot \overline{B} \cdot \overline{A}}_{1} + \underbrace{\overline{C} \cdot B \cdot \overline{A}}_{2} + \underbrace{C \cdot B \cdot \overline{A}}_{3} + \underbrace{C \cdot \overline{B} \cdot \overline{A}}_{4}$$

Nos termos 1 e 2, vamos colocar $\overline{C} \cdot \overline{A}$ em evidência; e, nos termos 3 e 4, vamos colocar $C \cdot \overline{A}$ em evidência:

$$S = \overline{C} \cdot \overline{A} \cdot (\overline{B} + B) + C \cdot \overline{A} \cdot (B + \overline{B})$$

Como o termo $\overline{B} + B$ é igual a 1, a expressão fica da seguinte forma:

$$S = \overline{C} \cdot \overline{A} + C \cdot \overline{A}$$

Agora, vamos colocar $\overline{A}$ em evidência, resultando na expressão:

$$S = \overline{A} \cdot (\overline{C} + C)$$

Como o termo $\overline{C} + C$ é igual a 1, a expressão final é:

$$\mathbf{S = \overline{A}}$$

Esse resultado mostra uma expressão muito mais simplificada e que a saída S não depende das variáveis B e C, apenas da variável A, mas isso só foi possível verificar usando o irrelevante X = 1.

Observe que a tabela seguinte é equivalente à original, mas com X = 1. Observe, também, pelas colunas hachuradas, que o valor da saída S é sempre o inverso da variável A, pois a expressão simplificada é $\overline{A}$.

SISTEMAS COMBINACIONAIS 145

Tabela 5.13

C	B	A	S
0	0	0	1
0	0	1	0
0	1	0	1
0	1	1	0
1	0	0	1
1	0	1	0
1	1	0	1
1	1	1	0

Vamos, então, aplicar o método de simplificação algébrica ao projeto do Sistema Automático de Controle de Irrigação — SACI.

PROJETO
Sistema Automático de Controle de Irrigação — SACI 04

Vamos considerar, novamente, as expressões lógicas das três saídas do sistema automático de controle de irrigação obtidas na etapa 3 deste projeto, a saber, E, LA e LV:

Tabela 5.14

U1	U2	C	E	LA	LV	Termos de E e LA	Termos de LV
0	0	0	1	1	0	$\rightarrow \overline{U1} \cdot \overline{U2} \cdot \overline{C}$	
0	0	1	1	1	0	$\rightarrow \overline{U1} \cdot \overline{U2} \cdot C$	
0	1	0	X(0)	X(0)	X(0)		
0	1	1	X(0)	X(0)	X(0)		
1	0	0	0	0	0		
1	0	1	1	1	0	$\rightarrow U1 \cdot \overline{U2} \cdot C$	
1	1	0	0	0	1		$\rightarrow U1 \cdot U2 \cdot \overline{C}$
1	1	1	0	0	1		$\rightarrow U1 \cdot U2 \cdot C$

Em um primeiro momento, consideramos todos os irrelevantes nulos (X = 0), de modo que as expressões obtidas foram:

Acionamento da eletroválvula: $E = \overline{U1} \cdot \overline{U2} \cdot \overline{C} + \overline{U1} \cdot \overline{U2} \cdot C + U1 \cdot \overline{U2} \cdot C$

Acionamento do LED azul: $LA = E$

Acionamento do LED vermelho: $LV = U1 \cdot U2 \cdot \overline{C} + U1 \cdot U2 \cdot C$

(Continua)

(Continuação)

PROJETO	
Sistema Automático de Controle de Irrigação	SACI 04

Simplifiquemos a expressão da eletroválvula E:

$$E = \overline{U1} \cdot \overline{U2} \cdot \overline{C} + \overline{U1} \cdot \overline{U2} \cdot C + U1 \cdot \overline{U2} \cdot C = \overline{U1} \cdot \overline{U2} \cdot (\overline{C} + C) + U1 \cdot \overline{U2} \cdot C \Rightarrow$$

$$E = \overline{U1} \cdot \overline{U2} \cdot (1) + U1 \cdot \overline{U2} \cdot C = \overline{U1} \cdot \overline{U2} + U_1 \cdot \overline{U2} \cdot C \Rightarrow$$

$$E = \overline{U2} \cdot (\overline{U1} + U1 \cdot C) \Rightarrow \mathbf{E = \overline{U2} \cdot (\overline{U1} + C)}$$

A expressão do LED azul LA (indicador de operação do irrigador) não precisa ser simplificada, pois ela é igual à da eletroválvula E:

LA = E

Simplifiquemos a expressão do LED vermelho LV (indicador de umidade maior que 80%):

$$LV = U1 \cdot U2 \cdot \overline{C} + U1 \cdot U2 \cdot C = U1 \cdot U2 \cdot (\overline{C} + C) = U1 \cdot U2 \cdot (1) \Rightarrow$$
$$\mathbf{LV = U1 \cdot U2}$$

Usando os irrelevantes!

As expressões simplificadas das saídas E, LA e LV podem ser usadas para a implementação do circuito de controle do sistema de irrigação.

No entanto, e apenas para que as questões em torno dos irrelevantes sejam concluídas, vamos mostrar que, neste projeto, caso todos os irrelevantes tivessem sido considerados não nulos (X = 1), os resultados seriam ainda mais simplificados:

Tabela 5.15

U_1	U_2	C	E	LA	LV	Termos de E e LA	Termos de LV
0	0	0	1	1	0	$\rightarrow \overline{U1} \cdot \overline{U2} \cdot \overline{C}$	
0	0	1	1	1	0	$\rightarrow \overline{U1} \cdot \overline{U2} \cdot C$	
0	1	0	X(1)	X(1)	X(1)	$\rightarrow \overline{U1} \cdot U2 \cdot \overline{C}$	$\rightarrow \overline{U1} \cdot U2 \cdot \overline{C}$
0	1	1	X(1)	X(1)	X(1)	$\rightarrow \overline{U1} \cdot U2 \cdot C$	$\rightarrow \overline{U1} \cdot U2 \cdot C$
1	0	0	0	0	0		
1	0	1	1	1	0	$\rightarrow U1 \cdot \overline{U2} \cdot C$	
1	1	0	0	0	1		$\rightarrow U1 \cdot U2 \cdot \overline{C}$
1	1	1	0	0	1		$\rightarrow U1 \cdot U2 \cdot C$

(Continua)

(Continuação)

PROJETO	
Sistema Automático de Controle de Irrigação	SACI 04

Neste caso, as expressões são as seguintes:

Acionamento da eletroválvula:

$$E = \overline{U1} \cdot \overline{U2} \cdot \overline{C} + \overline{U1} \cdot \overline{U2} \cdot C + \overline{U1} \cdot U2 \cdot \overline{C} + \overline{U1} \cdot U2 \cdot C + U1 \cdot \overline{U2} \cdot C$$

Acionamento do LED azul: $LA = E$

Acionamento do LED vermelho:
$$LV = \overline{U1} \cdot U2 \cdot \overline{C} + \overline{U1} \cdot U2 \cdot C + U1 \cdot U2 \cdot \overline{C} + U1 \cdot U2 \cdot C$$

Simplifiquemos a expressão da eletroválvula E:

$$E = \overline{U1} \cdot \overline{U2} \cdot \overline{C} + \overline{U1} \cdot \overline{U2} \cdot C + \overline{U1} \cdot U2 \cdot \overline{C} + \overline{U1} \cdot U2 \cdot C + U1 \cdot \overline{U2} \cdot C \Rightarrow$$

$$E = \overline{U1} \cdot \overline{U2} \cdot (\overline{C} + C) + \overline{U1} \cdot U2 \cdot (\overline{C} + C) + U1 \cdot \overline{U2} \cdot C \Rightarrow$$

$$E = \overline{U1} \cdot \overline{U2} \cdot (1) + \overline{U1} \cdot U2 \cdot (1) + U1 \cdot \overline{U2} \cdot C \;=\; \overline{U1} \cdot \overline{U2} + \overline{U1} \cdot U2 + U1 \cdot \overline{U2} \cdot C \Rightarrow$$

$$E = \overline{U1} \cdot (\overline{U2} + U2) + U1 \cdot \overline{U2} \cdot C \;=\; \overline{U1} \cdot (1) + U1 \cdot \overline{U2} \cdot C \Rightarrow$$

$$E = \overline{U1} + U1 \cdot \overline{U2} \cdot C$$

Aplicando o terceiro teorema da absorção (Tabela 5.6), chega-se a:

$$\mathbf{E = \overline{U1} + \overline{U2} \cdot C}$$

A expressão do LED azul LA (indicador de operação do irrigador) é igual à da eletroválvula E:

$$\mathbf{LA = E}$$

Simplifiquemos a expressão do LED vermelho LV (indicador de umidade maior que 80%):

$$LV = \overline{U1} \cdot U2 \cdot \overline{C} + \overline{U1} \cdot U2 \cdot C + U1 \cdot U2 \cdot \overline{C} + U1 \cdot U2 \cdot C \Rightarrow$$

$$LV = \overline{U1} \cdot U2 \cdot (\overline{C} + C) + U1 \cdot U2 \cdot (\overline{C} + C) \;=\; \overline{U1} \cdot U2 \cdot (1) + U1 \cdot U2 \cdot (1) \Rightarrow$$

$$LV = \overline{U1} \cdot U2 + U1 \cdot U2 \;=\; U2 \cdot (\overline{U1} + U1) \;=\; U2 \cdot (1) \Rightarrow$$

$$\mathbf{LV = U2}$$

Observe que as expressões obtidas considerando todos os irrelevantes não nulos são um pouco mais simplificadas que as obtidas anteriormente.

5.4.5 Implementação de circuitos lógico e elétrico com circuitos integrados discretos

Há uma diferença entre **circuito lógico** e **circuito elétrico**. O circuito lógico, como o seu nome indica, apresenta os blocos lógicos que compõem o circuito, mas não necessariamente os seus dispositivos.

Por exemplo, uma porta NAND é um bloco lógico, mas o circuito integrado 7400 é o dispositivo que contém quatro portas NAND, da mesma forma que o FPGA de código EP4CE6E22C8N é o circuito integrado da família do Cyclone IV, da Intel/Altera®, no qual a porta NAND pode ser configurada.

Assim sendo, o circuito lógico apresenta as portas lógicas que o compõem e o modo como elas são interligadas (Figura 5.5A); o circuito elétrico é constituído de circuitos integrados, sejam eles discretos, isto é, composto de portas lógicas (Figura 5.5B), ou um único circuito integrado de FPGA.

A Circuito lógico.   **B** Circuito elétrico com Cis discretos.

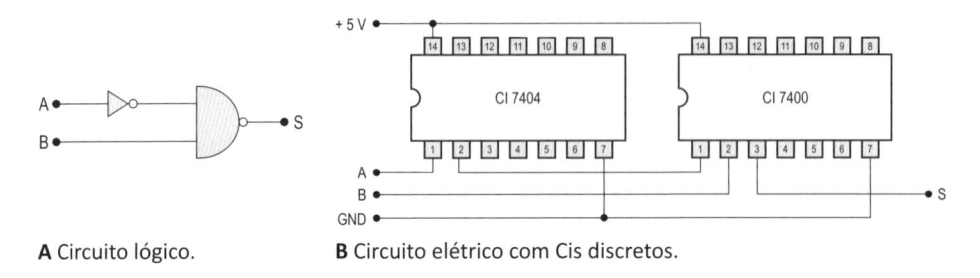

Figura 5.5 — Diferença entre circuitos lógico e elétrico.

Atualmente, os projetos de sistemas digitais utilizam as tecnologias já mencionadas: ASICs, dispositivos de hardware reconfigurável ou microcontroladores/microprocessadores. No entanto, conhecer a sua implementação por portas lógicas é útil, pois o conhecimento da tecnologia imediatamente precedente à atual ajuda a compreender os fatores que levaram à sua evolução.

Essa etapa do projeto consiste na implementação do circuito lógico usando os diversos tipos de porta lógica conectadas entre si e em conformidade com a expressão lógica.

Considere, como exemplo, a expressão seguinte:

$$S = A \cdot \overline{B} + \overline{A \cdot \overline{C}}$$

Essa expressão contém dois termos: $A \cdot \overline{B}$ e $\overline{A \cdot C}$, com operação OR entre eles. Para a implementação do primeiro termo $A \cdot \overline{B}$, são necessárias uma porta NOT e uma AND. Para o segundo termo $\overline{A \cdot C}$ são necessárias uma porta NOT e uma NAND. Finalmente, é necessária uma porta OR para unir os dois termos e gerar a saída S.

Assim, o circuito lógico fica conforme mostra a Figura 5.6A, e seu funcionamento é representado pela tabela-verdade da Figura 5.6B.

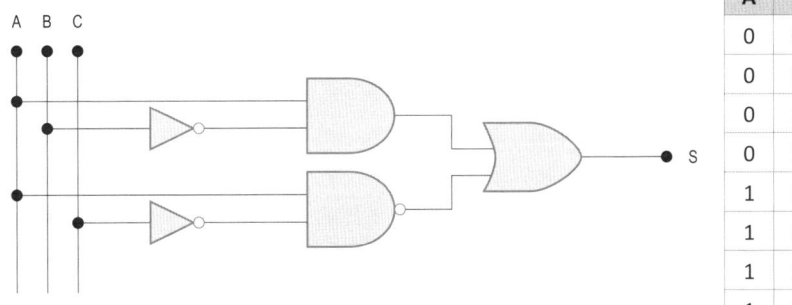

A	B	C	S
0	0	0	1
0	0	1	1
0	1	0	1
0	1	1	1
1	0	0	1
1	0	1	1
1	1	0	0
1	1	1	1

A Circuito lógico construído a partir de portas lógicas.   **B** Tabela-verdade.

Figura 5.6 — Circuito lógico e tabela resultantes da expressão $S = A \cdot \overline{B} + \overline{A \cdot C}$.

Consultando o Capítulo 4, Tabela 4.1, encontramos os circuitos integrados comerciais TTL que se adequam à implementação deste circuito lógico:

- CI 7400: Quatro portas NAND de duas entradas.
- CI 7404: Seis portas NOT.
- CI 7408: Quatro portas AND de duas entradas.
- CI 7432: Quatro portas OR de duas entradas.

Portanto, o **circuito elétrico** correspondente a este **circuito lógico** relativamente simples utilizaria, em princípio, quatro circuitos integrados.

Observe que, pelo número de portas lógicas disponíveis nos quatro circuitos integrados (4 + 6 + 4 + 4, respectivamente, totalizando 18 portas lógicas) e o número de portas necessárias para a implementação do circuito (5, apenas), os circuitos integrados estariam sendo subutilizados, já que 13 portas não estariam sendo usadas.

Assim, uma primeira possibilidade de simplificação do circuito elétrico é a utilização do conceito de **equivalência entre portas lógicas**, citado no início do Tópico 5.4.4.

A aplicação deste método nesse exemplo consiste na substituição da porta NAND por uma AND com uma NOT na saída, de modo que o circuito lógico resultante fica como o mostrado na Figura 5.7.

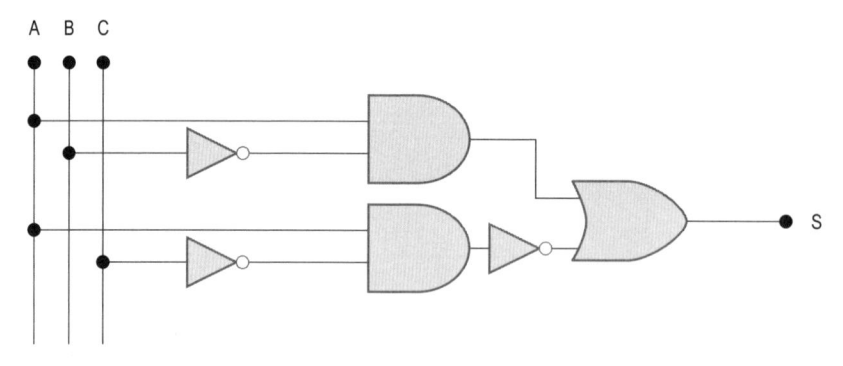

Figura 5.7 — Circuito lógico equivalente.

É importante salientar que, mesmo com essa modificação, o funcionamento do circuito é o mesmo representado pela tabela-verdade da Figura 5.6B.

Dessa forma, o circuito elétrico passa a ter apenas três circuitos integrados (7404, 7408 e 7432), reduzindo o tamanho de placa, o consumo de energia e, consequentemente, o custo.

O circuito elétrico deste exemplo está mostrado na Figura 5.8. Observe que ainda restaram 8 portas lógicas sem utilização (3 NOT, 2 AND e 3 OR).

Conforme já dissemos, a implementação do circuito lógico usando circuitos integrados de portas lógicas está obsoleta. Ele foi apresentado na Figura 5.8 para que o leitor tenha uma ideia de como era essa tecnologia de implementação.

Por esse motivo, de agora em diante, nos restringiremos a desenvolver projetos até chegarmos ao **circuito lógico**, dispensando a apresentação do circuito elétrico que usa circuitos integrados de portas lógicas.

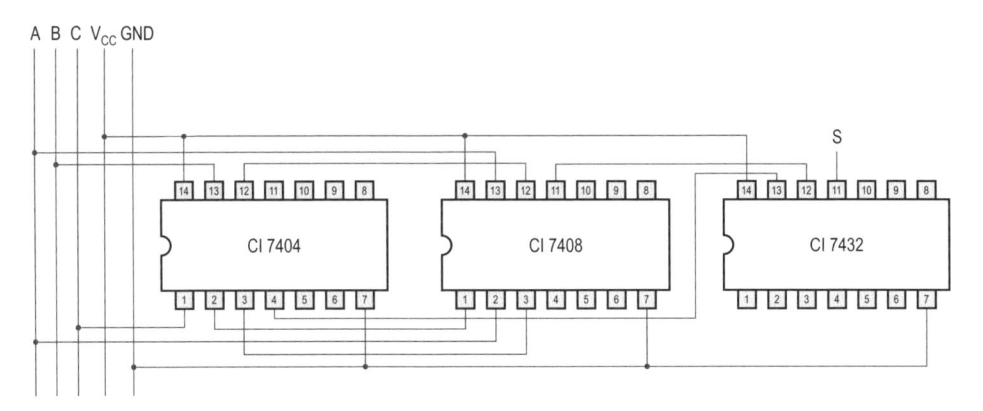

Figura 5.8 — Esquema elétrico.

Vejamos como isso se aplica ao projeto do Sistema Automático de Controle de Irrigação — SACI.

PROJETO	
Sistema Automático de Controle de Irrigação	SACI 05

Na etapa 4 deste projeto, obtivemos as expressões lógicas simplificadas das três saídas do sistema automático de controle de irrigação, a saber, E, LA e LV:

Acionamento da eletroválvula: $\mathbf{E = \overline{U1} + \overline{U2} \cdot C}$

Acionamento do LED azul: $\mathbf{LA = E}$

Acionamento do LED vermelho: $\mathbf{LV = U2}$

Como se pode observar analisando as expressões, para a implementação do circuito lógico da saída E são necessárias duas portas NOT, uma porta AND de duas entradas e uma porta OR de duas entradas. Para a saída LA, não é necessária nenhuma porta lógica, pois ela é igual à saída E. Finalmente, para a saída LV, também não é necessária nenhuma porta, pois seu valor é exatamente igual à variável U2.

Assim, o circuito lógico do sistema de irrigação fica conforme apresentado na Figura 5.9.

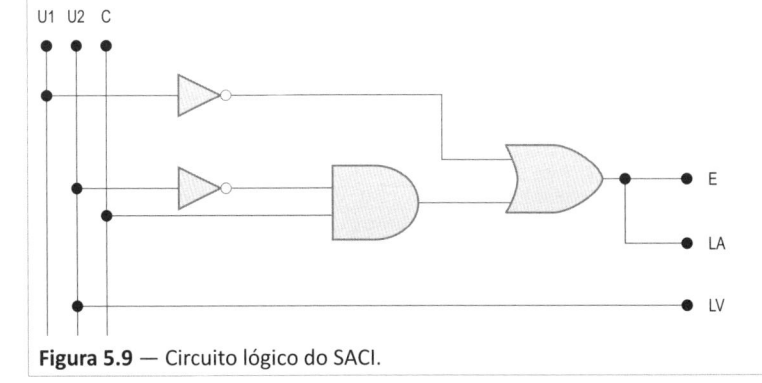

Figura 5.9 — Circuito lógico do SACI.

5.5 IMPLEMENTAÇÃO POR DISPOSITIVO DE HARDWARE RECONFIGURÁVEL

A implementação de circuito combinacional por um dispositivo lógico programável, como o FPGA, foco deste livro, resultará em circuitos mais compactos, eficientes e de melhor desempenho, além da flexibilidade por conta da possibilidade de reprogramação.

Há, basicamente, duas formas de programação de um FPGA:

1) Diagrama em blocos.
2) Linguagem de descrição de hardware (ex.: VHDL).

5.5.1 Implementação de circuito lógico em FPGA por diagrama em blocos

A programação por diagrama em blocos, pressupõe o conhecimento do circuito lógico, tal como vimos anteriormente; isto é, como se o projeto estivesse sendo desenvolvido por portas lógicas.

A diferença é que, em vez do uso de circuitos integrados, o desenho do circuito lógico é feito diretamente na interface de programação do FPGA.

Anteriormente, ao analisarmos a expressão $S = A \cdot \overline{B} + \overline{A \cdot \overline{C}}$, chegamos a dois circuitos lógicos, sendo o da Figura 5.6A o correspondente direto da expressão e o da Figura 5.7, um circuito equivalente que possibilitou a minimização do número de circuitos integrados.

O circuito lógico da Figura 5.6A, referente à expressão $S = A \cdot \overline{B} + \overline{A \cdot \overline{C}}$, foi construído na interface Quartus, da Intel, em diagrama em blocos, como se vê na Figura 5.10.

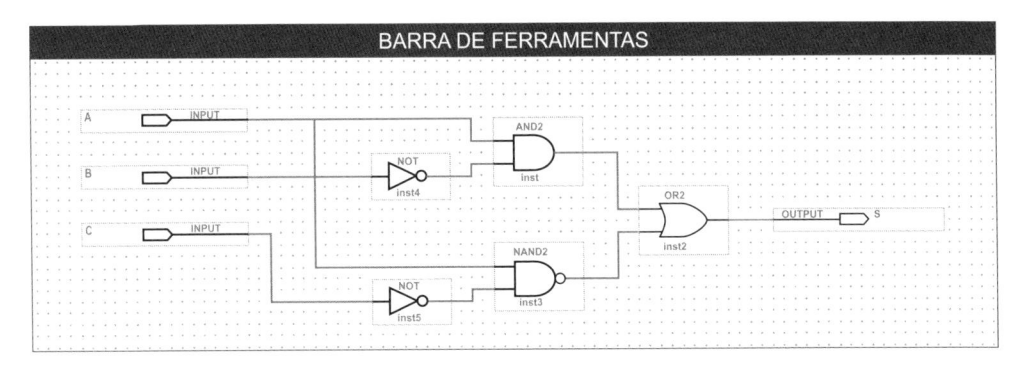

[Figura: diagrama de circuito lógico com entradas A, B, C e saída S, contendo portas NOT, AND2, NAND2 e OR2 na "BARRA DE FERRAMENTAS"]

Figura 5.10 — Circuito lógico implementado por diagrama em blocos pelo Quartus, da Intel.

Esse método, como é fácil observar, não é o mais apropriado, em se tratando de FPGA, pois a sua construção fica limitada a circuitos simples, tornando inviável sua aplicação para o desenvolvimento de circuitos complexos.

Por essa razão, vamos nos restringir à utilização da linguagem VHDL.

5.5.2 Implementação de circuito lógico em FPGA usando expressões lógicas ou concorrentes

Essa etapa do projeto consiste no desenvolvimento do código em VHDL, usando as **expressões concorrentes**, para posterior gravação no FPGA.

Considere a expressão lógica:

$$S = A \cdot \overline{B} + \overline{A \cdot \overline{C}}$$

Essa expressão contém dois termos. Para a descrição do primeiro termo $A \cdot \overline{B}$, será necessário usar os operadores lógicos AND e NOT. Para o segundo termo $A \cdot \overline{C}$, os operadores lógicos serão NOT e NAND. Por fim, usa-se o operador lógico OR para unir os dois termos e gerar a saída S.

Assim, o código será descrito conforme segue:

Descrição por expressões concorrentes

ENTITY exemplo **IS**
 PORT (
     A, B, C: **IN** bit;
     S: **OUT** bit
 );
 END exemplo;
 ARCHITECTURE arq **OF** exemplo **IS**
 BEGIN
     S <= (A AND NOT B) OR (A NAND NOT C);
 END arq;

O exemplo anterior é suficiente para esclarecer o quanto a tecnologia do FPGA facilita o desenvolvimento de um projeto lógico. Bastam algumas linhas de código para que a implementação do circuito se viabilize.

Vejamos como isso se aplica ao projeto do Sistema Automático de Controle de Irrigação — SACI.

PROJETO	
Sistema Automático de Controle de Irrigação	SACI 06
De acordo com a etapa 04 do projeto, as expressões lógicas das saídas E, LA e LV podem ser:	
I – Considerando todos os irrelevantes nulos (X = 0) e sem simplificação:	
Acionamento da eletroválvula:	$E = \overline{U1} \cdot \overline{U2} \cdot \overline{C} + \overline{U1} \cdot \overline{U2} \cdot C + U1 \cdot \overline{U2} \cdot C$
Acionamento do LED azul:	$LA = E$
Acionamento do LED vermelho:	$LV = U1 \cdot U2 \cdot \overline{C} + U1 \cdot U2 \cdot C$
II – Considerando todos os irrelevantes nulos (X = 0) e com simplificação:	
Acionamento da eletroválvula:	$E = \overline{U2} \cdot (\overline{U1} + C)$
Acionamento do LED azul:	$LA = E$
Acionamento do LED vermelho:	$LV = U1 \cdot U2$

(Continua)

(Continuação)

PROJETO
Sistema Automático de Controle de Irrigação — SACI 06

III – Considerando os irrelevantes não nulos (X = 1) e com simplificação:

Acionamento da eletroválvula: $\quad E = \overline{U1} + \overline{U2} \cdot C$

Acionamento do LED azul: $\quad LA = E$

Acionamento do LED vermelho: $\quad LV = U2$

Primeiramente, implementaremos esse sistema usando a descrição por expressão boolena em conformidade com os resultados obtidos no modo I, ou seja, considerando todos os irrelevantes nulos (X = 0) e sem simplificação.

Outra consideração importante neste momento é a que fizemos na etapa 05 deste projeto, quando consideramos desnecessária a implementação da saída LA, pois ela é igual à saída E (LA = E). Mais adiante, apresentaremos uma descrição um pouco diferente em relação a esta última consideração, o que enfatiza o fato de que um bom projeto é aquele que analisa as suas condições de forma integral.

Para essa primeira solução, vamos denominar a entidade de **saci_I**:

Descrição por expressões concorrentes — modo I
ENTITY saci_I **IS**
PORT (
U1, U2, C: **IN** bit;
E, LV: **OUT** bit   -- LA não será utilizada
);
END saci_I;
ARCHITECTURE arq **OF** saci_I **IS**
BEGIN
E <= (NOT U1 AND NOT U2 AND NOT C) OR (NOT U1 AND NOT U2 AND C) OR
(U1 AND NOT U2 AND C);
LV <= (U1 AND U2 AND NOT C) OR (U1 AND U2 AND C);
END arq;

A Figura 5.11 mostra, de forma simplificada, o circuito resultante para este projeto no modo I. Note que foi necessária uma conexão externa (*jumper*) para permitir a ligação do LED.

(Continua)

(Continuação)

PROJETO	
Sistema Automático de Controle de Irrigação	SACI 06

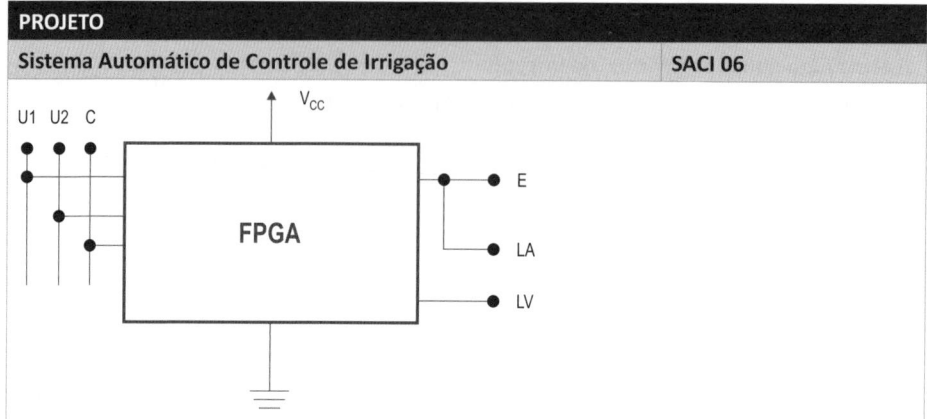

Figura 5.11 — Circuito lógico do SACI implementado por FPGA.

Agora, o mesmo sistema será implementado em conformidade com os resultados obtidos no modo II, ou seja, considerando todos os irrelevantes nulos (X = 0) e com simplificação. Nesse caso, vamos denominar a entidade de **saci_II**, destacando, porém, apenas as linhas do código que sofrem modificação.

> **Descrição por expressões concorrentes – modo II**
>
> **ARCHITECTURE** arq **OF** saci_II **IS**
>
> **BEGIN**
>
>   E <= NOT U2 AND (NOT U1 OR C);
>
>   LV <= U1 AND U2;
>
> **END** arq;

Finalmente, implementaremos o sistema em conformidade com os resultados obtidos no modo III, ou seja, considerando os irrelevantes não nulos (X = 1) e com simplificação. Denominaremos a entidade de **saci_III** com as modificações no código destacas em seguida.

> **Descrição por expressões concorrentes — modo III**
>
> **ARCHITECTURE** arq **OF** saci_III **IS**
>
> **BEGIN**
>
>   E <= (NOT U1) OR (NOT U2 AND C);
>
>   LV <= U2;
>
> **END** arq;

(Continua)

PROJETO	
Sistema Automático de Controle de Irrigação	SACI 06

(Continuação)

O primeiro ponto a destacar é que as três descrições levarão a funcionamentos iguais.

O segundo ponto, é que, observando as diferenças entre os três códigos, vê-se que elas se encontram apenas nas duas expressões da arquitetura.

Por fim, destacamos que o circuito mostrado na Figura 5.11, é válido para os três modos de descrição realizados.

Obviamente, o circuito completo implica em alguns dispositivos necessários para a operação do FPGA, assim como ocorre com um microcontrolador.

Saída do tipo BUFFER

No Capítulo 3, que apresentou a linguagem VHDL, foram destacados os modos de propagação de um sinal no FPGA. A Tabela 3.2 apresentou quatro modos (IN — entrada, OUT — saída, INOUT — bidirecional e BUFFER — saída que permite realimentação).

Vamos supor uma situação similar à do projeto SACI, em que duas saídas operam simultaneamente com os mesmos níveis lógicos, como na Figura 5.12A, em que as expressões lógicas de S1 e S2 são iguais, ou seja, S1 = S2. Nesse caso, S2 é proveniente de um jumper externo com a saída S1.

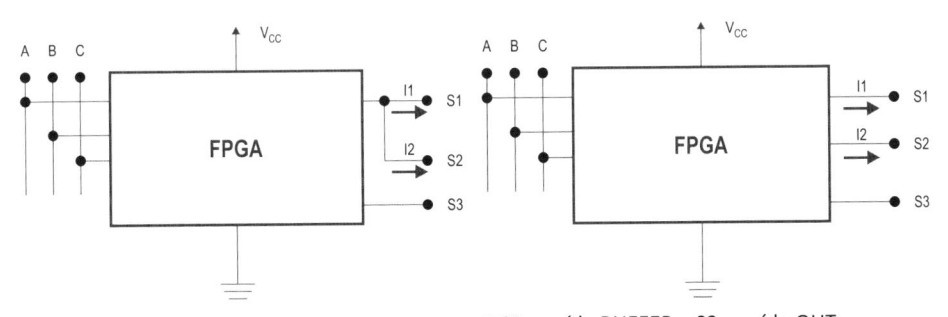

A S1 = saída OUT e S2 = *jumper* externo   **B** S1 = saída BUFFER e S2 = saída OUT

Figura 5.12 — Circuito lógico com saídas OUT e BUFFER.

Porém, nem sempre a solução por jumper é recomendada, dado que poderá ocasionar consumo excessivo de corrente no terminal do FPGA, dependendo da aplicação.

Na Figura 5.12A, a corrente consumida pelo dispositivo S1 é I1, e a corrente consumida pelo dispositivo S2 é I2. Nesse caso, a saída do FPGA precisa fornecer a corrente total I1 + I2, podendo sobrecarregá-la.

A solução para isso é adotar a saída tipo BUFFER para S1 e OUT para S2, pois uma saída BUFFER permite a realimentação, ou seja, que a saída S2 seja conectada internamente, via código, à saída S1. Assim, o circuito resultante seria o indicado na Figura 5.12B.

Apenas como recurso didático, adotaremos essa solução para o Sistema Automático de Controle de Irrigação — SACI.

PROJETO	
Sistema Automático de Controle de Irrigação	SACI 07

Consideremos o modo I, no qual as expressões foram obtidas com os irrelevantes nulos (X = 0) e não foram simplificadas:

Acionamento da eletroválvula: $\quad E = \overline{U1} \cdot \overline{U2} \cdot \overline{C} + \overline{U1} \cdot \overline{U2} \cdot C + U1 \cdot \overline{U2} \cdot C$

Acionamento do LED azul: $\quad LA = E$

Acionamento do LED vermelho: $\quad LV = U1 \cdot U2 \cdot \overline{C} + U1 \cdot U2 \cdot C$

Cada saída será obtida por um pino específico do FPGA, de modo que E será caracterizada como BUFFER.

Para essa solução, vamos denominar a entidade de **saci_IV**:

Descrição por expressões concorrentes

```
ENTITY saci_IV IS
PORT (
    U1, U2, C: IN bit;
    E : BUFFER bit;
    LA, LV: OUT bit
);
END saci_IV;
ARCHITECTURE arq OF saci_IV IS
BEGIN
    E <= (NOT U1 AND NOT U2 AND NOT C) OR (NOT U1 AND NOT U2 AND C) OR
         (U1 AND NOT U2 AND C);
    LV <= (U1 AND U2 AND NOT C) OR (U1 AND U2 AND C);
    LA <= E;
END arq;
```

(Continua)

(Continuação)

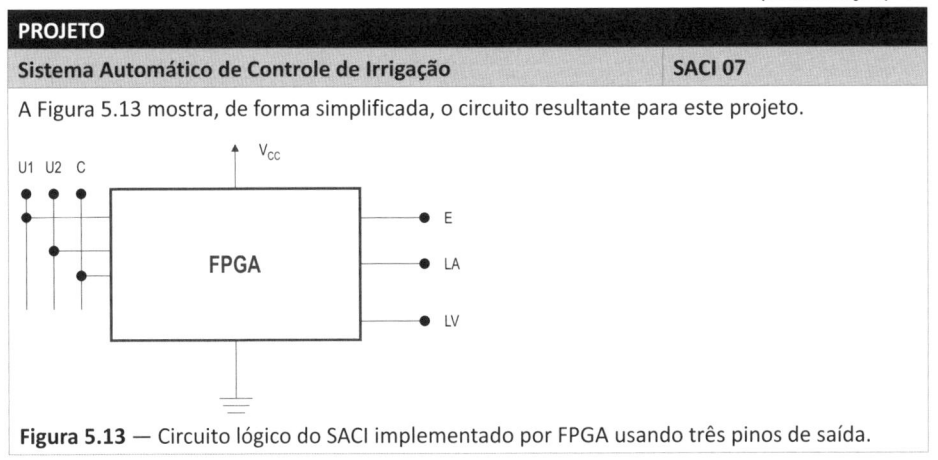

PROJETO

Sistema Automático de Controle de Irrigação — **SACI 07**

A Figura 5.13 mostra, de forma simplificada, o circuito resultante para este projeto.

Figura 5.13 — Circuito lógico do SACI implementado por FPGA usando três pinos de saída.

Apesar da agilidade e das demais vantagens que uma linguagem de descrição de hardware (HDL) traz aos projetos, construir circuitos utilizando apenas expressões concorrentes com operadores lógicos pode ser uma tarefa extremamente trabalhosa e, dependendo da complexidade do circuito, até mesmo inviável.

Para tanto, ao longo do livro, você conhecerá uma série de recursos e diferentes possibilidades de construção em VHDL que são capazes de tornar projetos aparentemente complexos em projetos mais simples, deixando ainda mais evidente porque o uso dessa tecnologia de projetos por HDLs é uma poderosa ferramenta de trabalho.

Muitos dos recursos da linguagem de descrição permitem ao projetista trabalhar em abstrações mais altas, focando o **funcionamento** desejado, sem se preocupar, especificamente, com operadores lógicos ou em obter expressões booleanas.

5.5.3 Atribuição condicionada: Construção WHEN-ELSE

Uma forma de se descrever circuitos por meio de expressões concorrentes no tempo, não utilizando apenas operadores lógicos, é por meio de **atribuições condicionais**, como é o caso da construção **WHEN-ELSE**.

Nesse tipo de construção, descreve-se a transferência de um sinal para a saída mediante o atendimento ou não de condições preestabelecidas, conforme a sintaxe mostrada a seguir.

```
identificador_destino <=    valor_ou_expressao1  WHEN  condicao1  ELSE
                            valor_ou_expressao2  WHEN  condicao2  ELSE
                            valor_ou_expressao3;
```

Perceba que esta sintaxe representa uma única sentença lógica, finalizada no ponto e vírgula, composta por três possibilidades de valores a serem atribuídos, sendo o último deles utilizado apenas se as duas condições anteriores foram falsas. Esta sentença pode ter quantas condições forem necessárias.

Em um mesmo código, é possível ter várias construções WHEN-ELSE, as quais seriam também concorrentes no tempo, ou seja, cada uma delas gera um circuito independente.

Para exemplificar sua utilização, note como poderia ser descrita a situação em que a saída de um circuito recebe nível lógico 1 quando a chave, em sua entrada, também enviar nível 1, caso contrário, a saída recebe nível 0.

```
saida <= '1' WHEN chave = '1' ELSE '0';
```

Operadores lógicos podem ser utilizados dentro deste tipo de construção. Por exemplo, no trecho de código a seguir, a saída S1 mostra o resultado de uma diferente operação lógica para cada combinação das entradas x e y:

```
S1 <=    e1 AND  e2  WHEN  x = '0' AND y = '0'  ELSE
         e1 OR   e2  WHEN  x = '0' AND y = '1'  ELSE
         e1 NAND e2  WHEN  x = '1' AND y = '0'  ELSE
         e1 NOR  e2;
```

5.5.4 Atribuição selecionada: Construção WITH-SELECT

Na construção **WITH-SELECT**, verifica-se em qual condição (valor) se encontra a expressão ou sinal sob teste para, então, realizar a atribuição correspondente à condição. Note na sintaxe mostrada a seguir que as condições são colocadas após a palavra reservada WHEN e, antes dela, os valores que serão atribuídos para cada caso.

WITH	expressao_teste	**SELECT**			
	identificador_destino <=	valor_ou_expressao1	**WHEN**	condicao1,	
		valor_ou_expressao2	**WHEN**	condicao2,	
		valor_ou_expressao3	**WHEN**	condicao3;	

Para ilustrar, veja este exemplo de descrição considerando um circuito que funcione conforme representado na tabela-verdade seguinte:

Tabela 5.16

s1	s2	destino
0	0	1
0	1	0
1	0	1
1	1	1

Trecho de código referente à Tabela 5.16

teste <= s1 & s2;   -- "teste" é do tipo bit_vector (1 downto 0), portanto, espera-se dois bits.

-- "s1" e "s2" são do tipo bit, ou seja, cada um equivale a um bit.

-- & significa concatenação: bits "s1" e "s2" se unem para formar "teste".

WITH teste **SELECT**

destino <= '1' **WHEN** "00" | "10" | "11",   -- o delimitador | significa "ou" (opção)

'0' **WHEN** "01";

5.5.5 Implementação de circuito lógico em FPGA usando atribuição selecionada

Para efeito de comparação com os projetos anteriores, temos a seguir a descrição de hardware do projeto SACI por atribuição selecionada.

PROJETO
Sistema Automático de Controle de Irrigação — SACI 08

Ao usar a atribuição selecionada, podemos focar o projeto tomando como referência o funcionamento desejado, conforme a tabela-verdade analisada no início deste capítulo, Tabela 5.1.

Para facilitar a compreensão do código VHDL, reapresentamos essa tabela:

Tabela 5.17

U1	U2	C	E	LA	LV	Análise das entradas e definição das saídas
0	0	0	1	1	0	umidade < 40% e independe da chave C ⇒ irrigação e LED azul ativados
0	0	1	1	1	0	
0	1	0	X(0)	X(0)	X(0)	umidade < 40% e umidade > 80% (impossível) ⇒ saídas irrelevantes (*)
0	1	1	X(0)	X(0)	X(0)	
1	0	0	0	0	0	→ 40% ≤ umidade ≤ 80% e chave desligada ⇒ todas as saídas desativadas
1	0	1	1	1	0	→ 40% ≤ umidade ≤ 80% e chave ligada ⇒ irrigação e LED azul ativados
1	1	0	0	0	1	umidade > 80% e independe da chave C ⇒ só o LED vermelho ativado
1	1	1	0	0	1	

SACI por atribuição selecionada

```
LIBRARY IEEE;
USE IEEE.STD_LOGIC_1164.all;
ENTITY  saci_atrb_sel  IS
PORT (
      U1, U2, C: IN std_logic;
      E :  BUFFER std_logic;
      LA, LV: OUT std_logic
      );
END saci_atrb_sel;
ARCHITECTURE arquitetura  OF  saci_atrb_sel  IS
    SIGNAL entradas : std_logic_vector (2 DOWNTO 0);
    SIGNAL saidas    : std_logic_vector (1 DOWNTO 0);
BEGIN
entradas <= U1 & U2 & C;
WITH   entradas   SELECT
saidas <=  "10" WHEN "000" | "001" | "101",
           "00" WHEN "010" | "011" | "100",  -- considerando saídas 00 nas situações de erro
           "01" WHEN "110" | "111";
E   <= saidas(1);
LV <= saidas(0);
LA <= E;
END arquitetura;
```

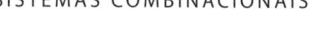

5.6 PROJETOS PROPOSTOS

Os projetos sugeridos devem ser desenvolvidos usando dispositivos de hardware reconfigurável. Mas você pode utilizar a tecnologia tradicional, por circuitos integrados discretos, para efeito de comparação.

1) Projete um sistema de votação secreta por botão para ser usado por uma equipe de projetos composta de quatro alunos, sendo um líder e três membros, para que optem por aceitar ou não as ideias propostas. A ideia só deve ser aceita se a maioria acionar o botão (três ou quatro alunos). Se houver empate, deve vencer o voto do líder.

2) Projete um sistema de reúso de água da chuva composto dos seguintes elementos:

   - Caixa-d'água principal, que alimenta permanentemente os chuveiros e pias da cozinha e dos banheiros, tendo, porém, uma segunda saída de água que abastece a caixa d'água auxiliar quando a eletroválvula V1 é acionada.

   - Caixa-d'água auxiliar que abastece permanentemente a torneira do jardim e as bacias dos banheiros. Essa caixa possui dois sensores de nível, sendo N1 para detectar nível mínimo e N2 para nível máximo. A função dos sensores de nível é informar o sistema de controle se a caixa está cheia, vazia ou com nível intermediário de água. Além de poder ser abastecida pela caixa d'água principal, essa caixa pode receber água de uma cisterna, mediante o acionamento de uma bomba de recalque, que puxa água da cisterna.

   - Bomba de recalque que abastece a caixa-d'água auxiliar, desde que a cisterna não esteja com nível mínimo de água.

   - Cisterna, que recebe a água da chuva por meio de uma tubulação vinda do telhado da casa, desde que a eletroválvula V2 esteja acionada e desde que a cisterna não esteja cheia. O nível de água da cisterna é detectado pelos sensores de nível N3 (nível mínimo) e N4 (nível máximo).

CIRCUITOS DEDICADOS

CAPÍTULO 6

Neste capítulo, você aprenderá:

- O princípio de funcionamento de alguns circuitos dedicados.
- Processos e comandos sequenciais na descrição de circuitos.
- Aplicações dos circuitos dedicados.

6.1 INTRODUÇÃO

Há na lógica combinacional alguns circuitos tradicionais, aqui chamados de **circuitos dedicados**, que realizam operações constantemente utilizadas em projetos e que, por este motivo, passaram a ser disponibilizados em circuitos integrados, a saber, multiplexadores, decodificadores e somadores, dentre outros.

Tais circuitos podem ser descritos em VHDL, por meio de **expressões concorrentes** como as que vimos até aqui, dentre elas, as **atribuições condicionada** e **selecionada** relembradas abaixo:

- **Atribuição condicionada — WHEN-ELSE**:

```
identificador_destino   <=   expressao1   WHEN   condicao1   ELSE
                             expressao2   WHEN   condicao2   ELSE
                             expressao3;
```

- **Atribuição selecionada – WITH-SELECT**:

```
WITH   expressao_teste   SELECT
identificador_destino   <=   expressao1   WHEN   condicao 1,
                             expressao2   WHEN   condicao2;
```

Também há outras construções em VHDL que podem ser utilizadas para descrever circuitos combinacionais, a partir de regiões de códigos sequenciais, denominadas de **processos**.

6.2 COMANDOS SEQUENCIAIS EM VHDL

6.2.1 Processo

O processo é um recurso importante e muito utilizado na descrição de hardwares em VHDL.

Trata-se de uma região de código que permite a utilização de comandos que serão avaliados sequencialmente, ou seja, respeitando a ordem na qual estão apresentados (localizados) no código, conforme ocorre na maioria das linguagens de programação, por exemplo, na linguagem C.

Para definir um processo, utiliza-se a palavra reservada PROCESS, que pode ser antecedida ou não por um rótulo (nome do processo). Essa região de código possui locais específicos para declarações e para os comandos sequenciais, além de uma lista de sensibilidade, conforme mostrado a seguir:

```
nome_processo  :  PROCESS   (lista de sensibilidade)
-- declarações
BEGIN
-- comandos_sequenciais
END PROCESS  nome_processo;
```

No processo, é possível declarar variáveis, constantes, tipos etc.; a exceção é o sinal (SIGNAL), que não pode ser declarado.

Após a palavra reservada BEGIN, são colocados os comandos que descreverão o comportamento do circuito desejado (ou a parcela de um circuito).

A execução de um processo, normalmente, está condicionada a uma **lista de sensibilidade**, localizada logo após a palavra PROCESS. Nesta lista, devem estar presentes um ou mais sinais que serão responsáveis por acionar a execução do processo, o que ocorrerá somente quando pelo menos um dos sinais sofrer alteração de valor.

Alternativamente, dependendo da ferramenta/software utilizada, é possível usar os comandos WAIT ON e WAIT UNTIL em substituição à lista de sensibilidade.

Um processo pode ser utilizado para descrever tanto os circuitos combinacionais (genéricos, Capítulo 5 e dedicados, Capítulo 6) quanto os sequenciais (Capítulo 7). Também é importante destacar que vários processos são permitidos ao longo de um código VHDL e que, embora os comandos de seu interior sejam tratados como sequenciais, os processos em si são comandos concorrentes, ou seja, executados simultaneamente.

6.2.1.1 Utilização de processos na descrição de circuitos combinacionais

Para descrever os circuitos combinacionais utilizando processos, é necessário que **todos** os sinais envolvidos neste processo estejam contidos em sua lista de sensibilidade.

O código seguinte exemplifica a descrição de uma porta lógica OR de quatro entradas, a, b, c e d, utilizando processo, com as entradas presentes na lista de sensibilidade.

Porta OR de 4 entradas — Descrição por processo

```
ENTITY exemplo IS
PORT (
    a, b, c, d : IN bit;
    s : OUT bit
);
END exemplo;


ARCHITECTURE funcionamento OF exemplo IS
BEGIN
    PROCESS (a, b, c, d)
    BEGIN
        s <= a OR b OR c OR d;
    END PROCESS;
END funcionamento;
```

A seguir, para fins de comparação e reforço de conceito, alteramos a arquitetura do exemplo anterior para descrever um mesmo circuito a partir três diferentes formas. A primeira utiliza duas expressões concorrentes enquanto as outras duas utilizam processos.

Nas três situações, obteremos uma porta OR e uma porta AND, com entradas e saídas distintas, funcionando de forma independente e concorrente (simultâneas no tempo).

Exemplo 1	Exemplo 2	Exemplo 3
ARCHITECTURE...	ARCHITECTURE...	ARCHITECTURE...
BEGIN	BEGIN	BEGIN
S1 <= A OR B;	PROCESS (A, B, C, D)	PROCESS (A, B)
S2 <= C AND D;	BEGIN	BEGIN
	S1 <= A OR B;	S1 <= A OR B;
END;	S2 <= C AND D;	END PROCESS;
	END PROCESS;	
		PROCESS (C, D)
	END;	BEGIN
		S2 <= C AND D;
		END PROCESS;
		END;

Novamente, veja nos exemplos 2 e 3 que os sinais envolvidos em cada processo estão presentes nas respectivas listas de sensibilidade.

6.2.1.2 *Sinais em processos*

Quando se trabalha com processos, é necessário estar atento ao comportamento dos sinais para não cometer erros durante as descrições.

No Capítulo 3, A Linguagem VHDL, analisamos a situação apresentada no exemplo 4. Nele, temos uma descrição em região concorrente (fora de processo) que envia sinais diferentes (**a OR b** e **a AND b**) para um mesmo ponto **S**. Vimos que a ferramenta EDA acusaria erro nesta situação.

E o que dizer do código do exemplo 5? Podemos dizer que o mesmo erro ocorrerá? Analise!

Exemplo 4	Exemplo 5
ARCHITECTURE...	ARCHITECTURE...
BEGIN	BEGIN
S <= a OR b;	PROCESS (a, b)
S <= a AND b;	BEGIN
	S <= a OR b;
END ARCHITECTURE;	S <= a AND b;
	END PROCESS;
	END ARCHITECTURE;

Embora tenhamos a impressão de que sim, a resposta é não. Porém, o circuito obtido a partir da descrição do exemplo 5 será apenas a operação AND entre A e B.

Isso ocorre porque **a**, **b** e **S** serão atualizados apenas **após** o término da execução do processo, ou seja, o valor de um sinal não é atualizado durante a execução de um processo (não assume valores intermediários, antes do término do processo). Desta forma, a última atribuição prevalecerá em relação à anterior (ignorando a expressão: S <= a OR b).

Vejamos no subtópico seguinte mais um exemplo de situações assim, a partir da comparação entre os efeitos de sinais e variáveis.

6.2.1.3 *Atribuição em processos: Sinais e variáveis*

À primeira vista, a variável (VARIABLE) e o sinal (SIGNAL) parecem ter propósitos similares na descrição de circuitos digitais em VHDL; no entanto, é importante destacar que possuem efeitos diferentes.

Como se sabe, os **sinais** podem ser utilizados dentro ou fora de **processos** e as **variáveis**, apenas dentro deles. Os processos, portanto, são as regiões de código onde algumas confusões podem ocorrer, uma vez que o projetista tem a opção de escolher entre as duas.

O ponto para o qual se deve estar atento é o momento no qual uma atribuição de valor ocorrerá:

- No **sinal**, a atribuição ocorrerá apenas após a execução do processo.
- Na **variável**, a atribuição ocorrerá de forma imediata.

Para exemplificar esta diferença, analise as duas descrições a seguir. O objetivo do projetista é construir uma lógica **AND** entre **a** e **b**.

Exemplo 6: Descrição com **variável**.	Exemplo 7: Descrição com **sinal**.
LIBRARY IEEE;	**LIBRARY** IEEE;
USE IEEE.STD_LOGIC_1164.**ALL**;	**USE** IEEE.STD_LOGIC_1164.**ALL**;
ENTITY exemplo **IS**	**ENTITY** exemplo **IS**
PORT(	**PORT**(
a, b : **IN** std_logic;	a, b : **IN** std_logic;
s : **OUT** std_logic	s : **OUT** std_logic
);	);
END exemplo;	**END** exemplo;
ARCHITECTURE arquitetura **OF** exemplo **IS**	**ARCHITECTURE** arquitetura **OF** exemplo **IS**
BEGIN	**SIGNAL** x : std_logic;
PROCESS (a, b)	**BEGIN**
VARIABLE x : std_logic;	**PROCESS** (a, b, x)
BEGIN	**BEGIN**
x := a;	x <= a;
x := x AND b;	x <= x AND b;
s <= x;	s <= x;
END PROCESS;	**END PROCESS**;
END arquitetura;	**END** arquitetura;

A descrição utilizando **variável** está correta, pois como a sua atribuição ocorre de forma imediata, a ferramenta entenderá que, primeiramente, temos "x" valendo "a" e, na sequência, "x" realiza a operação AND com b.

O mesmo não ocorre no exemplo utilizando **sinais**, pois apenas após a execução do processo e da análise dos comandos, ocorrerão as atribuições (atualização de valores dos sinais). Assim, o circuito resultante será **x <= x AND b**, ou seja, uma realimentação da saída fazendo operação **AND** com **b** (neste caso, **x** não tem o valor de **a**).

6.2.2 IF-THEN-ELSE

A construção **IF-THEN-ELSE** deve estar dentro de um processo e, portanto, sua análise pela ferramenta será feita de forma sequencial, respeitando a ordem de apresentação. Uma ou mais condições são analisadas para decidir qual comando será executado.

Sua sintaxe é mostrada abaixo:

```
IF   condicao_1   THEN
comando1_cond1;
comando2_cond1;
ELSIF  condicao_2   THEN
comando1_cond2;
comando2_cond2;
ELSE
comando1;
comando2;
END IF;
```

Uma vez que a condição verdadeira foi encontrada, apenas os seus comandos serão executados. Caso nenhuma condição seja verdadeira, executam-se os "comandos" referentes ao ELSE (se existir). As cláusulas ELSIF e ELSE são opcionais nesse tipo de construção e, também, mais de uma condição com ELSIF são permitidas.

É permitida, também, uma construção IF-THEN-ELSE dentro de outra, conforme abaixo:

```
IF    condicao_1   THEN
        IF  condicao_2 THEN
        comando1;
        ELSE
        comando2;
        END IF;
    ELSE
    comando3;
    END IF;
```

6.2.3 CASE-WHEN

Essa estrutura consiste na construção de comandos sequenciais dentro de processos, cuja sintaxe é mostrada a seguir:

```
CASE    expressao_em_analise    IS
    WHEN  valor_1   => comando_1;
    WHEN  valor_2   => comando_2;
    WHEN OTHERS   => comando;
    END CASE;
```

A **condição** que representa o **valor** da **expressão em análise** terá seu(s) comando(s) executado(s). Todos os valores possíveis devem ser cobertos pelas condições da construção. "WHEN OTHERS" pode ou não ser utilizada como última condição para tratar dos casos não abordados pelas condições anteriores.

6.3 DECODIFICADORES E CODIFICADORES

De uma forma geral, podemos dizer que os decodificadores e os codificadores recebem informações provenientes de um sistema/circuito e as "traduz" para o usuário ou, ainda, as ajustam para as etapas seguintes do sistema.

Como existem várias formas de representar uma mesma informação, determinadas situações exigem circuitos de conversão entre uma forma e outra para que diferentes partes do sistema possam se comunicar. Ou, ainda, podemos pensar em situações nas quais determinados circuitos enviam informações a seus usuários (temperatura, velocidade, resultados de operações etc.), sendo todo o processamento realizado no sistema binário, e as informações são enviadas no sistema decimal. Neste caso específico, precisaremos de um circuito que realize esta conversão. A Figura 6.1 exemplifica esta necessidade de conversão na calculadora.

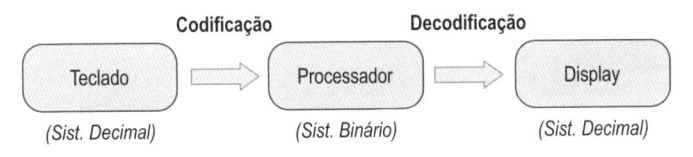

Figura 6.1 — Codificação e decodificação de informações.

6.3.1 Definição Geral — Decodificadores N entradas e M saídas

São circuitos que recebem um código binário e acionam a saída correspondente, ou seja, para cada combinação na entrada, uma única saída é acionada, mantendo as outras desativadas. Sua representação é mostrada a seguir:

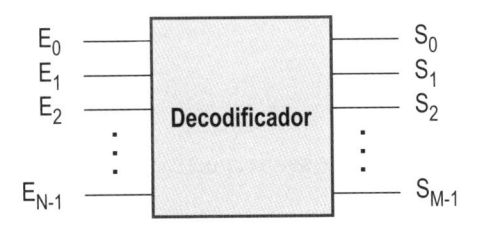

Figura 6.2 — Decodificador genérico de N entradas e M saídas.

Note que, para N entradas, há 2_N possibilidades de combinações ou códigos diferentes e, portanto, $M = 2^N$ saídas que podem ser ativadas.

No entanto, há tipos de decodificador que não utilizam todas essas possibilidades (M = 2^N saídas), conforme veremos mais adiante.

6.3.2 Decodificador binário para decimal (Gerador de produtos canônicos)

O decodificador binário para decimal tem N entradas e 2^N saídas, ou seja, todas as combinações de entrada são consideradas, de forma que para cada uma delas há uma única saída correspondente.

A tabela-verdade de um decodificador de 2 entradas e 4 saídas, também conhecido como "decodificador 2 para 4", é fornecida a seguir:

Tabela 6.1

Entradas		Saídas			
E1	E0	S0	S1	S2	S3
0	0	1	0	0	0
0	1	0	1	0	0
1	0	0	0	1	0
1	1	0	0	0	1

Retirando da tabela as expressões das saídas:

$S0 = \overline{E1} \cdot \overline{E0}$
$S1 = \overline{E1} \cdot E0$
$S2 = E1 \cdot \overline{E0}$
$S3 = E1 \cdot E0$

Dessa forma, obtemos o seu circuito, Figura 6.3, e seu respectivo código em VHDL:

CIRCUITOS DEDICADOS 177

Decodificador 2 para 4

LIBRARY IEEE;

USE IEEE.STD_LOGIC_1164.**ALL**;

ENTITY decoder_2_4 **IS**

PORT (

    E0, E1 : **IN** std_logic;

    S0, S1, S2, S3 : **OUT** std_logic

);

END decoder_2_4;

ARCHITECTURE arq **OF** decoder_2_4 **IS**

BEGIN

    S0 <= (NOT E0) AND (NOT E1);

    S1 <= E0 AND (NOT E1);

    S2 <= (NOT E0) AND E1;

    S3 <= E0 AND E1;

END arq;

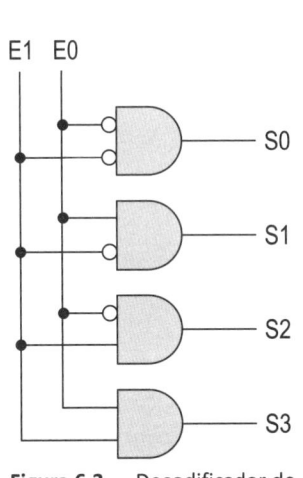

Figura 6.3 — Decodificador de 2 entradas e 4 saídas.

Simulando esse circuito, obtemos o resultado mostrado na Figura 6.4.

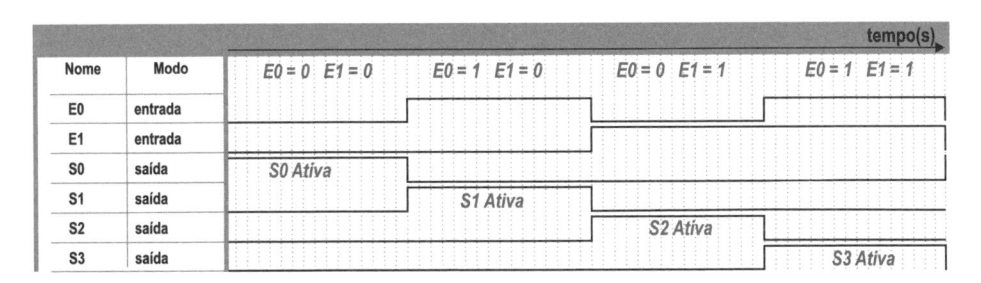

Nome	Modo	E0=0 E1=0	E0=1 E1=0	E0=0 E1=1	E0=1 E1=1
E0	entrada				
E1	entrada				
S0	saída	S0 Ativa			
S1	saída		S1 Ativa		
S2	saída			S2 Ativa	
S3	saída				S3 Ativa

Figura 6.4 — Simulação do Decodificador de 2 entradas e 4 saídas.

Esse mesmo circuito pode ser descrito em VHDL utilizando-se as atribuições condicionada e selecionada:

Decodificador 2 para 4 — Descrição condicionada

LIBRARY IEEE;
USE IEEE.STD_LOGIC_1164.**ALL**;
 	
ENTITY decoder_2_4   **IS**
PORT (
      E : **IN** std_logic_vector (1 **DOWNTO** 0);
      S : **OUT** std_logic_vector (3 **DOWNTO** 0)
);
END decoder_2_4;
 	
ARCHITECTURE funcionamento **OF** decoder_2_4   **IS**
BEGIN
    S <= "0001" **WHEN** E(1) = '0' AND E(0) = '0' **ELSE**
          "0010" **WHEN** E(1) = '0' AND E(0) = '1' **ELSE**
          "0100" **WHEN** E(1) = '1' AND E(0) = '0' **ELSE**
          "1000" **WHEN** E(1) = '1' AND E(0) = '1';
END funcionamento;

Decodificador 2 para 4 — Descrição selecionada

```vhdl
LIBRARY IEEE;
USE IEEE.STD_LOGIC_1164.ALL;

ENTITY  decoder_2_4   IS
PORT (
        E : IN std_logic_vector (1 DOWNTO 0);
        S : OUT std_logic_vector (3 DOWNTO 0)
    );
END decoder_2_4 ;

ARCHITECTURE funcionamento OF decoder_2_4 IS
BEGIN
      WITH  E  SELECT

    S <=  "0001" WHEN  "00",
          "0010" WHEN  "01",
          "0100" WHEN  "10",
          "1000" WHEN  "11";
END funcionamento;
```

Conforme mostra a Figura 6.5, também é possível a construção de um decodificador utilizando um sinal de controle conectado em todas as portas AND, chamado ENABLE (habilitar). Será o nível lógico dessa entrada que habilitará ou não o funcionamento do circuito.

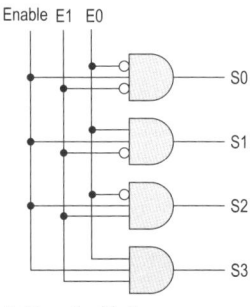

Entradas			Saídas			
ENABLE	E1	E0	S0	S1	S2	S3
0	X	X	0	0	0	0
1	0	0	1	0	0	0
1	0	1	0	1	0	0
1	1	0	0	0	1	0
1	1	1	0	0	0	1

A Circuito lógico.   **B** Tabela-verdade.

Figura 6.5 — Decodificador 2 para 4 com ENABLE.

Note que, no circuito da Figura 6.5, o ENABLE tem lógica positiva (aciona em nível lógico 1). Portanto, quando esta entrada está em nível zero, o decodificador não funciona, mantendo todas suas saídas em nível lógico zero independente dos valores de suas entradas, que, nesse caso, são irrelevantes (X), conforme se vê na primeira linha da tabela-verdade.

A seguir, apresentamos uma descrição utilizando a estrutura CASE-WHEN, dentro de um bloco PROCESS, em que se definem as combinações de entrada que irão acionar cada saída.

Decodificador 2 para 4 com *ENABLE* — Estrutura CASE-WHEN

```vhdl
LIBRARY IEEE;
USE IEEE.STD_LOGIC_1164.ALL;

ENTITY decodificador_2_4 IS
PORT (
        ent : IN std_logic_vector (1 DOWNTO 0);
        saidas : OUT std_logic_vector (3 DOWNTO 0);
        enable : IN std_logic
);
END decodificador_2_4;

ARCHITECTURE funcionamento OF decodificador_2_4 IS
BEGIN
        PROCESS (ent, enable)
        BEGIN

        IF enable = '1' THEN
            CASE ent IS
            WHEN "00" =>
                saidas <= "1000";
            WHEN "01" =>
                saidas <= "0100";
            WHEN "10" =>
                saidas <= "0010";
            WHEN "11" =>
                saidas <= "0001";
        ELSE saidas <= "0000";

        END IF;
        END PROCESS;
END funcionamento;
```

6.3.3 Decodificador BCD para Decimal

Esse tipo de decodificador contém 4 entradas e 10 saídas, e entende apenas combinações pertencentes ao código BCD (Binary-Coded Decimal), conforme representado abaixo.

Código BCD	Decimal
0000	0
0001	1
0010	2
0011	3
0100	4
0101	5
0110	6
0111	7
1000	8
1001	9

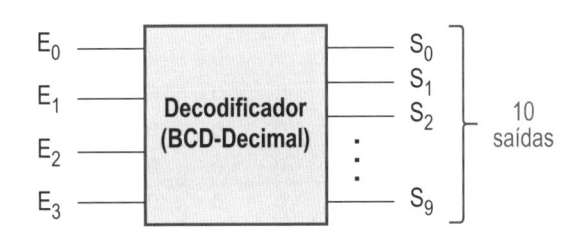

A Código BCD.

B Representação do decodificador BCD-Decimal.

Figura 6.6 — Decodificador BCD-Decimal.

Para cada combinação, nas entradas, haverá apenas uma saída ativa. Qualquer outra combinação não prevista no código BCD, isto é, de 1010 a 1111 ou de 10 a 15, será considerada inválida, e nenhuma saída será acionada. Veja a tabela-verdade desse decodificador, mostrada em seguida.

Note, portanto, que esse é um caso de decodificador no qual N entradas não geram 2^N saídas.

Tabela 6.2

Entradas				Saídas									
E3	E2	E1	E0	S0	S1	S2	S3	S4	S5	S6	S7	S8	S9
0	0	0	0	1	0	0	0	0	0	0	0	0	0
0	0	0	1	0	1	0	0	0	0	0	0	0	0
0	0	1	0	0	0	1	0	0	0	0	0	0	0
0	0	1	1	0	0	0	1	0	0	0	0	0	0
0	1	0	0	0	0	0	0	1	0	0	0	0	0
0	1	0	1	0	0	0	0	0	1	0	0	0	0
0	1	1	0	0	0	0	0	0	0	1	0	0	0
0	1	1	1	0	0	0	0	0	0	0	1	0	0
1	0	0	0	0	0	0	0	0	0	0	0	1	0
1	0	0	1	0	0	0	0	0	0	0	0	0	1
1	0	1	0	0	0	0	0	0	0	0	0	0	0
1	0	1	1	0	0	0	0	0	0	0	0	0	0
1	1	0	0	0	0	0	0	0	0	0	0	0	0
1	1	0	1	0	0	0	0	0	0	0	0	0	0
1	1	1	0	0	0	0	0	0	0	0	0	0	0
1	1	1	1	0	0	0	0	0	0	0	0	0	0

6.3.4 Decodificador BCD para 7 Segmentos

Como o próprio nome diz, o **decodificador BCD para 7 segmentos** é um circuito pensado para ter suas saídas conectadas a um display de 7 segmentos **catodo comum** ou **anodo comum**, conforme mostra a Figura 6.7.

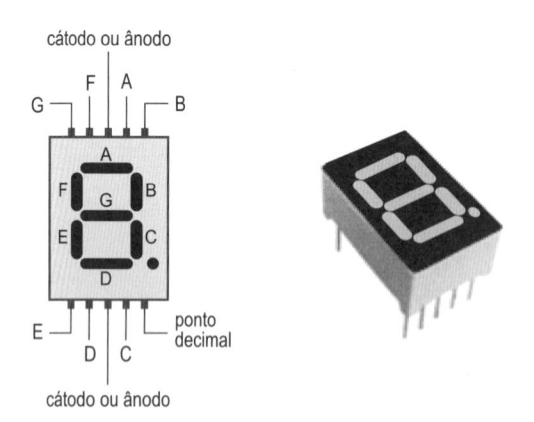

Figura 6.7 — Display de 7 segmentos.

Cada segmento do display corresponde a um LED. A diferença entre os dois tipos está em suas estruturas internas:

- No **display catodo comum**, todos os catodos estão conectados internamente, de modo que esse pino deve ser ligado no GND da fonte de alimentação, enquanto os anodos, identificados pelas letras A, B, C, D, E, F e G, devem ser ativados em **nível alto** (5 V, por exemplo), caso devam acender.

- No **display anodo comum**, todos os anodos estão conectados internamente, de modo que esse pino deve ser ligado no potencial positivo da fonte de alimentação, por exemplo, 5 V, enquanto os catodos, identificados pelas letras A, B, C, D, E, F e G, devem ser ativados em **nível baixo** (GND), caso devam acender.

A Figura 6.8 representa a conexão do decodificador ao display com um resistor em cada saída para limitar a corrente elétrica nos seus segmentos, pois cada um corresponde de fato a um LED.

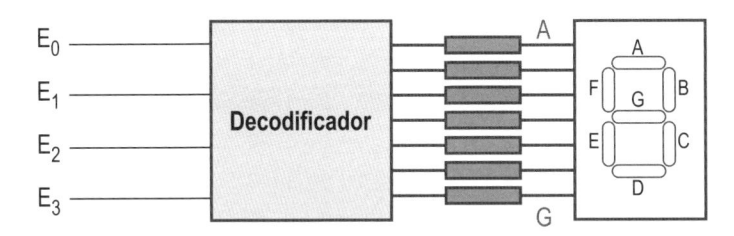

Figura 6.8 — Decodificador BCD para 7 segmentos conectado ao display.

Esse decodificador também trabalha com o código BCD (0000 a 1001) em suas entradas, no entanto, diferentemente do decodificador BDC para Decimal, aciona várias saídas simultaneamente. As saídas acionadas correspondem aos segmentos do display que devem acender para representar o número decimal desejado, conforme a combinação das entradas.

Considerando que nesse decodificador a entrada E_3 é a mais significativa (MSB) e a E_0, a menos significativa (LSB), a Figura 6.9 mostra a combinação de entrada ($E_0 = 1$, $E_1 = 1$, $E_2 = 0$ e $E_3 = 0$) necessária para acionar o número três no display (segmentos ativos: A, B, C, D e G):

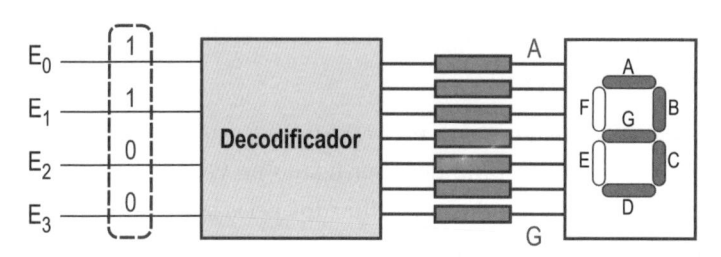

E_0 ── 1
E_1 ── 1
E_2 ── 0
E_3 ── 0
→ Decodificador → A, ..., G → display 7 segmentos (F, G, B, E, C, D, A)

Figura 6.9 — Decodificação do número três (3 = 0011).

A lógica de ativação do decodificador BCD para 7 segmentos muda dependendo do tipo de display que está sendo utilizado, ou seja, se é **catodo comum** ou **anodo comum**, conforme se vê na tabela-verdade seguinte:

Tabela 6.3

Decimal	Cód. BCD	DISP 07 Segmentos (Catodo Comum)							DISP 07 Segmentos (Anodo Comum)						
		A	B	C	D	E	F	G	A	B	C	D	E	F	G
0	0000	1	1	1	1	1	1	0	0	0	0	0	0	0	1
1	0001	0	1	1	0	0	0	0	1	0	0	1	1	1	1
2	0010	1	1	0	1	1	0	1	0	0	1	0	0	1	0
3	0011	1	1	1	1	0	0	1	0	0	0	0	1	1	0
4	0100	0	1	1	0	0	1	1	1	0	0	1	1	0	0
5	0101	1	0	1	1	0	1	1	0	1	0	0	1	0	0
6	0110	1	0	1	1	1	1	1	0	1	0	0	0	0	0
7	0111	1	1	1	0	0	0	0	0	0	0	1	1	1	1
8	1000	1	1	1	1	1	1	1	0	0	0	0	0	0	0
9	1001	1	1	1	1	0	1	1	0	0	0	0	1	0	0
10	1010	-	-	-	-	-	-	-	-	-	-	-	-	-	-
11	1011	-	-	-	-	-	-	-	-	-	-	-	-	-	-
12	1100	-	-	-	-	-	-	-	-	-	-	-	-	-	-
13	1101	-	-	-	-	-	-	-	-	-	-	-	-	-	-
14	1110	-	-	-	-	-	-	-	-	-	-	-	-	-	-
15	1111	-	-	-	-	-	-	-	-	-	-	-	-	-	-

Um dos possíveis códigos em VHDL que implementa esse decodificador é:

Decodificador BCD para 7 segmentos — Catodo comum

```vhdl
LIBRARY IEEE;
USE IEEE.STD_LOGIC_1164.ALL;

ENTITY decoder_disp IS
PORT(
        cod_bin    : IN std_logic_vector (3 downto 0);
        segmentos : OUT std_logic_vector (6 downto 0)
);
END decoder_disp;

ARCHITECTURE arq OF decoder_disp IS
BEGIN
   PROCESS (cod_bin)
   BEGIN
      CASE cod_bin IS
         ---------segmentos "GFEDCBA" -----------------
         WHEN x"0" =>
                          segmentos <= "0111111"; -- dígito 0
         WHEN x"1" =>
                          segmentos <= "0000110"; -- dígito 1
         WHEN x"2" =>
                          segmentos <= "1011011"; -- dígito 2
         WHEN x"3" =>
                          segmentos <= "1001111"; -- dígito 3
         WHEN x"4" =>
                          segmentos <= "1100110"; -- dígito 4
         WHEN x"5" =>
                          segmentos <= "1101101"; -- dígito 5
         WHEN x"6" =>
                          segmentos <= "1111101"; -- dígito 6
         WHEN x"7" =>
                          segmentos <= "0000111"; -- dígito 7
         WHEN x"8" =>
                          segmentos <= "1111111"; -- dígito 8
         WHEN OTHERS =>
                          segmentos <= "1100111"; -- dígito 9
      END CASE;
   END PROCESS;
END arq;
```

6.3.5 Codificador 4 para 2

O codificador realiza o processo inverso do decodificador: o circuito fornece em sua saída o "código" referente à respectiva entrada acionada.

Veja a representação e a tabela-verdade do codificador 4 para 2 na Figura 6.10.

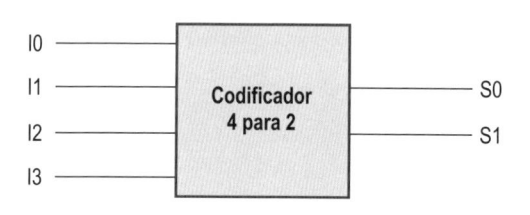

	Entradas				Saídas	
	I3	I2	I1	I0	S1	S0
	0	0	0	1	0	0
	0	0	1	0	0	1
	0	1	0	0	1	0
	1	0	0	0	1	1

A Representação do codificador 4 para 2.   **B** Tabela-verdade.

Figura 6.10 — Codificador 4 para 2.

A seguir é dado um exemplo de descrição em VHDL para esse circuito:

Codificador 4 para 2

```
LIBRARY IEEE;
USE IEEE.STD_LOGIC_1164.ALL;

ENTITY codificador4_2 IS
PORT(
        I0, I1, I2, I3 : IN std_logic;
        S : OUT std_logic_vector (1 DOWNTO 0)
);
END codificador4_2;

ARCHITECTURE funcionamento OF codificador4_2 IS
BEGIN
        S   <=   "00" WHEN I0 = '1' AND I1 = '0' AND I2 = '0' AND I3 = '0' ELSE
                 "01" WHEN I0 = '0' AND I1 = '1' AND I2 = '0' AND I3 = '0' ELSE
                 "10" WHEN I0 = '0' AND I1 = '0' AND I2 = '1' AND I3 = '0' ELSE
                 "11";
END funcionamento;
```

Note que o código exemplo, através do último ELSE, prevê as duas saídas em nível lógico alto (S1 = '1' e S0 = '1') para qualquer outra condição que não esteja prevista anteriormente, ou seja, as saídas S0 e S1 estarão ativas simultaneamente, não apenas quando I0 = I1 = I2 = '0' e I3 = '1', mas também quando outras situações ocorrerem, por exemplo, quando todas as entradas estiverem em nível lógico baixo, isto é, I0 = I1 = I2 = I3 = '0' ou quando mais de uma entrada estiver acionada ao mesmo tempo.

6.3.6 Codificador decimal para BCD

É um circuito com 10 entradas que, como o próprio nome sugere, codifica/transforma o sistema decimal (0 a 9) em um código equivalente no sistema binário, no caso, o BCD (Binary Code Decimal). Para tanto, serão necessárias 4 saídas (2^4 = 16 combinações), uma vez que 3 saídas (3 bits - 2^3 = 8 combinações) seriam insuficientes para representar as 10 combinações (0 a 9). A Figura 6.11 representa o codificador decimal para BCD.

Figura 6.11 — Codificador decimal para BCD.

Supondo que suas entradas sejam ativas em nível lógico zero, teremos a seguinte tabela-verdade:

Tabela 6.4

Entradas										Saídas			
I9	I8	I7	I6	I5	I4	I3	I2	I1	I0	S3	S2	S1	S0
1	1	1	1	1	1	1	1	1	0	0	0	0	0
1	1	1	1	1	1	1	1	0	1	0	0	0	1
1	1	1	1	1	1	1	0	1	1	0	0	1	0
1	1	1	1	1	1	0	1	1	1	0	0	1	1
1	1	1	1	1	0	1	1	1	1	0	1	0	0
1	1	1	1	0	1	1	1	1	1	0	1	0	1
1	1	1	0	1	1	1	1	1	1	0	1	1	0
1	1	0	1	1	1	1	1	1	1	0	1	1	1
1	0	1	1	1	1	1	1	1	1	1	0	0	0
0	1	1	1	1	1	1	1	1	1	1	0	0	1

Observe, nessa tabela, que, em cada coluna das entradas, apenas uma linha está com nível '0', que é o nível ativo, gerando o código correspondente ao índice da entrada. Por exemplo: Na coluna I0, apenas a primeira linha tem nível '0', produzindo o código S3 S2 S1 S0 = '0 0 0 0'; na coluna I9, apenas a décima linha tem nível '0', produzindo o código S3 S2 S1 S0 = '1 0 0 1'; e assim para as demais colunas e linhas.

No entanto, analisando a mesma tabela, o que esperar nas saídas quando mais de uma entrada estiver ativa ao mesmo tempo? Note que a tabela não contempla estas condições.

Porém, isso pode ser resolvido facilmente estabelecendo-se entradas prioritárias onde, mesmo com várias entradas ativas simultaneamente, apenas aquela definida como de maior prioridade será codificada. Este tipo de circuito é denominado **codificador com prioridade**.

Um exemplo de codificador com prioridade é o antigo circuito integrado **74147** (Figura 6.12), cuja denominação fornecida pelo datasheet do fabricante é 10-to-4 Line Priority Encoder, ou seja, **codificador 10 para 4 linhas com prioridade**.

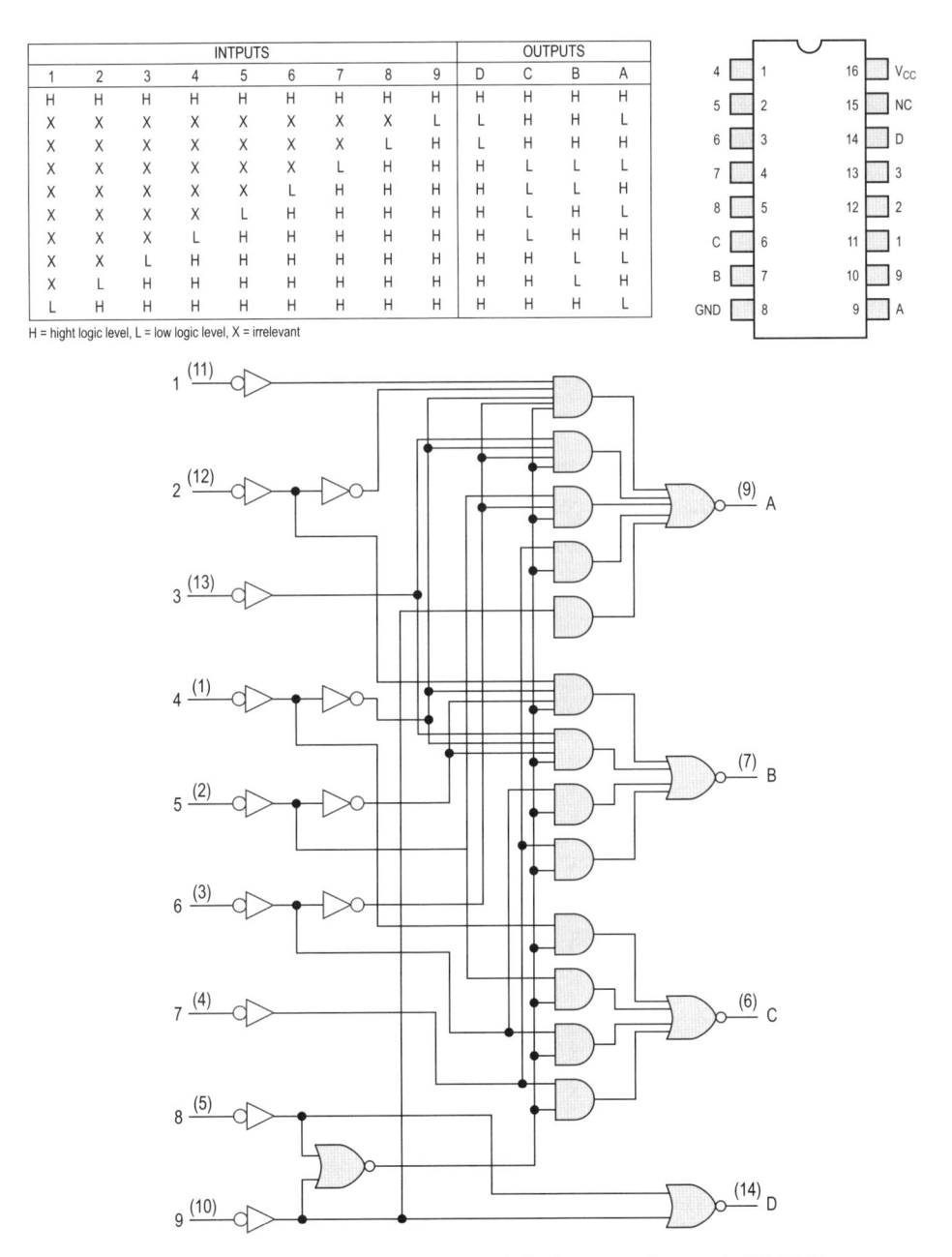

INPUTS									OUTPUTS			
1	2	3	4	5	6	7	8	9	D	C	B	A
H	H	H	H	H	H	H	H	H	H	H	H	H
X	X	X	X	X	X	X	X	L	L	H	H	L
X	X	X	X	X	X	X	L	H	L	H	H	H
X	X	X	X	X	X	L	H	H	H	L	L	L
X	X	X	X	X	L	H	H	H	H	L	L	H
X	X	X	X	L	H	H	H	H	H	L	H	L
X	X	X	L	H	H	H	H	H	H	L	H	H
X	X	L	H	H	H	H	H	H	H	H	L	L
X	L	H	H	H	H	H	H	H	H	H	L	H
L	H	H	H	H	H	H	H	H	H	H	H	L

H = hight logic level, L = low logic level, X = irrelevant

Figura 6.12 — Pinagem, circuito lógico e tabela-verdade do circuito integrado 74HC147.

Trata-se de um codificador com 9 entradas ativas em nível '0', ou L, tendo, porém, 10 linhas de operação.

A primeira linha desta tabela indica que nenhuma entrada está acionada (nível '0' ou L), gerando o código D C B A = H H H H = '1 1 1 1'.

Nas demais linhas, há sempre uma entrada ativa em L. Veja que a prioridade cresce de acordo com a numeração das entradas, de forma que a entrada 9 é a de maior prioridade. Com isso, por exemplo, se a entrada 3 é acionada, não importa os níveis lógicos das entradas anteriores (1 e 2), que são irrelevantes (X), pois, visto que a entrada 3 possui maior prioridade, e, portanto, ela é a entrada codificada na saída D C B A = H H L L = '1 1 0 0', considerando, claro, que a saída D é a mais significativa (MSB), enquanto a A é a menos significativa (LSB). De fato, A B C D = '0 0 1 1' = (3)$_{10}$.

Retornando ao circuito exemplo e seguindo o mesmo raciocínio, podemos construir a sua tabela-verdade considerando um **codificador decimal para BCD com prioridade**, como se vê em seguida:

Tabela 6.5

Entradas										Saídas			
I9	I8	I7	I6	I5	I4	I3	I2	I1	I0	S3	S2	S1	S0
1	1	1	1	1	1	1	1	1	0	0	0	0	0
1	1	1	1	1	1	1	1	0	X	0	0	0	1
1	1	1	1	1	1	1	0	X	X	0	0	1	0
1	1	1	1	1	1	0	X	X	X	0	0	1	1
1	1	1	1	1	0	X	X	X	X	0	1	0	0
1	1	1	1	0	X	X	X	X	X	0	1	0	1
1	1	1	0	X	X	X	X	X	X	0	1	1	0
1	1	0	X	X	X	X	X	X	X	0	1	1	1
1	0	X	X	X	X	X	X	X	X	1	0	0	0
0	X	X	X	X	X	X	X	X	X	1	0	0	1

Em VHDL, essas prioridades podem ser contempladas através do código a seguir. Veja que também, nesse exemplo, foi acrescentada uma condição para quando todas as entradas estiverem desativadas (nível lógico alto), situação na qual as saídas serão '1'.

Codificador decimal para BCD com prioridade[a]

```vhdl
LIBRARY IEEE;
USE IEEE.STD_LOGIC_1164.ALL;


ENTITY codificadorDec_Bin IS
PORT(
        I : IN std_logic_vector (9 DOWNTO 0);
        S : OUT std_logic_vector (3 DOWNTO 0)
);
END codificadorDec_Bin;


ARCHITECTURE funcionamento OF codificadorDec_Bin IS
BEGIN
        S   <=   "1001" WHEN I(9) = '0' ELSE
                 "1000" WHEN I(8) = '0' ELSE
                 "0111" WHEN I(7) = '0' ELSE
                 "0110" WHEN I(6) = '0' ELSE
                 "0101" WHEN I(5) = '0' ELSE
                 "0100" WHEN I(4) = '0' ELSE
                 "0011" WHEN I(3) = '0' ELSE
                 "0010" WHEN I(2) = '0' ELSE
                 "0001" WHEN I(1) = '0' ELSE
                 "0000" WHEN I(0) = '0' ELSE
                 "1111";
END funcionamento;
```

6.3.7 Codificador octal para binário

Esse codificador é similar ao anterior, porém, transformando 8 entradas em um código de 3 bits (3 saídas).

Para analisá-lo, vamos considerar um circuito com prioridade, entrada habilitadora (enable) e funcionamento em lógica positiva, ou seja, entradas e saídas acionadas em nível lógico alto, conforme mostram a Figura 6.13 e a Tabela 6.6.

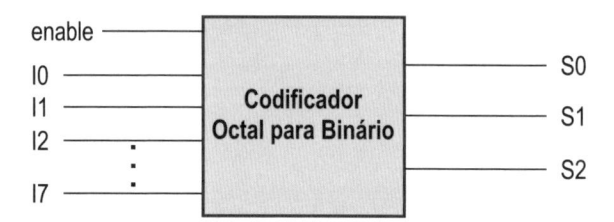

Figura 6.13 — Codificador octal para binário.

Tabela 6.6

Entradas									Saídas		
enable	I7	I6	I5	I4	I3	I2	I1	I0	S2	S1	S0
0	X	X	X	X	X	X	X	X	0	0	0
1	0	0	0	0	0	0	0	0	0	0	0
1	0	0	0	0	0	0	0	1	0	0	0
1	0	0	0	0	0	0	1	X	0	0	1
1	0	0	0	0	0	1	X	X	0	1	0
1	0	0	0	0	1	X	X	X	0	1	1
1	0	0	0	1	X	X	X	X	1	0	0
1	0	0	1	X	X	X	X	X	1	0	1
1	0	1	X	X	X	X	X	X	1	1	0
1	1	X	X	X	X	X	X	X	1	1	1

Observe na primeira linha a entrada enable em nível '0', desabilitando o codificador. Não importa se há alguma entrada (I7 a I0) ativa, pois as saídas (S2, S1 e S0) estarão sempre em '0'.

Porém, quando a entrada enable está em '1', as entradas (I7 a I0) passam a gerar o código binário equivalente àquela que estiver ativa ou equivalente à maior entrada ativa, em caso de haver mais de uma em nível alto (prioridade).

Por exemplo, se enable = 1 e apenas as entradas I5 = I2 = 1 (as demais em nível baixo), a entrada I5 terá prioridade sobre I2, e o codificador gerará o código binário S2 S1 S0 = 1 0 1, que equivale a 5.

Em VHDL, utilizando processo e uma estrutura IF-THEN, temos:

Codificador Octal para binário

```vhdl
LIBRARY IEEE;
USE IEEE.STD_LOGIC_1164.ALL;

ENTITY cod_Octal_Bin IS
PORT(
                I :   IN std_logic_vector (7 DOWNTO 0);
                Enable: IN std_logic;
                S :   OUT std_logic_vector (2 DOWNTO 0)
);
END cod_Octal_Bin;

ARCHITECTURE funcionamento OF cod_Octal_Bin IS
BEGIN
   PROCESS (I, Enable)
   BEGIN
        IF  Enable = '0' THEN  S <= "000";
        ELSIF  I(7) = '1' THEN  S <= "111";
        ELSIF  I(6) = '1' THEN  S <= "110";
        ELSIF  I(5) = '1' THEN  S <= "101";
        ELSIF  I(4) = '1' THEN  S <= "100";
        ELSIF  I(3) = '1' THEN  S <= "011";
        ELSIF  I(2) = '1' THEN  S <= "010";
        ELSIF  I(1) = '1' THEN  S <= "001";
        ELSIF  I(0) = '1' THEN  S <= "000";
        ELSE  S <= "000";
        END IF;
   END PROCESS;
END funcionamento;
```

O código VHDL anterior evidencia bem o funcionamento das prioridades entre as entradas. Note que a prioridade de I7 é maior que a de I6, que, por sua vez, é maior que a de I5, e assim sucessivamente. Por exemplo, se I6 está acionada, não importa se I5, I4... I0 estão acionadas ou não, pois I6 prevalecerá entre todas, com exceção de I7, que prevalecerá sobre I6.

6.4 MULTIPLEXADORES E DEMULTIPLEXADORES

O **multiplexador** (ou mux) é o circuito lógico que recebe informações digitais em suas várias entradas e seleciona qual informação será enviada para sua única saída naquele instante. O funcionamento desta seleção, que interliga a entrada desejada à saída, pode ser pensado como uma chave seletora comandada por uma entrada de controle, Figura 6.14A.

O número de entradas de controle depende da quantidade de entradas de informação. Um diagrama genérico é mostrado na Figura 6.14B, em que En são as entradas de informação e Cm as entradas de controle.

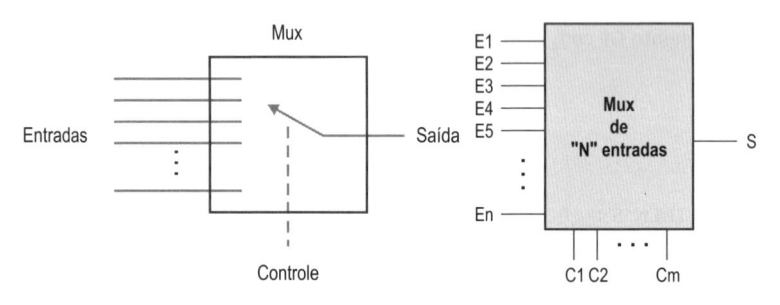

A Representação por chave seletora.   **B** Bloco lógico.

Figura 6.14 — Multiplexador genérico.

O **demultiplexador** (ou demux) realiza o processo inverso do multiplexador, ou seja, recebe os dados em uma única entrada e o envia para uma das várias saídas, como se vê na Figura 6.15.

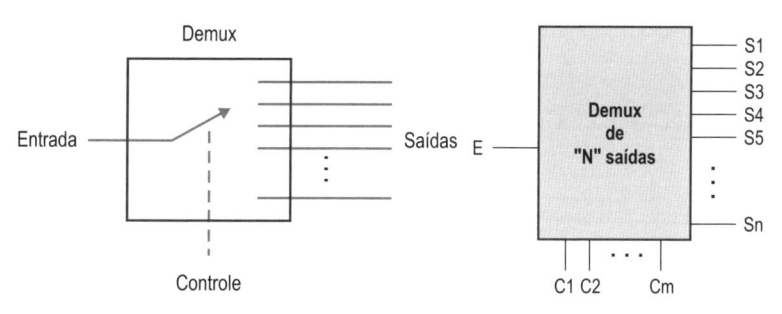

A Representação por chave seletora. **B** Bloco lógico.

Figura 6.15 — Demultiplexador genérico.

Note que, para implementar um circuito de N entradas (mux) ou saídas (demux), são necessárias M entradas de controle, sendo $2^M = N$.

6.4.1 Multiplexador de N entradas

O circuito **multiplexador 2x1**, Figura 6.16A, pode ser montado utilizando as portas lógicas AND, OR e NOT. Veja que ele possui duas entradas de informação, uma entrada de controle e uma saída, Figura 6.16B.

A Bloco lógico. **B** Circuito lógico.

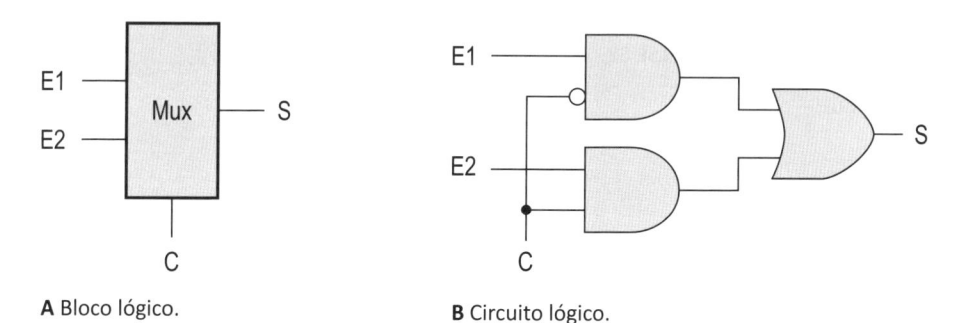

Figura 6.16 — Multiplexador 2 x 1.

A partir do controle, seleciona-se uma das entradas para enviar a informação à saída. Desse circuito, chegamos à sua expressão booleana e à tabela-verdade:

$$S = E1 \cdot \overline{C} + E2 \cdot C$$

Tabela 6.7

C	S
0	E1
1	E2

A seguir, podem ser vistas duas formas de descrever esse circuito em VHDL:

Mux 2x1 — Atribuição condicionada	Mux 2x1 — Atribuição selecionada

ENTITY multiplex_2in **IS**
PORT (
    E1, E2, C : **IN** bit;
    S : **OUT** bit
);
END multiplex_2in;
 	
ARCHITECTURE arq_mux **OF** multiplex_2in **IS**
BEGIN
    S <= E1 **WHEN** C='0' **ELSE** E2;
END arq_mux;
	ENTITY multiplex_2in **IS**
	PORT (
	    E1, E2, C : **IN** bit;
	    S : **OUT** bit
	);
	END multiplex_2in;
	
	ARCHITECTURE arq_mux **OF** multiplex_2in **IS**
	BEGIN
	    WITH C **SELECT**
	    S <= E1 **WHEN** '0',
	        E2 **WHEN** '1';
	END arq_mux;

Outra forma de descrever esse circuito é utilizando o vetor de bits (BIT_VECTOR) para especificar o número de entradas:

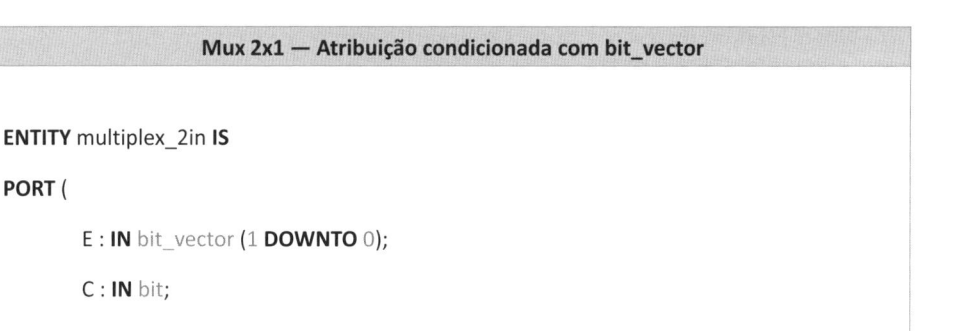

CIRCUITOS DEDICADOS   **197**

Mux 2x1 — Atribuição condicionada com bit_vector

```
ENTITY multiplex_2in IS
PORT (
        E : IN bit_vector (1 DOWNTO 0);
        C : IN bit;
        S : OUT bit
);
END multiplex_2in;


ARCHITECTURE arq_mux OF multiplex_2in IS
BEGIN
    S <= E(0)  WHEN  C='0' ELSE E(1);
END arq_mux;
```

Seguindo o mesmo raciocínio, podemos obter o **multiplexador 4x1**, ou seja, com 4 entradas e 1 saída (Figura 6.17). Note que esse circuito possui duas entradas de controle, mantendo a relação $2^M = N$.

A Bloco lógico.

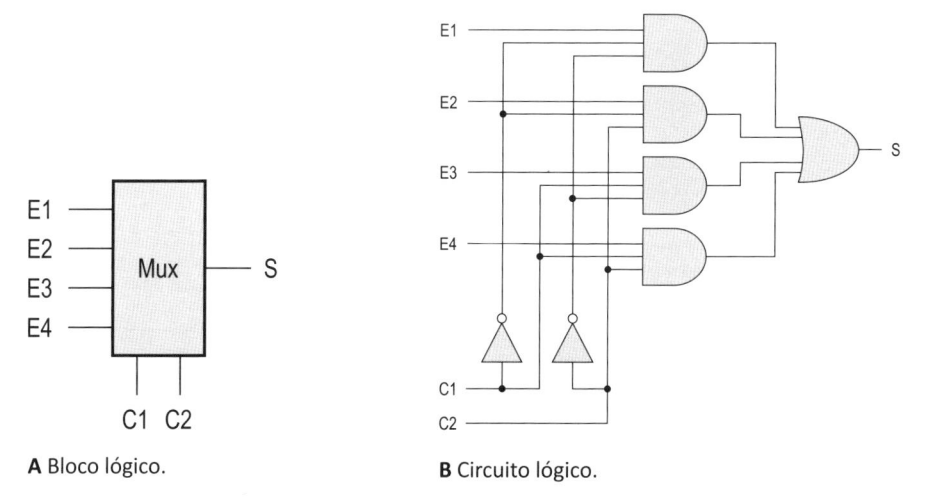

B Circuito lógico.

Figura 6.17 — Multiplexador 4 x 1.

Em VHDL, o mux 4 x 1 pode ser descrito como se vê em seguida:

Mux 4x1 — Atribuição condicionada

```vhdl
LIBRARY IEEE;
USE IEEE.STD_LOGIC_1164.ALL;


ENTITY mux_4E IS
PORT (
        E1, E2, E3, E4 : IN std_logic;
        C : IN std_logic_vector (1 DOWNTO 0);
        S : OUT std_logic
);
END mux_4E;


ARCHITECTURE arq_mux OF mux_4E IS
BEGIN
    S <= E1  WHEN  "00",
         E2  WHEN  "01",
         E3  WHEN  "10",
         E4  WHEN  "11";
END arq_mux;
```

Isto é, podemos projetar circuitos multiplexadores com quantas entradas desejarmos, bastando, para isto, ampliarmos o número de entradas de informação e de controle, seguindo a relação $2^M = N$.

O mesmo vale para o VHDL, bastando aumentar seu vetor de bits e acrescentar as descrições das portas na arquitetura do código.

6.4.2 Demultiplexador de N saídas

A seguir, apresentamos o demultiplexador de duas saídas (demux 1 x 2), no qual o controle faz a seleção para qual saída será enviada a informação da entrada.

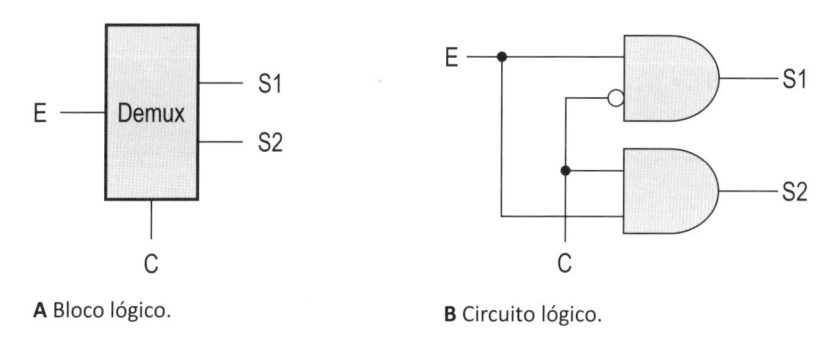

A Bloco lógico.   **B** Circuito lógico.

Figura 6.18 — Demultiplexador 1 x 2.

As expressões booleanas que correspondem ao circuito do demux 1 x 2 e a sua tabela-verdade são:

$$S1 = E \cdot \overline{C}$$

$$S2 = E \cdot C$$

Tabela 6.8

C	S1	S2
0	E	0
1	0	E

Em VHDL, esse circuito pode ser descrito como segue:

Demux 1 x 2

ENTITY demultiplexador_2out **IS**
 PORT (
   entrada, C : **IN** bit;
   S : **OUT** bit_vector (1 **DOWNTO** 0)
 );
 END demultiplexador_2out;
 	
 ARCHITECTURE demux_arq **OF** demultiplexador_2out **IS**
 BEGIN
   S(0) <= entrada **WHEN** C = '0';
   S(1) <= entrada **WHEN** C = '1';
 END demux_arq;

A construção de um demultiplexador de 4 saídas (1 x 4) pode ser feita conforme a seguir:

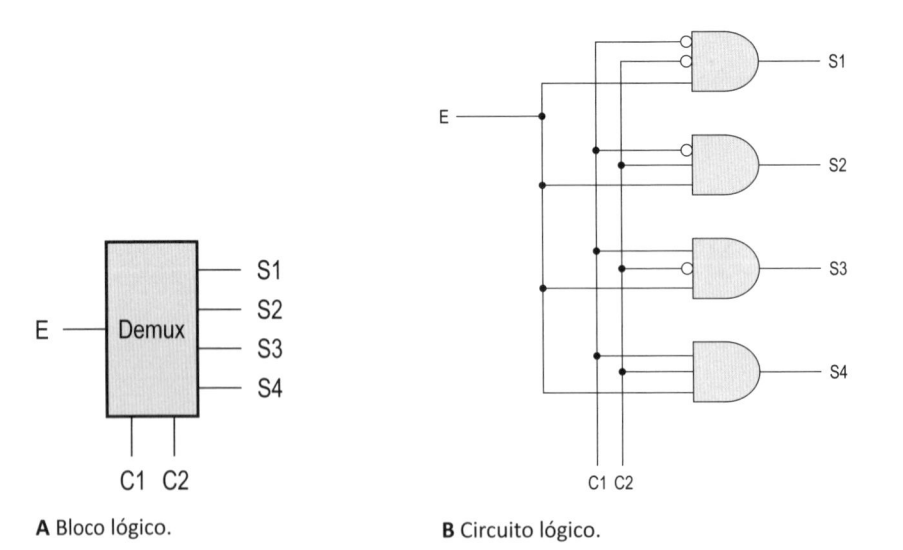

A Bloco lógico.

B Circuito lógico.

Figura 6.19 — Demultiplexador 1 x 4.

Em VHDL, a descrição desse circuito pode ser:

Demux 1 x 4
LIBRARY IEEE;
USE IEEE.STD_LOGIC_1164.**ALL**;
ENTITY demux_4out **IS**
PORT (
entrada, contr : **IN** std_logic;
saida : **OUT** std_logic_vector (3 **DOWNTO** 0)
);
END demux_4out;
ARCHITECTURE demux_arq **OF** demux_4out **IS**
BEGIN
saida(0) <= entrada **WHEN** contr = "00" **ELSE** 'z';
saida(1) <= entrada **WHEN** contr = "01" **ELSE** 'z';
saida(2) <= entrada **WHEN** contr = "10" **ELSE** 'z';
saida(3) <= entrada **WHEN** contr = "11" **ELSE** 'z';
END demux_arq;

6.4.3 Associação de multiplexadores

Um multiplexador pode ser construído através da junção de dois ou mais, como construir um multiplexador de quatro entradas (4x1) utilizando três multiplexadores de duas entradas (2x1), conforme a Figura 6.20:

C1	C0	S
0	0	I0
0	1	I1
1	0	I2
1	1	I3

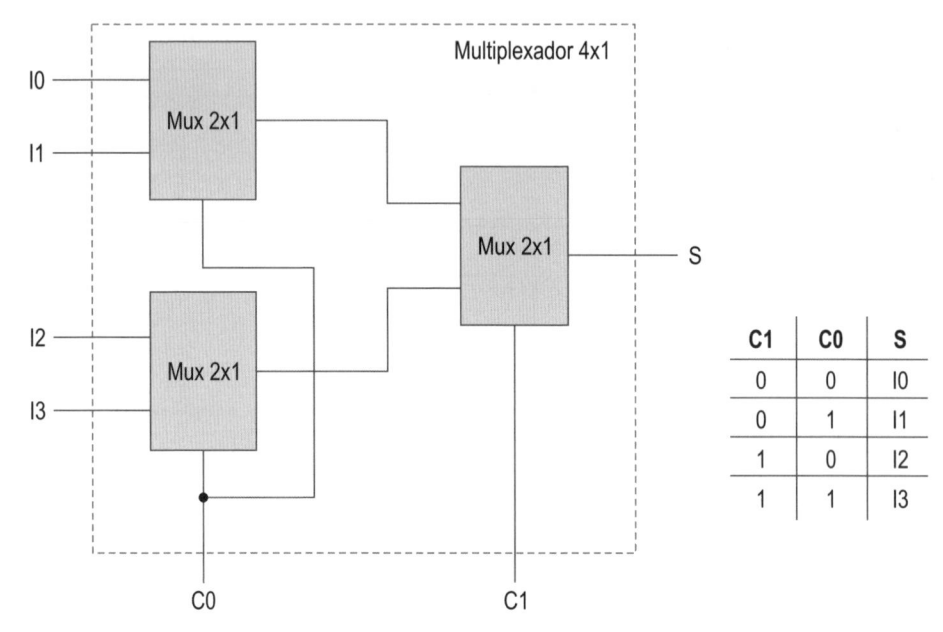

Figura 6.20 — Mux 4x1 por associação de Mux 2x1.

Esse hardware poderia ser descrito em VHDL da mesma forma que o Mux 4x1 foi descrito no subtópico 6.4.1 (atribuição condicionada). No entanto, apenas por questões didáticas, vamos explicar outra forma para descrever um circuito em VHDL: a **descrição estrutural**, que permite a utilização e a interligação de inúmeras entidades para a formação de outra mais complexa e nível hierárquico mais alto (projetos hierárquicos).

A Figura 6.21 mostra a construção de um circuito D qualquer, através da interligação de três hardwares preexistentes (A, B e C).

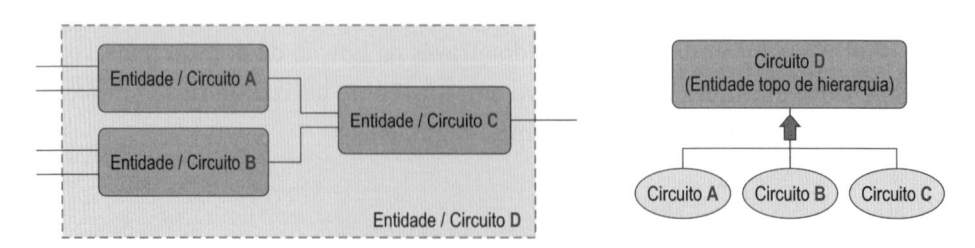

Figura 6.21 — Representação da descrição estrutural em VHDL.

Em VHDL, esses circuitos/entidades utilizados no código para a formação de nova entidade são chamados de **componentes**.

Fazendo uma analogia, é como se fossem componentes eletrônicos (circuitos integrados) interligados para formarem um novo circuito mais complexo.

Para utilizar os componentes em uma arquitetura qualquer, é necessário declará-los utilizando a palavra reservada COMPONENT, conforme ilustra a Figura 6.22.

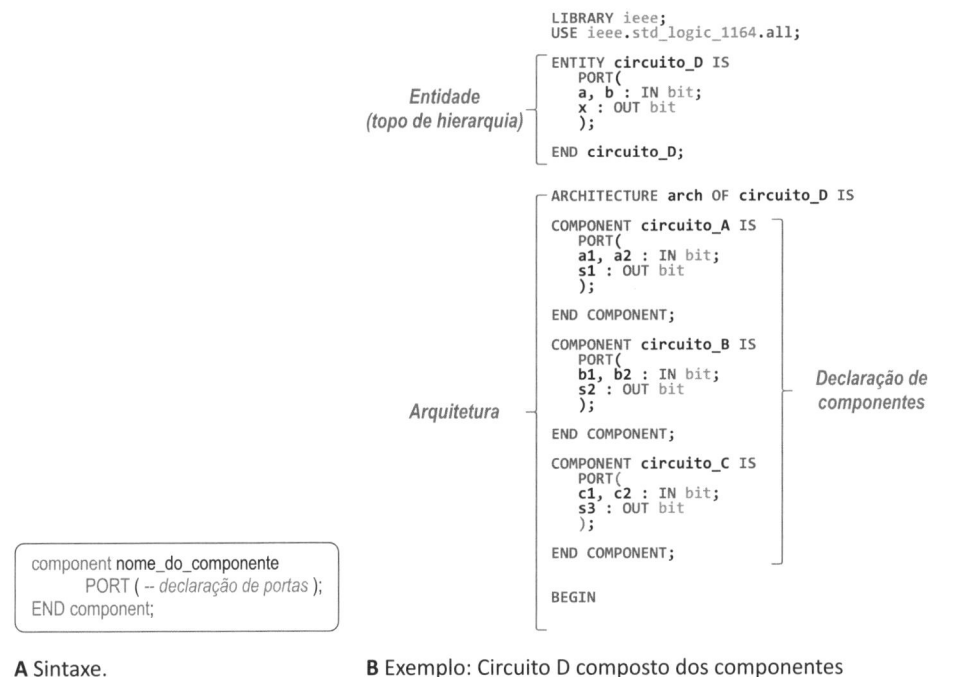

```
                                    LIBRARY ieee;
                                    USE ieee.std_logic_1164.all;

                                   ┌ ENTITY circuito_D IS
                                   │   PORT(
              Entidade             │     a, b : IN bit;
         (topo de hierarquia)      │     x : OUT bit
                                   │   );
                                   └ END circuito_D;

                                   ┌ ARCHITECTURE arch OF circuito_D IS
                                   │
                                   │  COMPONENT circuito_A IS ┐
                                   │    PORT(                 │
                                   │      a1, a2 : IN bit;    │
                                   │      s1 : OUT bit        │
                                   │      );                  │
                                   │  END COMPONENT;          │
                                   │                          │
                                   │  COMPONENT circuito_B IS │
                                   │    PORT(                 │
                                   │      b1, b2 : IN bit;    │   Declaração de
             Arquitetura           │      s2 : OUT bit        │   componentes
                                   │      );                  │
                                   │  END COMPONENT;          │
                                   │                          │
                                   │  COMPONENT circuito_C IS │
                                   │    PORT(                 │
                                   │      c1, c2 : IN bit;    │
                                   │      s3 : OUT bit        │
                                   │      );                  │
                                   │  END COMPONENT;          ┘
                                   │
                                   │  BEGIN
```

```
component nome_do_componente
    PORT ( -- declaração de portas );
END component;
```

A Sintaxe.   **B** Exemplo: Circuito D composto dos componentes A, B e C.

Figura 6.22 — Descrição estrutural.

A declaração segue os moldes da declaração da entidade, basicamente trocando apenas a palavra reservada ENTITY por COMPONENT e o local no código, antes do BEGIN da arquitetura.

Observação: A declaração do componente também pode ser feita em um pacote.

Em etapa posterior, na descrição estrutural de um circuito, faz-se:

- **Instanciação de componentes**: Refere-se à solicitação ou utilização dos componentes declarados, quantas vezes forem necessárias.

- **Mapeamento de componentes**: Descreve as conexões entre os circuitos utilizando a palavra reservada PORT MAP como uma lista que indica as ligações entre os componentes instanciados com as entradas e saídas da entidade topo de hierarquia.

Realiza-se a instanciação e o mapeamento após o BEGIN da arquitetura:

```
BEGIN

-- nome_instanciação      nome_componente           mapa_ligações

        U1          :      circuito_A        PORT MAP (/* lista de conexões */);

        U2          :      circuito_B        PORT MAP (/* lista de conexões */);

        U3          :      circuito_C        PORT MAP (/* lista de conexões */);
```

A lista de conexões associa quais entradas e saídas dos componentes declarados estão ligadas em quais entradas e saídas da entidade que solicitou os componentes (topo de hierarquia). A lista pode ser feita de dois modos distintos: em **mapeamento nomeado** ou **posicional**.

```
-- exemplo de mapeamento nomeado

    X1 : circ_X PORT MAP (sinal_A => sinal_1, sinal_B => sinal_2);


-- exemplo de mapeamento posicional

    Y1 : circ_Y PORT MAP (sinal_1, sinal_2, sinal_5);
```

Para exemplificar a **descrição estrutural**, vamos considerar o multiplexador 2x1 já estudado anteriormente, o qual utiliza duas portas lógicas AND, uma NOT e uma OR, como se vê na Figura 6.23.

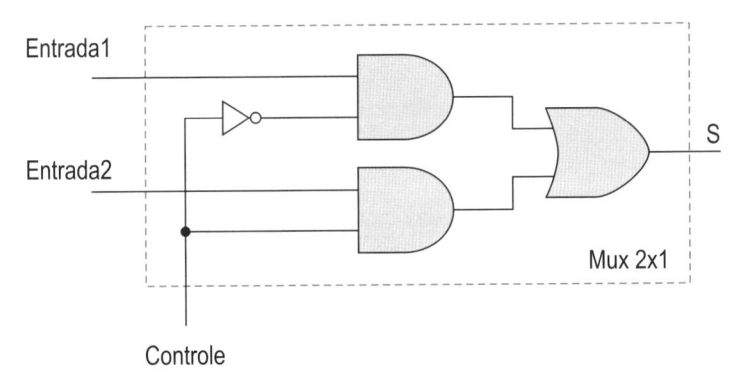

Figura 6.23 — Mux 2x1 — circuito lógico.

Portanto, para construí-lo, precisaremos descrever estas três portas separadamente (AND, OR e NOT) e, em seguida, realizarmos as interligações em um novo código.

```
LIBRARY ieee;
USE ieee.std_logic_1164.all;
ENTITY porta_AND IS
    PORT(
        e1, e2 : IN std_logic;
        saida1 : OUT std_logic
    );
END porta_AND;
ARCHITECTURE arch OF porta_AND IS
BEGIN
    saida1 <= e1 and e2;
END arch;
```

```
LIBRARY ieee;
USE ieee.std_logic_1164.all;
ENTITY porta_OR IS
    PORT(
        e3, e4 : IN std_logic;
        saida2 : OUT std_logic
    );
END porta_OR;
ARCHITECTURE arch OF porta_OR IS
BEGIN
    saida2 <= e3 or e4;
END arch;
```

```
LIBRARY ieee;
USE ieee.std_logic_1164.all;
ENTITY porta_NOT IS
    PORT(
        e5 : IN std_logic;
        saida3 : OUT std_logic
    );
END porta_NOT;
ARCHITECTURE arch OF porta_NOT IS
BEGIN
    saida3 <= not e5;
END arch;
```

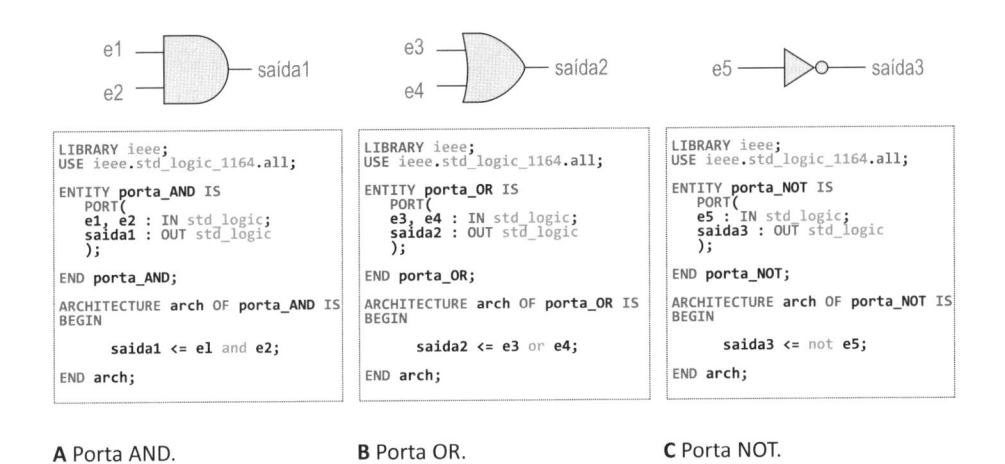

A Porta AND. **B** Porta OR. **C** Porta NOT.

Figura 6.24 — Descrição das portas em VHDL.

Cada porta/código da Figura 6.24 será um **componente** do circuito final e podem ser descritos utilizando o formato e a técnica desejados.

Considerando as nomenclaturas utilizadas para cada entrada e saída das portas AND (U1 e U2), OR (U3) e NOT (U4), podemos redesenhar o circuito do multiplexador 2x1, Figura 6.25, e partir para a **descrição estrutural** do circuito final (interligando as portas).

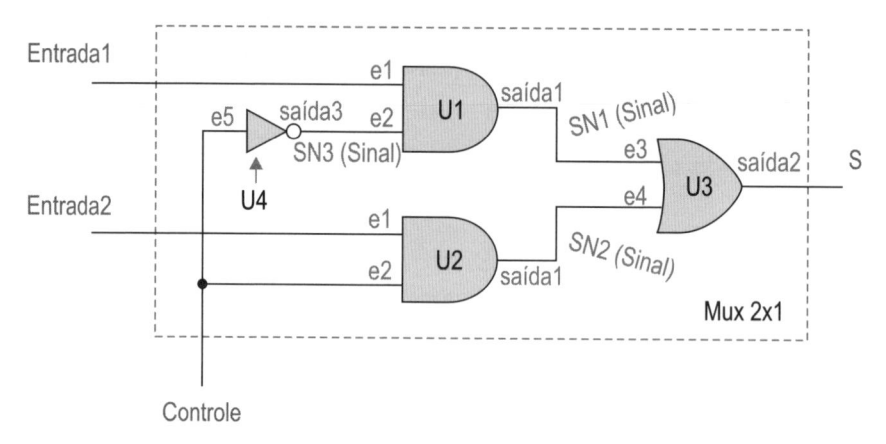

Figura 6.25 — Mux 2x1 — circuito lógico com identificação das entradas e saídas.

Com o hardware de cada porta lógica já descrito, cria-se um código VHDL em sua ferramenta EDA para a construção da entidade que fará uso dessas portas. Chamaremos essa entidade topo de hierarquia (nosso circuito final) de **multiplexador_2x1**.

O primeiro passo é declarar dentro da arquitetura do "multiplexador_2x1" os sinais (palavra reservada: SIGNAL) e componentes (palavra reservada: COMPONENT) que serão utilizados.

Multiplexador 2x1 — Descrição estrutural

LIBRARY IEEE;
USE IEEE.STD_LOGIC_1164.**ALL**;

ENTITY multiplexador2x1 **IS**
PORT (
    Entrada1, Entrada2, Controle : **IN** std_logic;
    S : **OUT** std_logic
);
END multiplexador2x1;

ARCHITECTURE arch **OF** multiplexador2x1 **IS**

COMPONENT porta_AND **IS**
    PORT (
    e1, e2 : **IN** std_logic;
    saida1 : **OUT** std_logic
    );
END COMPONENT;

COMPONENT porta_OR **IS**
    PORT (
    e3, e4 : **IN** std_logic;
    saida2 : **OUT** std_logic
    );
END COMPONENT;

COMPONENT porta_NOT **IS**
    PORT (
    e5 : **IN** std_logic;
    saida3 : **OUT** std_logic
    );
END COMPONENT;

SIGNAL SN1, SN2, SN3 : std_logic;

  .
    .
      .

Finalmente, realizaremos a **instanciação** e o **mapeamento** dos componentes. Faremos pelos dois modos mencionados anteriormente e, em conformidade, com o circuito da Figura 6.25.

- **MODO 1**: Mapeamento nomeado.

```
BEGIN

U1 : porta_AND  PORT MAP (e1 => Entrada1, e2 => SN3, saida1 => SN1);

U2 : porta_AND  PORT MAP (e1 => Entrada2, e2 => Controle, saida1 => SN2);

U3 : porta_OR   PORT MAP (e3 => SN1, e4 => SN2, saida2 => S);

U4 : porta_NOT  PORT MAP (e5 => Controle, saida3 => SN3);
```

- **MODO 2**: Mapeamento posicional.

Nesse caso, as ligações são feitas de acordo com a ordem estabelecida na declaração dos componentes, ou seja, como a ordem de declaração das entradas e da saída do componente "porta_OR" foi "e3", "e4" e "saida2", o primeiro item da lista de conexões será aquele que deverá ser conectado ao "e3" e o último, à "saida2".

```
BEGIN

U1 : porta_AND  PORT MAP (Entrada1, SN3, SN1);

U2 : porta_AND  PORT MAP (Entrada2, Controle, SN2);

U3 : porta_OR   PORT MAP (SN1, SN2, S);

U4 : porta_NOT  PORT MAP (Controle, SN3);
```

Comparando os MODOS 1 e 2, nota-se que ambos resultarão no mesmo circuito da Figura 6.25.

> **IMPORTANTE!**
>
> Os arquivos (.vhd) de todos os componentes e da entidade topo de hierarquia devem estar na mesma pasta de projeto. A árvore do projeto mostrará a entidade **multiplexador2x1** e as outras necessárias para a sua construção, como na Figura 6.26.

```
.VHD  multiplexador2x1
   .VHD  porta_AND:U1
   .VHD  porta_AND:U2
   .VHD  porta_OR:U3
   .VHD  porta_NOT:U4
```

Figura 6.26 — Árvore do Mux 2x1.

Retornando à análise do multiplexador de quatro entradas obtido por associação de outros multiplexadores (Figura 6.27), podemos construí-lo utilizando a descrição estrutural, partindo de componentes já implementados, que são os multiplexadores de 2 entradas.

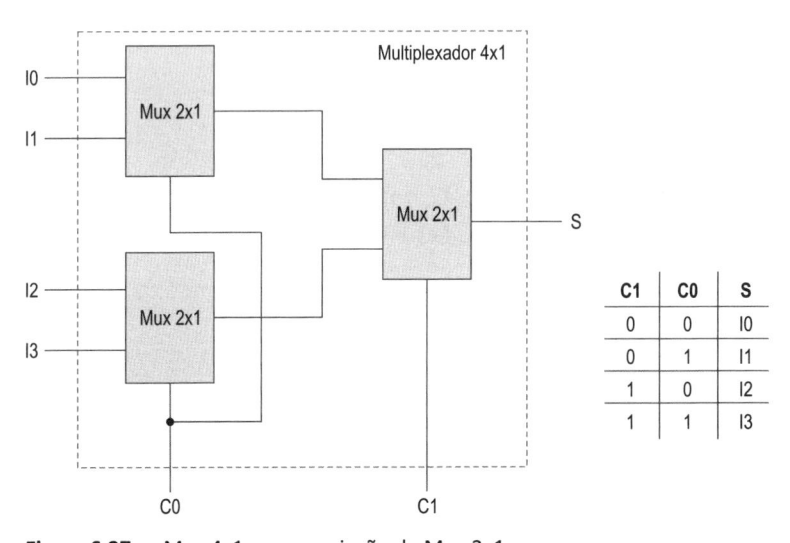

C1	C0	S
0	0	I0
0	1	I1
1	0	I2
1	1	I3

Figura 6.27 — Mux 4x1 por associação de Mux 2x1.

No Tópico 6.4.1, o Mux 2x1 foi implementado em VHDL por três formas diferentes de atribuição: condicionada, selecionada e condicionada com BIT_VECTOR.

Nesse caso, vamos escolher uma dessas formas, por exemplo, a atribuição selecionada, Figura 6.28.

```
ENTITY multiplex_2in IS
PORT (
        E1, E2, C : IN  bit;
        S : OUT bit
);
END multiplex_2in;


ARCHITECTURE arq_mux OF multiplex_2in IS
BEGIN
        WITH C SELECT
        S <= E1 WHEN '0',
             E2 WHEN '1';
END arq_mux;
```

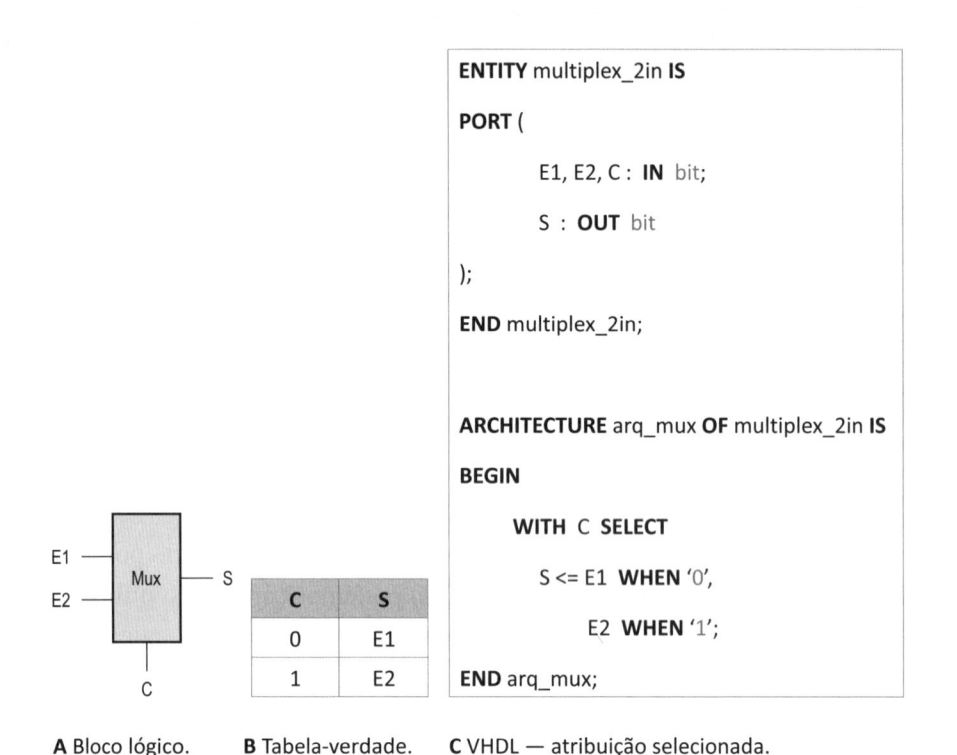

C	S
0	E1
1	E2

A Bloco lógico.   **B** Tabela-verdade.   **C** VHDL — atribuição selecionada.

Figura 6.28 — Mux 2x1.

O Mux 2x1 (entidade "multiplex_2in") é o único componente do novo Mux 4x1, mas será instanciado três vezes (U1, U2 e U3) com as nomenclaturas das entradas e saídas indicadas na Figura 6.29.

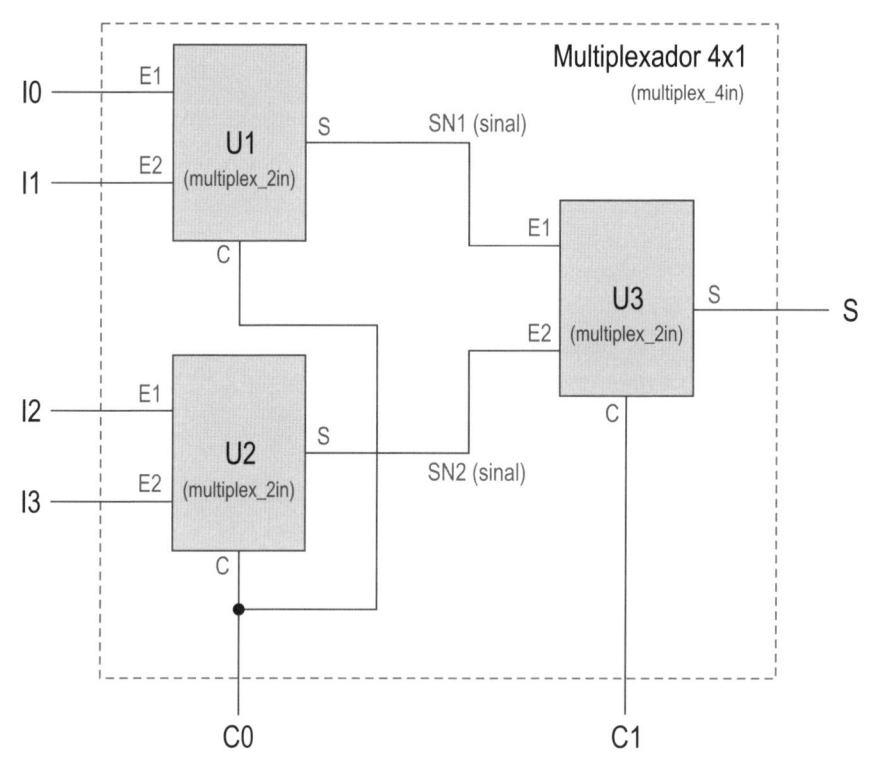

Figura 6.29 — Mux 4x1 — circuito lógico com identificação das entradas e saídas.

Com o hardware do Mux 2x1 definido, podemos criar o código VHDL para a construção da entidade de topo de hierarquia, a qual denominaremos de **multiplex_4in**. Quanto ao tipo de mapeamento, optamos, por exemplo, pelo **posicional**.

Assim, o Mux 4x1 será descrito conforme o código seguinte:

Multiplexador 4x1 — Descrição estrutural pelo mapeamento posicional

```vhdl
LIBRARY IEEE;
USE IEEE.STD_LOGIC_1164.ALL;


ENTITY multiplex_4in IS

        PORT (

        I0, I1, I2, I3, C0, C1 : IN BIT;

        S : OUT BIT

        );
END multiplex_4in;


ARCHITECTURE arquitetura OF multiplex_4in IS


 COMPONENT multiplex_2in IS

   PORT(

   E1, E2, C :  IN  BIT;

   S  :  OUT  BIT

   );
 END COMPONENT;


 SIGNAL SN1, SN2 : BIT;


BEGIN

U1 : multiplex_2in PORT MAP (I0, I1, C0, SN1);

U2 : multiplex_2in PORT MAP (I2, I3, C0, SN2);

U3 : multiplex_2in PORT MAP (SN1, SN2, C1, S);

END arquitetura;
```

Observação: A Figura 6.30 representa o circuito lógico RTL obtido pela ferramenta EDA. Note a presença dos três multiplexadores 2x1 instanciados, interligados conforme descrito no mapeamento.

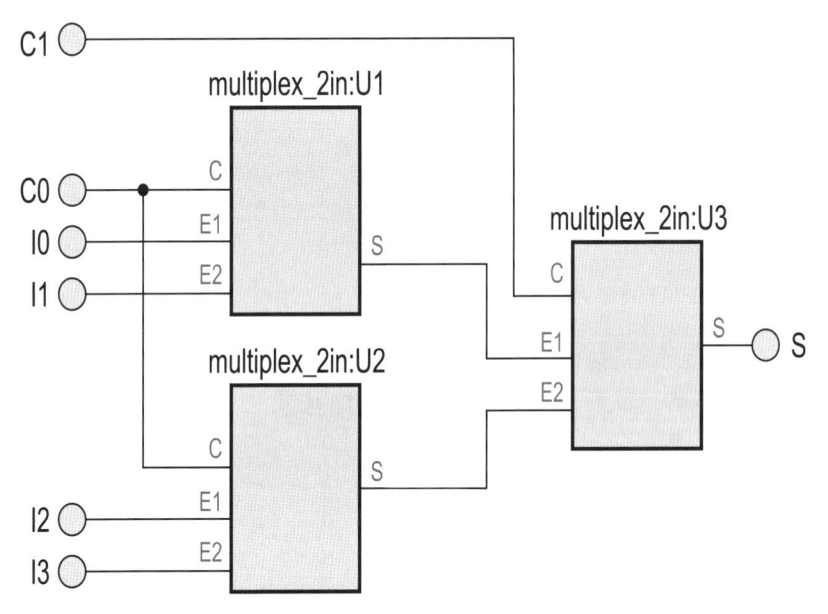

Figura 6.30 — Circuito RTL do Multiplexador 4x1.

6.5 CIRCUITOS ARITMÉTICOS

As operações aritméticas já foram explicadas em detalhes no Capítulo 2. Vamos retomá-las objetivamente para facilitar o desenvolvimento dos circuitos aritméticos. Lembrando:

Tabela 6.9 — Adição de números binários.

```
Carry ← A
       + B
       ───
         S
```

Operandos		Resultado	Estouro
A	B	S	Carry
0	0	0	0
0	1	1	0
1	0	1	0
1	1	0	1

Tabela 6.10 — Subtração de números binários.

```
Borrow → A
       - B
       ───
         S
```

Operandos		Resultado	Estouro
A	B	S	Carry
0	0	0	0
0	1	1	1
1	0	1	0
1	1	0	0

Em VHDL, temos os seguintes operadores aritméticos:

Tabela 6.11 — Operadores aritméticos.

Operação aritmética	Operador
Soma	+
Subtração	-
Multiplicação	*
Divisão	/
Exponenciação	**
Módulo	mod
Resto da divisão	rem
Valor absoluto	abs

A seguir, é possível notar a utilização de alguns operadores mostrados na Tabela 6.11 a partir de dados do tipo **INTEGER** (inteiro).

Exemplo de operações aritméticas

ENTITY exemplo **IS**
 PORT (
     A, B : **IN** integer **RANGE** 0 **TO** 3;
     Soma, Sub : **OUT** integer **RANGE** 0 **TO** 6
 );
 END exemplo;
 	
 ARCHITECTURE arq **OF** exemplo **IS**
 BEGIN
   Soma <= A + B;
   Sub   <= A − B;
 END arq;

Na utilização do tipo inteiro, é importante lembrar-se de limitar sua faixa (utilizando RANGE), pois, caso contrário, por padrão, serão utilizados 32 bits.

Nesse exemplo, as entradas "A" e "B" foram limitadas para trabalharem com valores inteiros de 0 a 3, ou seja, dois bits cada uma. Considerando as operações de soma e subtração que serão realizadas e prevendo os possíveis valores de saída (resultados das operações), limitaremos a faixa de valores de "Soma" e "Sub" de 0 a 6, portanto, três bits cada. É sempre importante se atentar para essa compatibilidade de tamanho entre entradas e saídas.

Realizando a simulação desse código, temos:

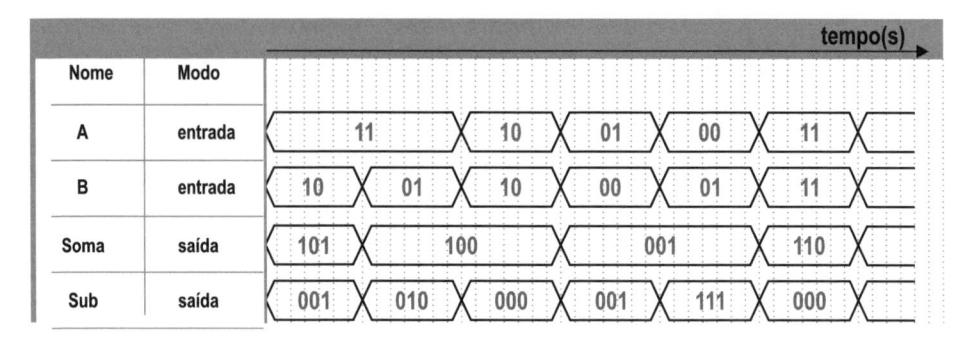

Nome	Modo	tempo(s)
A	entrada	11 — 10 — 01 — 00 — 11
B	entrada	10 — 01 — 10 — 00 — 01 — 11
Soma	saída	101 — 100 — 001 — 110
Sub	saída	001 — 010 — 000 — 001 — 111 — 000

Figura 6.31 — Simulação das operações aritméticas em binário.

Também, deve-se ter atenção quanto ao tipo de dado que será utilizado para essas operações. Não é permitido realizar, por exemplo, operações aritméticas com os tipos STD_LOGIC_VECTOR e BIT_VECTOR.

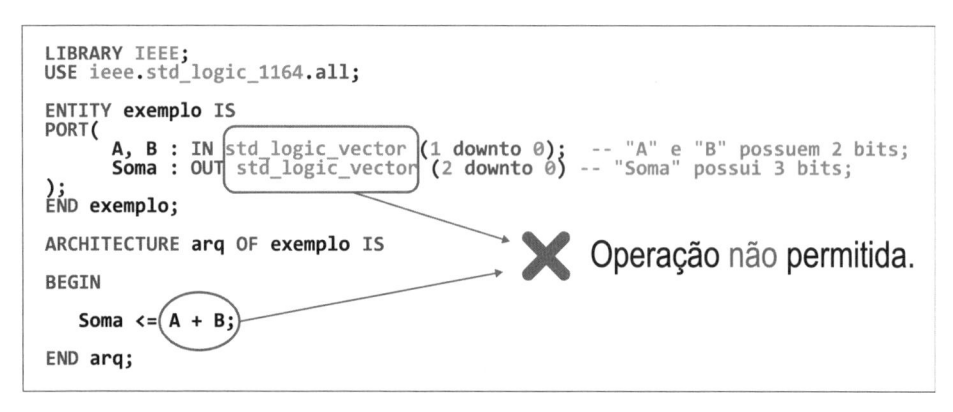

```
LIBRARY IEEE;
USE ieee.std_logic_1164.all;

ENTITY exemplo IS
PORT(
     A, B : IN  std_logic_vector (1 downto 0);  -- "A" e "B" possuem 2 bits;
     Soma : OUT std_logic_vector (2 downto 0)   -- "Soma" possui 3 bits;
);
END exemplo;

ARCHITECTURE arq OF exemplo IS
BEGIN
    Soma <= A + B;
END arq;
```

✖ Operação não permitida.

Figura 6.32 — Erro no uso de STD_LOGIC_VECTOR e BIT_VECTOR em operações aritméticas.

Para realizá-las, é necessário converter os tipos de dados, e, para tanto, existem os pacotes NUMERIC_BIT e o NUMERIC_STD. Por serem pacotes similares, exemplificaremos o NUMERIC_STD por ser mais utilizado.

Sobre os tipos utilizados em uma operação e o tipo de resultado gerado, considerando o pacote NUMERIC_STD, temos:

Resultado <= Info1 *operador* Info2

Tabela 6.12 — Tipos de dados permitidos em operações no pacote NUMERIC_STD.

Info1	Info2	Resultado
unsigned	unsigned	unsigned
unsigned	integer	unsigned
Integer	unsigned	unsigned
signed	signed	signed
signed	integer	signed
integer	signed	signed

Conforme já mencionado no Capítulo 3, existem outros pacotes criados para trabalharem com operações aritméticas, porém, não são padronizados pela biblioteca IEEE, como é o caso da STD_LOGIC_ARITH.

A seguir, mostraremos com realizar conversões por meio do pacote NUMERIC_STD:

integer ⇌ signed ⇌ std_logic_vector
(1/2)   (3/4)

Nº (conversão)	Como é feita a conversão (pacote *"numeric_std"*)?
1	sig <= **to_signed** (n_inteiro, tamanho)
2	n_inteiro <= **to_integer** (sig)
3	logic_vet <= **std_logic_vector** (sig)
4	sig <= **signed** (logic_vet)

Para as nomenclaturas utilizadas, considerar:
- "n_inteiro": sinal ou variável do tipo INTEGER;
- "tamanho": local para especificar tamanho do vetor que resultará da conversão;
- "sig": sinal ou variável do tipo SIGNED;
- "logic_vet": sinal ou variável do tipo STD_LOGIC_VECTOR.

Importante: Os valores envolvidos nas conversões devem ter tamanhos compatíveis!

Figura 6.33 — Conversão entre os tipos integer, signed e std_logic_vector.

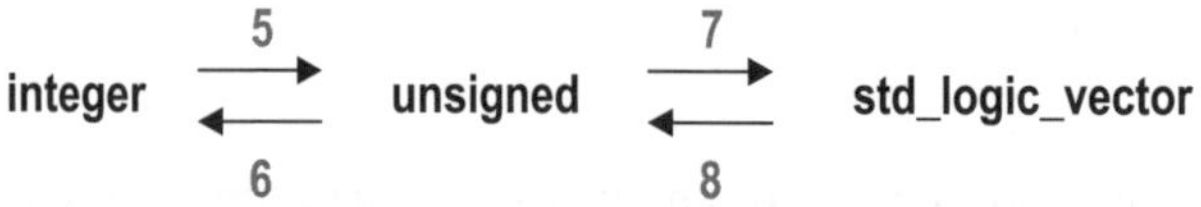

integer ⇄ unsigned ⇄ std_logic_vector
(5/6)   (7/8)

Nº (conversão)	Como é feita a conversão (pacote *"numeric_std"*)?
5	unsig <= `to_unsigned` (n_inteiro, tamanho)
6	n_inteiro <= `to_integer` (unsig)
7	logic_vet <= `std_logic_vector` (unsig)
8	unsig <= `unsigned` (logic_vet)
Para as nomenclaturas utilizadas, considerar: • "n_inteiro": sinal ou variável do tipo INTEGER; • "tamanho": local para especificar tamanho do vetor que resultará da conversão; • "unsig": sinal ou variável do tipo UNSIGNED; • "logic_vet": sinal ou variável do tipo STD_LOGIC_VECTOR. **Importante:** Os valores envolvidos nas conversões devem ter tamanhos compatíveis!	

Figura 6.34 — Conversão entre os tipos integer, unsigned e std_logic_vector.

Exemplificando: O código da Figura 6.32 pode ser corrigido utilizando-se a biblioteca NUMERIC_STD. Lembre-se de que também é necessário utilizar o pacote STD_LOGIC_1164 para poder trabalhar com o vetor do tipo STD_LOGIC.

Exemplo de circuito Somador — Utilização de conversão e função RESIZE

```
LIBRARY IEEE;
USE IEEE.STD_LOGIC_1164.ALL;
USE IEEE.NUMERIC_STD.ALL;

ENTITY exemplo IS
PORT(
        A, B  : IN std_logic_vector (1 DOWNTO 0); -- "A" e "B" possuem 2 bits
        Soma : OUT std_logic_vector (2 DOWNTO 0) -- "Soma" possui 3 bits
);
END exemplo;

ARCHITECTURE arq OF exemplo IS
BEGIN
        Soma <= std_logic_vector ((RESIZE (unsigned(A), 3)) + (RESIZE (unsigned(B), 3)));
END arq;
```

Veja que no código nós transformamos "A" e "B" em UNSIGNED, para depois realizarmos a soma e voltarmos para o formato STD_LOGIC_VECTOR. Porém, como a saída "Soma" prevê três bits, após a transformação para UNSIGNED, redimensionamos seu tamanho para 3 bits utilizando RESIZE.

A função RESIZE define tamanhos de valores dos tipos UNSIGNED ou SIGNED. Ela possui dois argumentos, sendo um deles o sinal ou variável a ser transformada e, o segundo, o tamanho desejado para transformação: **RESIZE** (*sinal_desejado, tamanho_desejado*).

Outra forma seria utilizando a concatenação de bits ('&'):

Exemplo de circuito Somador — Utilização de conversão e concatenação

```
LIBRARY IEEE;
USE IEEE.STD_LOGIC_1164.ALL;
USE IEEE.NUMERIC_STD.ALL;

ENTITY exemplo IS
PORT(
        A, B   : IN std_logic_vector (1 DOWNTO 0); -- "A" e "B" possuem 2 bits
        Soma : OUT std_logic_vector (2 DOWNTO 0) -- "Soma" possui 3 bits
);
END exemplo;


ARCHITECTURE arq OF exemplo IS
        SIGNAL Bit1, Bit2 : std_logic;
BEGIN
        Soma <= std_logic_vector ((Bit1 & unsigned(A)) + (Bit2 & unsigned(B)));
END arq;
```

6.6 COMPARADORES

6.6.1 Comparador de igualdade

O circuito comparador de igualdade de um bit é o mais simples. Sua saída indica se as informações nas entradas são iguais ou não.

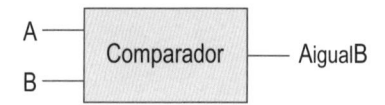

Figura 6.35 — Bloco genérico de um comparador de igualdade de 1 bit.

Sua construção pode ser feita utilizando-se da porta XNOR (Nou Exclusivo) ou XOR (Ou Exclusivo), dependendo de a lógica de funcionamento desejada ser positiva ou negativa, como mostra a Figura 6.36.

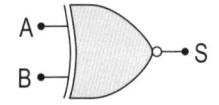

A	B	S (AigualB)
0	0	1
0	1	0
1	0	0
1	1	1

A Lógica positiva.

A	B	S (AigualB)
0	0	0
0	1	1
1	0	1
1	1	0

B Lógica negativa.

Figura 6.36 — Portas lógicas como comparadores de igualdade de 1 bit.

Para testar condições e comparar valores em VHDL, são utilizados os **operadores relacionais** mostrados na Tabela 6.13. A função desses operadores é permitir diferentes modos de comparação. Para tanto, é necessário que as informações "A" e "B" sejam do mesmo tipo (unsigned, signed, integer etc.).

Tabela 6.13 — Operadores relacionais.

Operação relacional	Operador
Igualdade	=
Diferente	/=
Menor	<
Menor ou igual	<=
Maior	>
Maior ou igual	>=

Podemos descrever um comparador de igualdade de 1 bit desta forma:

Comparador de igualdade de 1 bit

```vhdl
LIBRARY IEEE;
USE IEEE.STD_LOGIC_1164.ALL;

ENTITY comparador IS
PORT (
        A, B : IN std_logic;
        AigualB : OUT std_logic
);
END comparador;

ARCHITECTURE arq OF comparador IS
BEGIN
    AigualB <= '1' WHEN (A=B) ELSE '0';
END arq;
```

Para valores binários com mais de um bit, a igualdade só é confirmada se todos os bits forem iguais. A tabela a seguir representa o funcionamento de um comparador de igualdade de 2 bits:

Informação **A** = A1 A0 { A0, A1
Informação **B** = B1 B0 { B0, B1
Comparador — AigualB

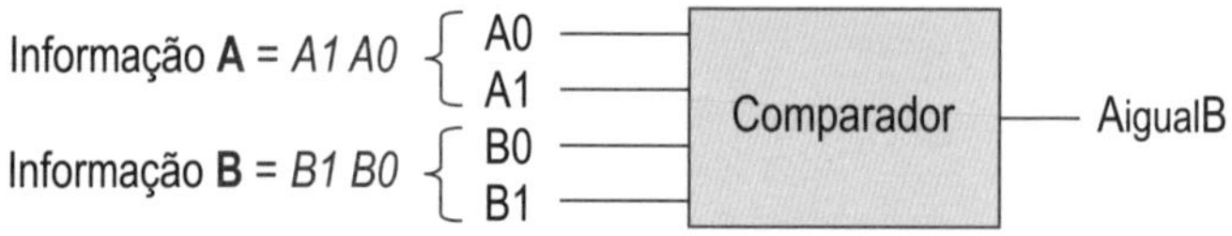

Figura 6.37 — Bloco genérico de um comparador de igualdade de 2 bits.

Nesse caso, A será igual B somente se A1 = B1 e A0 = B0. A Tabela 6.14 apresenta o seu funcionamento, com destaque para as linhas em que a igualdade das entradas ocorre.

Tabela 6.14 — Comparador de igualdade de 2 bits.

Entradas				Saída	Análise
B1	A1	B0	A0	AigualB	
0	0	0	0	1	A1 = B1 e A0 = B0
0	0	0	1	0	A1 = B1 e A0 ≠ B0
0	0	1	0	0	A1 = B1 e A0 ≠ B0
0	0	1	1	1	A1 = B1 e A0 = B0
0	1	0	0	0	A1 ≠ B1 e A0 = B0
0	1	0	1	0	A1 ≠ B1 e A0 ≠ B0
0	1	1	0	0	A1 ≠ B1 e A0 ≠ B0
0	1	1	1	0	A1 ≠ B1 e A0 = B0
1	0	0	0	0	A1 ≠ B1 e A0 = B0
1	0	0	1	0	A1 ≠ B1 e A0 ≠ B0
1	0	1	0	0	A1 ≠ B1 e A0 ≠ B0
1	0	1	1	0	A1 ≠ B1 e A0 = B0
1	1	0	0	1	A1 = B1 e A0 = B0
1	1	0	1	0	A1 = B1 e A0 ≠ B0
1	1	1	0	0	A1 = B1 e A0 ≠ B0
1	1	1	1	1	A1 = B1 e A0 = B0

O circuito lógico fica como mostra a Figura 6.38:

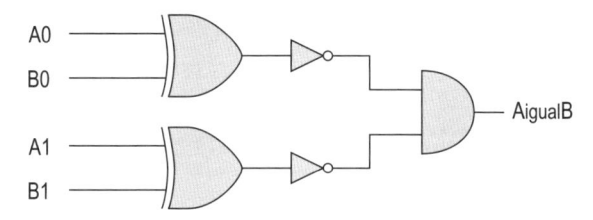

Figura 6.38 — Circuito lógico de um comparador de igualdade de 2 bits.

Portanto, seguindo o mesmo raciocínio, para **N bits**, temos:

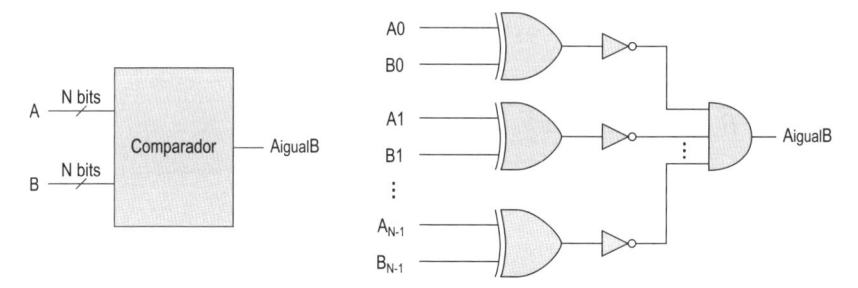

Figura 6.39 — Comparador de igualdade de N bits.

6.6.2 Comparador de magnitude

Esse tipo de comparador traz mais informações a respeito da comparação dos valores presentes nas entradas, dizendo não somente se são iguais ou não como também, no caso de valores diferentes, diz qual é maior.

Informação **A** = $A_{N-1} \ldots A1\,A0$

Informação **B** = $B_{N-1} \ldots B1\,B0$

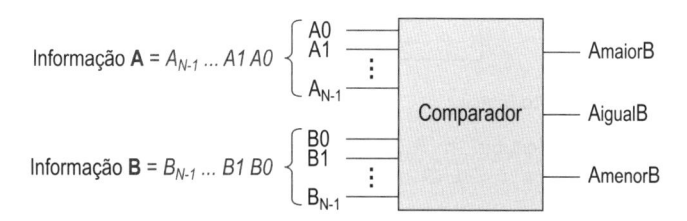

Figura 6.40 — Bloco genérico de um comparador de magnitude de N bits.

A Tabela 6.15 representa o comportamento do comparador de magnitude para entradas de 1 bit.

Tabela 6.15 — Comparador de magnitude de 1 bit.

Entradas		Saídas		
B	A	AmaiorB	AigualB	AmenorB
0	0	0	1	0
0	1	1	0	0
1	0	0	0	1
1	1	0	1	0

Dessa tabela, tiramos as expressões:

$$AmaiorB = \overline{B}.A$$

$$AigualB = \overline{B \oplus A} = B \odot A$$

$$AmenorB = B.\overline{A}$$

E, a partir delas, obtêm-se o circuito:

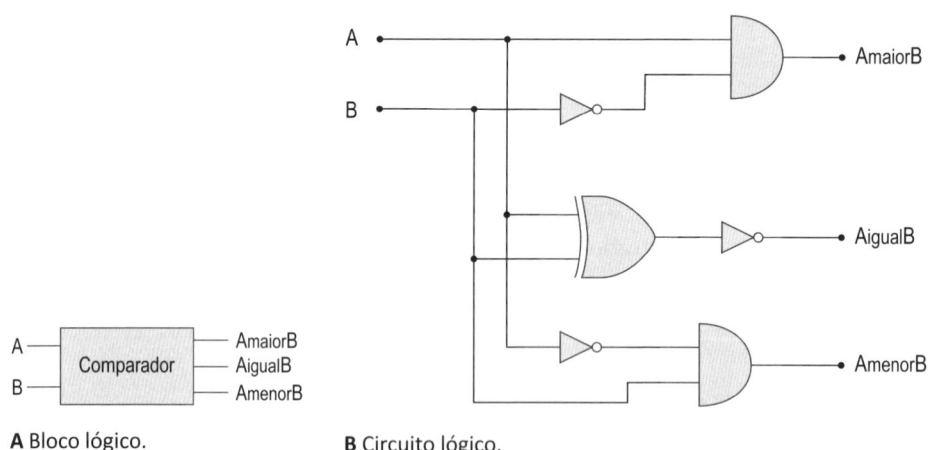

A Bloco lógico. **B** Circuito lógico.

Figura 6.41 — Comparador de magnitude de 1 bit.

Ampliando o conceito para entradas A e B de 2 bits cada, em que A = A1 e A0 e B = B1 e B0, temos o seguinte comportamento do comparador de magnitude:

Tabela 6.16 — Comparador de magnitude de 2 bits.

Entradas				Saídas		
A1	B1	A0	B0	AmaiorB	AigualB	AmenorB
A1>B1		X	X	1	0	0
A1<B1		X	X	0	0	1
A1=B1		A0>B0		1	0	0
A1=B1		A0<B0		0	0	1
A1=B1		A0=B0		0	1	0

Verifique, agora, o circuito de um comparador de magnitude com duas entradas de 4 bits, utilizando o CI 7485 como exemplo:

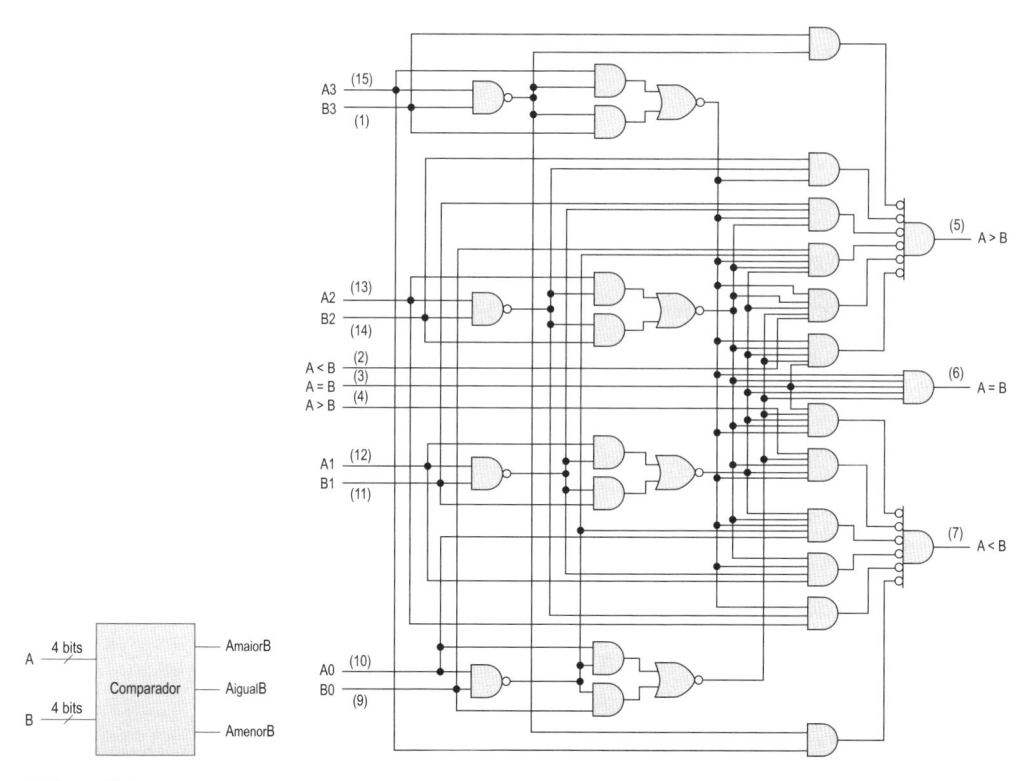

A Bloco lógico.   **B** Circuito lógico do comparador 7485.

Figura 6.42 — Comparador de magnitude de 4 bits.

Um comparador de magnitude de 4 bits em VHDL pode ser descrito desta forma:

Comparador de magnitude de 4 bits

LIBRARY IEEE;
USE IEEE.STD_LOGIC_1164.**ALL**;
 	
ENTITY comparador_4bits **IS**
PORT(
    A, B : **IN** std_logic_vector (3 **DOWNTO** 0);
    AigualB, AmaiorB, AmenorB : **OUT** std_logic
);
END comparador_4bits;
 	
ARCHITECTURE arq **OF** comparador_4bits **IS**
BEGIN
    AigualB <= '1' **WHEN** (A=B) **ELSE** '0';
    AmaiorB <= '1' **WHEN** (A>B) **ELSE** '0';
    AmenorB <= '1' **WHEN** (A<B) **ELSE** '0';
 	
END arq;

6.7 UNIDADE LÓGICA ARITMÉTICA — ULA

A **Unidade Lógica Aritmética — ULA** (Arithmetic Logic Unit — ALU), parte integrante do processador, pode ser entendida como uma "supercalculadora" que permite executar operações lógicas e aritméticas com as informações digitais em suas entradas. Ela pode ser representada pelo símbolo mostrado na Figura 6.43.

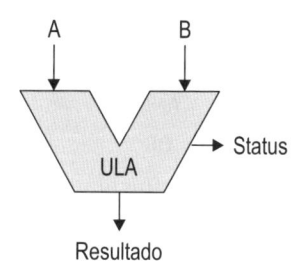

Figura 6.43 — Símbolo de uma ULA.

Seu circuito realizará a operação desejada sobre o conjunto de operadores (informações binárias) presentes em suas entradas e retornará o resultado da operação em sua saída com alguns bits de status/flags.

Através da representação mostrada na Figura 6.44, note que seu funcionamento pode ser traduzido em vários circuitos específicos e em um multiplexador, que, dependendo dos valores das entradas de controle, selecionará qual resultado, proveniente de qual operação, será enviado para a saída.

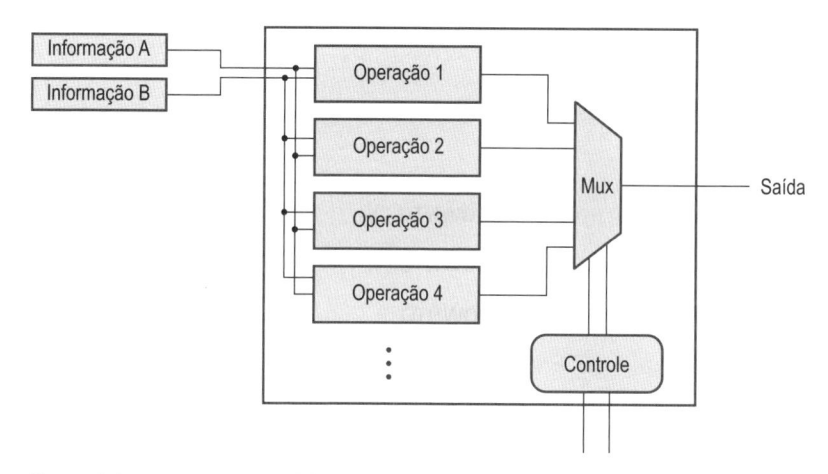

Figura 6.44 — Diagrama em blocos de uma ULA.

O número de operações que poderão ser realizadas, bem como o tamanho (nº de bits) e o tipo de informação de entrada permitido, variam.

A seguir, é mostrado um exemplo de construção de uma ULA que recebe informações de 2 bits e permite realizar 4 operações diferentes: AND, OR, SOMA e SUBTRAÇÃO.

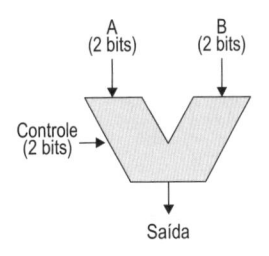

Controle	Operação
00	AND
01	OR
10	Soma (A + B)
11	Subtração (A − B)

A Bloco lógico.

B Tabela-verdade.

Figura 6.45 — ULA de 2 bits.

Em VHDL, essa unidade lógica e aritmética pode ser da seguinte forma:

ULA de 2 bits

LIBRARY IEEE;

USE IEEE.STD_LOGIC_1164.**ALL**;

USE IEEE.NUMERIC_STD.**ALL**;

ENTITY ULA_2b_4op **IS**

PORT(

    A   :   **IN** std_logic_vector (1 **DOWNTO** 0);

    B   :   **IN** std_logic_vector (1 **DOWNTO** 0);

    controle   :   **IN** std_logic_vector (1 **DOWNTO** 0);

    carry_out   :   **OUT** std_logic := '0';

    saida   :   **OUT** std_logic_vector (1 **DOWNTO** 0) := "00"

);

END ULA_2b_4op;

ARCHITECTURE arq **OF** ULA_2b_4op **IS**

    SIGNAL result : std_logic_vector (2 **DOWNTO** 0);

ULA de 2 bits
BEGIN
PROCESS (A,B,controle)
BEGIN
CASE controle **IS**
WHEN "00" =>
saida <= A AND B;
carry_out <= '0';
WHEN "01" =>
saida <= A OR B;
carry_out <= '0';
WHEN "10" =>
result <= std_logic_vector (('0' & unsigned (A)) + ('0' & unsigned(B)));
saida <= result (1 DOWNTO 0);
carry_out <= result (2);
WHEN OTHERS =>
result <= std_logic_vector (('0' & unsigned (A)) - ('0' & unsigned(B)));
saida <= result (1 **DOWNTO** 0);
carry_out <= result (2);
END CASE;
END PROCESS;
END arq;

A partir da simulação mostrada na Figura 6.46, é possível validar o seu funcionamento.

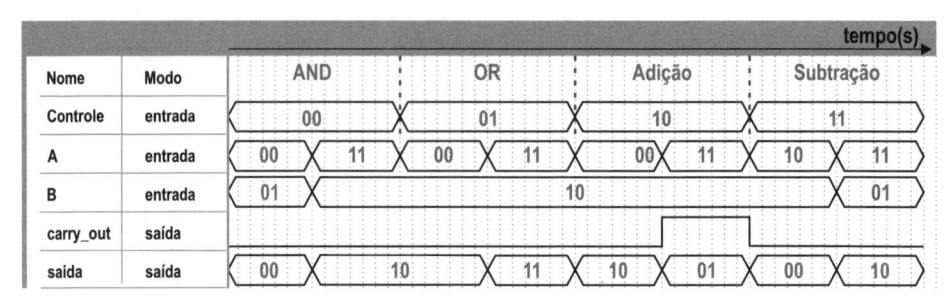

Nome	Modo	AND		OR		Adição		Subtração		tempo(s)
Controle	entrada	00		01		10		11		
A	entrada	00	11	00	11	00	11	10	11	
B	entrada	01			10				01	
carry_out	saída							‾‾		
saida	saída	00	10		11	10		01	00	10

Figura 6.46 — Operação da ULA.

6.8 EXERCÍCIO PROPOSTO

Quais são os circuitos obtidos a partir dessas descrições de hardware? Desenhe seus respectivos circuitos lógicos.

Circuito 1	Circuito 2
LIBRARY IEEE;	**LIBRARY** IEEE;
USE IEEE.STD_LOGIC_1164.**ALL**;	**USE** IEEE.STD_LOGIC_1164.**ALL**;
ENTITY circ1 **IS**	**ENTITY** circ2 **IS**
PORT(	**PORT**(
E, C : **IN** std_logic;	E1, E2, C : **IN** std_logic;
S1, S2 : **OUT** std_logic	S : **OUT** std_logic
);	);
END circ1;	**END** circ2;
ARCHITECTURE arquitetura **OF** circ1 **IS**	**ARCHITECTURE** arquitetura **OF** circ2 **IS**
BEGIN	**BEGIN**
S1 <= (NOT C AND E);	S <= (NOT C AND E1) OR (C AND E2);
S2 <= (C AND E);	**END** arquitetura;
END arquitetura;	

6.9 PROJETO PROPOSTO

Neste capítulo, demonstramos a construção do multiplexador 4x1 utilizando a descrição estrutural com o mapeamento posicional. Construa o mesmo multiplexador, fazendo uso do mapeamento nomeado.

6.10 PESQUISA PROPOSTA

O projeto de um sistema digital pode envolver unidades lógicas reutilizáveis (pré-projetadas). Essas unidades são denominadas **IP Core** ou **Block IP**. Pesquise sobre elas.

SISTEMAS SEQUENCIAIS

CAPÍTULO 7

Neste capítulo, você aprenderá:

- A definição de circuito sequencial.
- O que é um flip-flop e seus diferentes tipos.
- A função de um sinal de clock no circuito.
- Diferenciar sinais síncronos de assíncronos.
- Construir circuitos sequenciais.
- Descrever hardware utilizando processos (Process).
- Máquina de estados.

7.1 CONCEITO DE CIRCUITO SEQUENCIAL

Os **circuitos combinacionais** analisados nos capítulos anteriores caracterizavam-se por terem as saídas dependentes única e exclusivamente das entradas, enquanto, os chamados **circuitos sequenciais**, têm todas as suas saídas ou parte delas realimentadas como entradas, conforme representações a seguir:

A Circuito combinacional. **B** Circuito sequencial.

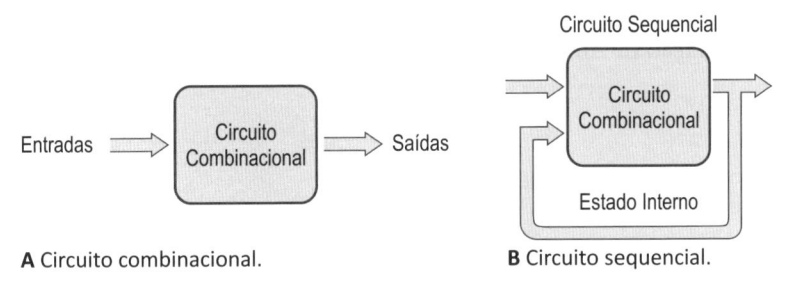

Figura 7.1 — Diagramas representativos dos circuitos combinacional e sequencial.

O circuito sequencial faz sentido se considerarmos que a evolução dos sinais lógicos pelo circuito combinacional se realiza com certo atraso Δt que ocorre por causa do atraso inerente das portas lógicas que o compõe. Assim, no circuito sequencial, podemos caracterizar duas condições temporais para as saídas: a **atual** e a **futura**.

Portanto, no circuito sequencial, as saídas futuras (instante $t + \Delta t$) dependem das entradas e das saídas atuais (instante t). No momento em que as saídas se atualizam, elas são realimentadas como entradas, podendo ou não modificar sequencialmente as saídas futuras.

Como se observa, a realimentação introduz a variável tempo na relação entre entradas e saídas.

7.2 FLIP-FLOP

Flip-flop é a denominação de um circuito sequencial que se constitui no elemento básico de diversos subsistemas como registrador, contador, memória e conversor analógico-digital. É um circuito biestável por ter duas saídas complementares Q e que podem assumir dois estados estáveis, 0 e 1, e tem como função básica **ar-**

mazenar níveis lógicos temporariamente, exatamente como uma memória de um bit.

Além da nomenclatura flip-flop, esses elementos de memória são também conhecidos como latch, ou multivibrador biestável. Há uma variedade deles, diferenciados entre si pelo número de entradas e suas respectivas formas de atuação.

Veremos à frente seus diferentes tipos e, também, que os termos latch e flip-flop costumam ser aplicados para casos específicos, a depender de sua forma de acionamento e comutação de um estado para outro.

7.2.1 VHDL — Inferência de memória

Algumas formas de descrição de hardware resultam na inferência de um elemento de memória, ou seja, um circuito capaz de armazenar informação. Deve-se ter atenção, pois, até mesmo, estruturas de código muito utilizadas para descrever circuitos combinacionais, como é o caso do WHEN-ELSE, poderão resultar em uma memória, o que, por vezes, poderá ser indesejada.

No exemplo a seguir, "saida" receberá "entrada" quando "c" = 1. Caso contrário, deverá permanecer com o valor anterior, caracterizando, portanto, o armazenamento de uma informação prévia.

```
saida <= entrada WHEN c = '1' ELSE saida;
```

Situações em que nem todas as condições são previstas também geram memória, como mostrado no exemplo a seguir em um trecho de código usando Processo. Mesmo com todos os sinais na lista de sensibilidade, como a situação c = '0' não consta na descrição, fica subentendido a necessidade de armazenar o valor anterior.

```
PROCESS (c, entrada)
BEGIN
    IF c = '1' THEN
    saida <= entrada;
    END IF;
END PROCESS;
```

Mais adiante, neste capítulo, também veremos circuitos dependentes da ocorrência de um determinado nível de sinal ou de sua transição entre níveis (por exemplo, de 0 para 1) condição esta, sem a qual, o circuito permanece com seu valor anterior e, portanto, armazena informação.

7.2.2 Latch RS

O latch RS possui duas entradas denominadas R (reset) e S (set), sendo classificado como um circuito assíncrono, pois o tempo necessário para que as saídas Q e $\overline{Q}$ se atualizem é determinado apenas pelo atraso Δt das portas lógicas que o constituem.

O latch RS pode ser implementado por portas NAND e NOR, Figura 7.2.

A Latch com portas NAND.　　　　**B** Latch com portas NOR.

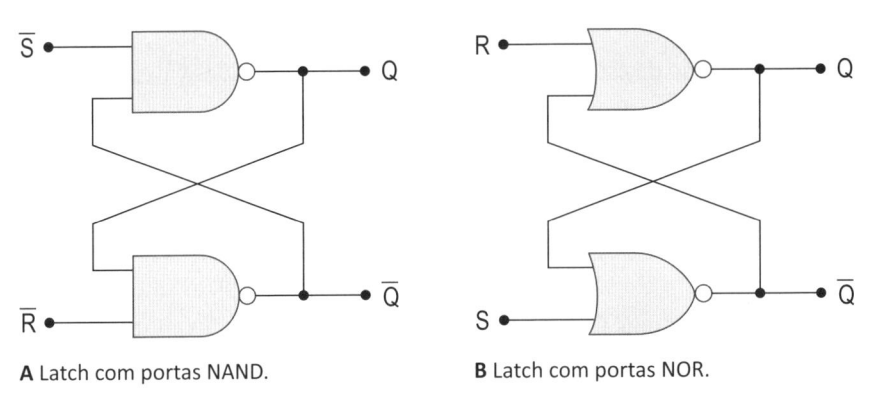

Figura 7.2 — Circuitos do latch RS assíncrono.

Para facilitar a compreensão, analisaremos o circuito com portas NOR, Figura 7.2B.

No instante atual (t), as entradas da porta NOR superior são R e $\overline{Q}$, e as entradas da porta NOR inferior são S e Q. As saídas Q e $\overline{Q}$ futuras (t + Δt) das duas portas NOR serão definidas pela propagação dos níveis lógicos das entradas para as saídas e pelas realimentações das saídas para as entradas, até que os níveis lógicos das saídas se estabilizem.

Por exemplo, vamos supor que no instante t, as entradas do latch sejam R = S = 0, e as suas saídas sejam Q = 0 e $\overline{Q}$ = 1, como mostra a Figura 7.3A.

A Saídas Q = 0 e $\overline{Q}$ = 1.   **B** Saídas Q = 1 e $\overline{Q}$ = 0.

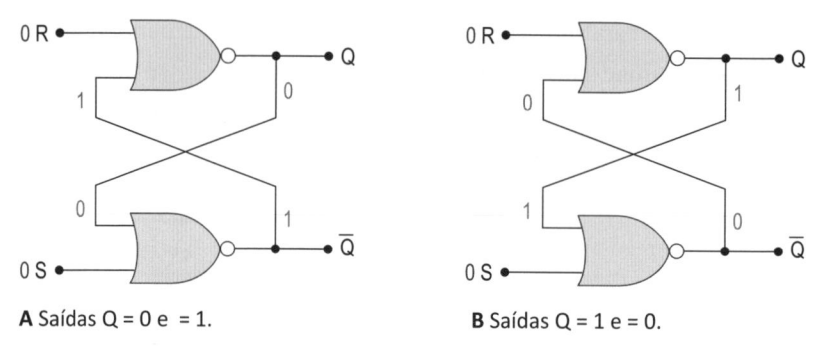

Figura 7.3 — *Latch* RS estável com entradas R = S = 0.

Essa condição já é de estabilidade, porque a realimentação das saídas Q e $\overline{Q}$ para as entradas das portas lógicas não provoca nenhuma mudança, pois na porta superior, $\overline{0+1} = 0$ (igual ao valor inicial de Q) e na porta inferior, $\overline{0+0} = 1$ (igual ao valor inicial de $\overline{Q}$).

A mesma condição de estabilidade ocorre quando as entradas valem R = S = 0 e as saídas são Q = 1 e $\overline{Q}$ = 0, como se pode ver na Figura 7.3B, pois na porta superior, $\overline{0+0} = 1$ (igual ao valor inicial de Q) e na porta inferior, $\overline{1+0} = 0$ (igual ao valor inicial de $\overline{Q}$).

Assim, a tabela-verdade (também chamada de tabela de funções) do latch RS informa que quando R = S = 0 (entradas reset e set desativadas), as saídas futuras Qf e $\overline{Qf}$ serão iguais às atuais Qa e $\overline{Qa}$, independentemente de seus níveis lógicos, ou seja:

Tabela 7.1

Entradas atuais		Saídas futuras		Comentário
R	S	Qf	$\overline{Q_f}$	
0	0	Qa	$\overline{Q_a}$	saídas futuras = saídas atuais

Vamos analisar agora o que ocorre quando as entradas *reset* (R) e/ou *set* (S) são ativadas.

Para tanto, vamos partir de uma condição inicial de estabilidade com entradas R = S = 0 e saídas Q = 1 e $\overline{Q}$ = 0 e com entrada reset sendo ativada (R mudando de 0 para 1), como mostra a Figura 7.4A.

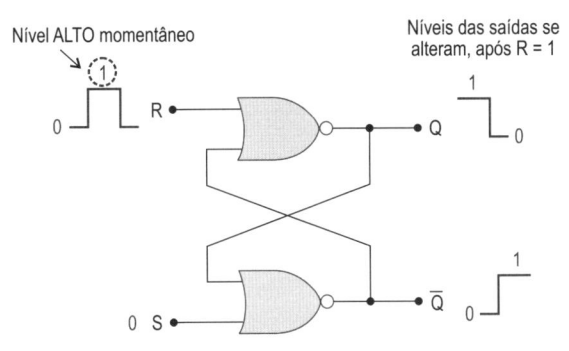

A Entrada R ativada (0 → 1).

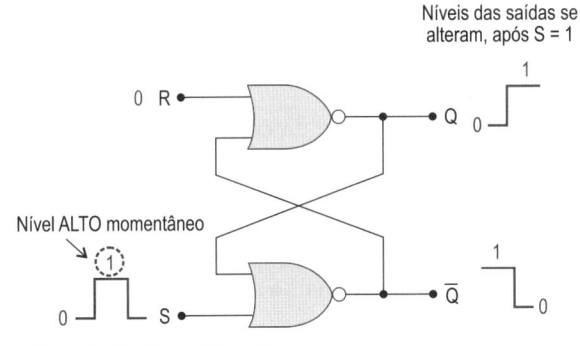

B Entrada S ativada (0 → 1).

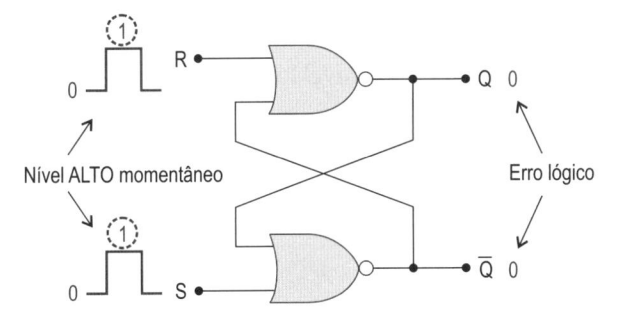

C Entrada R e S ativadas.

Figura 7.4 — Latch RS com entradas reset e/ou set ativadas.

A mudança da entrada reset de 0 para 1 provoca a mudança de Q (1 → 0), cuja realimentação na porta inferior provoca a mudança de $\overline{Q}$ (0 → 1). Finalmente, essa nova realimentação na porta superior não altera mais a saída Q, fazendo com que o circuito entre na condição de estabilidade.

A conclusão é que a ativação apenas da entrada reset (R = 1 e S = 0) faz com que a saída Q futura mude para o nível lógico 0 (função reset) e assim permaneça. Como consequência, a saída futura muda para o nível lógico 1.

Portanto, na tabela-verdade, quando R = 1 e S = 0 (entrada reset ativada), a saída futura Qf valerá 0 e valerá 1, ou seja:

Tabela 7.2

Entradas atuais		Saídas futuras		Comentário
R	S	Qf	$\overline{Qf}$	
1	0	0	1	*reset* na saída Q

A próxima situação a ser analisada é a que parte da condição inicial de estabilidade com entradas R = S = 0 e saídas Q = 0 e $\overline{Q}$ = 1, com entrada set sendo ativada (S muda de 0 para 1), como mostra a Figura 7.4B. Nesse caso, $\overline{Q}$ muda (1 → 0), cuja realimentação na porta superior provoca a mudança de Q (0 → 1) e essa nova realimentação na porta inferior não altera mais a saída $\overline{Q}$, estabilizando o circuito.

A conclusão é que a ativação apenas da entrada set (S = 1 e R = 0) faz com que a saída Q futura mude para o nível lógico 1 (função set) e assim permaneça. Como consequência, a saída futura $\overline{Q}$ muda para o nível lógico 0.

Assim, na tabela-verdade do latch RS, quando S = 1 e R = 0 (entrada set ativada), a saída futura Qf valerá 1 e $\overline{Q}$ valerá 0, ou seja:

Tabela 7.3

Entradas atuais		Saídas futuras		Comentário
R	S	Qf	$\overline{Qf}$	
0	1	1	0	*set* na saída Q

A última situação é aquela em que tanto a entrada reset quanto a set são ativadas (R = S = 1). Pela Figura 7.4C, observa-se que, independentemente dos níveis lógicos atuais das saídas Q e $\overline{Q}$, os seus níveis futuros serão Q = $\overline{Q}$ = 0, o que caracteriza um **erro lógico** (na lógica digital não faz sentido Q = 0 e $\overline{Q}$ = 0!), conforme se vê na tabela de funções apresentada a seguir.

Tabela 7.4

Entradas atuais		Saídas futuras		Comentário
R	S	Qf	$\overline{Qf}$	
1	1	0	0	erro lógico

O latch RS assíncrono é representado por um bloco lógico simples e por sua tabela-verdade completa, conforme mostra a Figura 7.5.

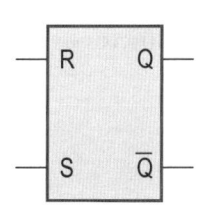

R	S	Qf
0	0	Qa
0	1	1
1	0	0
1	1	*

* erro lógico

A Símbolo lógico.   **B** Tabela-verdade.

Figura 7.5 — Latch RS assíncrono.

Observe que, por simplicidade, a tabela-verdade apresenta apenas a saída Qf, pois os níveis lógicos da saída $\overline{Qf}$ são sempre complementares, com exceção da condição em que R = S = 1, a qual se caracteriza pelo erro lógico.

7.2.3 Sinal de clock

Em eletrônica digital, muitos circuitos têm a necessidade de um sinal de temporização e/ou sincronismo de ações chamado de sinal de clock (relógio). O sinal de clock nada mais é do que uma sequência de pulsos (quadrados) periódicos, conforme pode ser observado a seguir:

A Um pulso.   **B** Sequência de pulsos periódicos (sinal de clock).

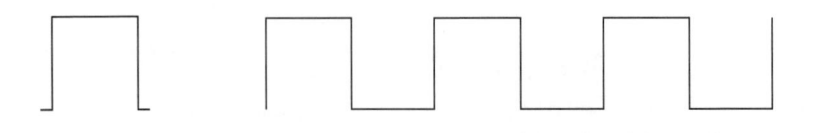

Figura 7.6 — Características dos sinais utilizados para temporização e/ou sincronismo de circuitos.

Sistemas digitais **assíncronos** são aqueles cujas saídas podem mudar de estado a qualquer momento, conforme alterações em uma ou mais de suas entradas como ocorre, por exemplo, no latch RS apresentado anteriormente. Já os sistemas que dependem de momentos específicos para gerar mudanças em suas saídas, momentos estes determinados por sinal de clock, são chamados de **síncronos**.

7.2.4 LATCH RS síncrono

O latch RS síncrono, ou controlado introduz o conceito de sincronismo por pulsos de relógio (clock).

Além das entradas R (reset) e S (set), o latch RS síncrono possui uma terceira entrada denominada de CK (clock, ou relógio), na qual são aplicados pulsos que sincronizam a atualização das saídas Qf e $\overline{Qf}$, ou seja, definem o intervalo de tempo em que a atualização pode ocorrer.

A Figura 7.7 apresenta esse circuito, que contém duas portas NAND adicionais em relação ao latch RS mostrado anteriormente, para que o sinal de controle (clock) possa ser aplicado, controlando a atualização das saídas.

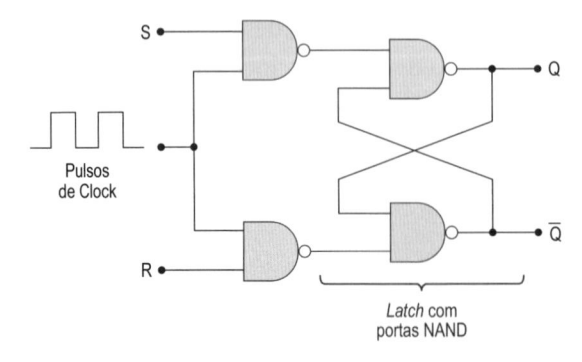

Figura 7.7 — Circuito do latch RS síncrono.

Nesse latch, cujo símbolo lógico encontra-se representado na Figura 7.8A, enquanto o pulso de relógio (clock) estiver em nível 0, as duas portas NAND da esquerda inibem as entradas R e S, tornando-as irrelevantes (X) e impondo nível 1 às suas saídas, de modo que as entradas das portas NAND da direita ficam ambas em nível 1, fazendo com que as saídas Qf e $\overline{Qf}$ mantenham os seus estados atuais, conforme vemos na primeira linha da tabela-verdade, apresentada na Figura 7.8B.

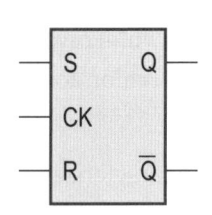

CK	R	S	Qf
0	X	X	Qa
1	0	0	Qa
1	0	1	1
1	1	0	0
1	1	1	*

* erro lógico

A Símbolo lógico.   **B** Tabela-verdade.

Figura 7.8 — Latch RS síncrono.

Porém, enquanto o pulso de relógio (clock) estiver em nível 1, o funcionamento é o mesmo do latch anterior, como se vê nas demais linhas da tabela-verdade da Figura 7.8B.

Para melhor compreensão, observe o funcionamento deste circuito através do diagrama de tempos a seguir:

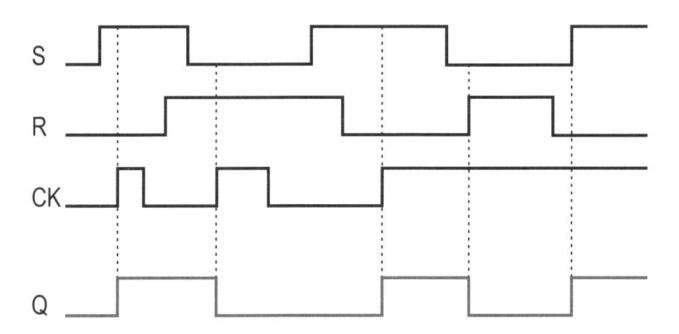

Figura 7.9 — Diagrama de tempos do latch RS síncrono.

Em relação ao clock, é importante destacar que a sua frequência máxima é limitada pelo atraso das portas lógicas do circuito, pois ele não pode ter período menor que o tempo necessário para que os níveis lógicos se propaguem no circuito e estabilizem as saídas Q e $\overline{Q}$.

7.2.5 Flip-flop JK

Conforme vimos no subtópico anterior, o latch RS síncrono tem dois problemas:

1) Enquanto o clock está em nível alto (ativo), o latch fica vulnerável e qualquer alteração nas entradas R e S, podendo alterar o valor do bit armazenado (saídas Q e Q).

2) A condição em que as entradas set e reset estão ativas caracteriza-se por erro lógico.

Como recurso básico para corrigir os dois problemas, foi feita a ligação de dois latches RS síncronos em cascata, com uma única entrada de clock, mas com um inversor entre o clock do latch de entrada (mestre, ou master) e o de saída (escravo, ou slave), conforme apresenta o diagrama em blocos da Figura 7.10. A este circuito deu-se o nome de flip-flop JK mestre-escravo (master-slave) ou, simplesmente, flip-flop JK.

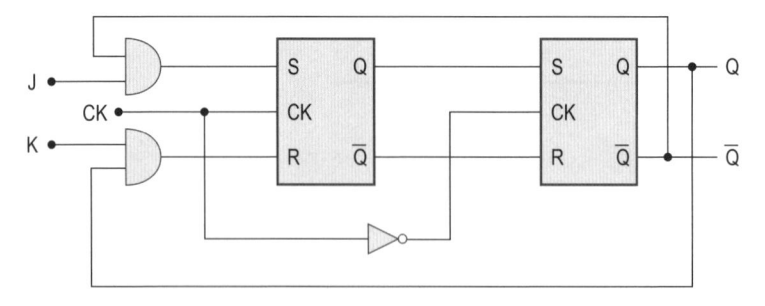

Figura 7.10 — Diagrama em blocos do flip-flop JK mestre-escravo.

Assim, quando o clock de entrada está em nível 1, o flip-flop mestre está ativo e o escravo desativado, de modo que as entradas R e S do mestre podem atuar, enquanto as saídas do escravo são mantidas estáveis, pois ele está travado.

Quando o clock de entrada volta para nível 0, trava o mestre e permite que o escravo atualize as saídas Q e $\overline{Q}$.

A consequência dessa técnica é fazer com que o flip-flop seja **sensível apenas à transição** de descida ou, como também se diz, ativo na borda de descida do clock. Essa técnica resolveu o problema 1, citado anteriormente.

Ao mesmo tempo, esse novo circuito permitiu mudar o comportamento do flip-flop na condição de entrada em que ocorria o erro lógico, que agora executa a função de complemento, isto é, as saídas futuras passam a ser o complemento das atuais a cada pulso de clock, resolvendo, portanto, o problema 2 citado anteriormente.

Este novo dispositivo tem seu símbolo lógico mostrado na Figura 7.11A e sua tabela-verdade na figura 7.11B.

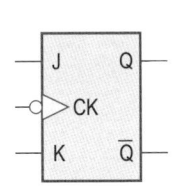

CK	J	K	Qf
0	X	X	Qa
↓	0	0	Qa
↓	0	1	1
↓	1	0	0
↓	1	1	$\overline{Q_a}$

A Símbolo lógico. **B** Tabela-verdade.

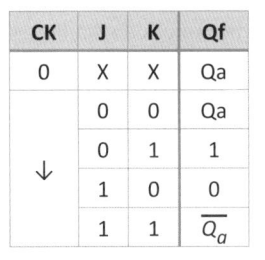

Figura 7.11 — Flip-flop JK master-slave sensível à borda de descida.

No símbolo lógico (Figura 7.11A), observe que a entrada de clock possui uma bolinha e um pequeno triângulo. O triângulo significa que o flip-flop é ativo na borda, e não no nível, como era o latch RS síncrono, e a bolinha significa que a borda sensível é a de descida.

Se o dispositivo for ativo na borda de subida, como também é muito comum, a entrada de clock é simbolizada apenas pelo pequeno triângulo, ou seja, sem a bolinha.

Voltando à tabela de funções (Figura 7.11B), observe que as entradas J e K são ativas em nível 1, sendo que a entrada J tem a função set e a K, a função reset.

Se apenas a entrada J (set) está ativada (J = 1 e K = 0), a saída muda para nível 1, ou seja, Qf = 1; se apenas a entrada K (reset) está ativada (J = 0 e K = 1), a saída muda para nível 0, ou seja, Qf = 0; se ambas estiverem desativadas (J = K = 0), a saída permanece com o mesmo nível lógico, ou seja, Qf = Qa; se ambas estiveres ativadas (J = K = 1), a saída complementa o valor atual, ou seja, Qf = $\overline{Qa}$.

Analise o diagrama de tempos do flip-flop JK com clock sensível à borda de descida e observe que ele está em acordo com o texto descrito anteriormente:

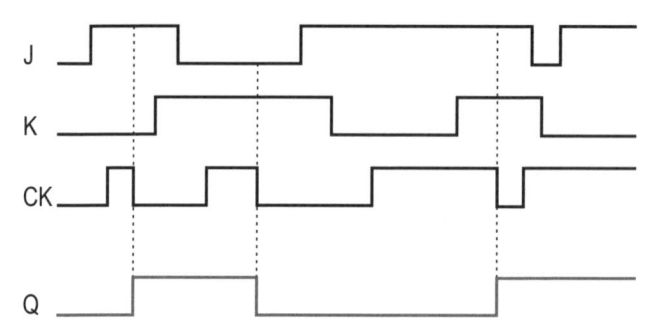

Figura 7.12 — Diagrama de tempos do flip-flop JK sensível à borda de descida do clock.

7.2.6 Flip-flop JK com preset e clear

Na prática, os flip-flops JK possuem também duas entradas assíncronas denominadas preset (PR) e clear (CL). Essas entradas são **assíncronas** porque atuam diretamente nas saídas Q e $\overline{Q}$, independentemente do pulso de clock e do nível lógico das entradas J e K.

A Figura 7.13 mostra o símbolo lógico e a tabela-verdade deste flip-flop.

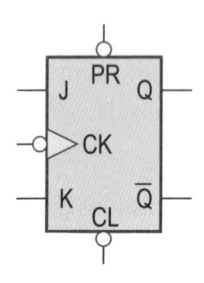

$\overline{PR}$	$\overline{CL}$	CK	J	K	Qf
1	0	X	X	X	0
0	1	X	X	X	1
1	1	↓	0	0	Qa
1	1	↓	0	1	0
1	1	↓	1	0	1
1	1	↓	1	1	$\overline{Q_a}$

A Símbolo lógico.   **B** Tabela-verdade.

Figura 7.13 — Flip-flop JK com preset e clear.

Normalmente, os flip-flops têm as entradas preset e clear ativas em nível 0 e, por isso, no símbolo lógico (Figura 7.13A), elas têm uma bolinha e na tabela-verdade (Figura 7.13B), elas são representadas com uma barra.

As duas primeiras linhas da tabela-verdade mostram o modo como atuam essas entradas:

- Se $\overline{PR} = 1$ e $\overline{CL} = 0$, a função clear está ativa, e a saída Qf muda para nível 0 independentemente do pulso de clock e das entradas J e K.

- Se $\overline{PR} = 0$ e $\overline{CL} = 1$, a função preset está ativa, e a saída Qf muda para nível 1 independentemente do pulso de clock e das entradas J e K.

Por se tratar de ações que resultam em resultados opostos, obviamente, acioná-las simultaneamente é um erro.

7.2.7 Descrição de circuitos com detecção de borda (transições de sinal)

Em VHDL, dois atributos são comumente utilizados na descrição de circuitos sensíveis às bordas ou transições de clock, são eles: *nome_sinal*'**EVENT** e *nome_sinal*'**STABLE**.

O primeiro identifica se ocorreu troca de valor no sinal (houve um evento) enquanto, o segundo, se não ocorreu troca (valor permaneceu estável). EVENT e STABLE são as palavras reservadas para ambos os casos, precedidas de apóstrofo e do nome do sinal que se deseja investigar.

Esses atributos são válidos apenas para sinais e, portanto, não são aplicáveis para variáveis.

Utilizados com esse mesmo propósito, de detecção de transições de sinais, também existem as opções RISING_EDGE ou FALLING_EDGE pertencentes ao pacote STD_LOGIC_1164.

A Tabela 7.5 exemplifica as três aplicações supondo que o sinal a ser testado tenha o nome de "**x**":

Tabela 7.5 — Formas para descrever circuitos sensíveis às bordas de subida e descida.

	Atributo: **'EVENT**	Atributo: **'STABLE**	Pacote **"std_logic_1164"**
Transição de subida	x**'EVENT** AND x = '1'	NOT x**'STABLE** AND x = '1'	rising_edge (x)
Transição de descida	x**'EVENT** AND x = '0'	NOT x**'STABLE** AND x = '0'	falling_edge (x)

Veja, por exemplo, que quando utilizamos os atributos mostrados acima, além da identificação da ocorrência ou não de uma alteração no sinal desejado, também se faz necessário verificar se a alteração levou o sinal para nível lógico 1 ou 0, caracterizando, assim, uma transição de subida ou descida, respectivamente. Com este intuito, é que temos, juntamente com o atributo, a utilização da função lógica AND.

Adicionalmente, no caso do atributo 'STABLE, por se tratar de um conceito contrário ao 'EVENT, utiliza-se a função lógica NOT logo antes do atributo, afinal, desejamos pegar a alteração de valor, ou seja, a **não** estabilidade.

A detecção de uma transição também é possível a partir da utilização de **processo** (PROCESS), desde que sua lista de sensibilidade contenha apenas um sinal. Veja um exemplo para a detecção de uma transição de subida:

```
PROCESS (x)
BEGIN
    IF x = '1' THEN
    -- comando1;
    -- comando2;
    END IF;
END PROCESS;
```

Esse processo somente será executado se o valor de "x" for alterado, restando, portanto, apenas saber se o novo valor de "x" é 1 ou 0. Nesse caso, isso foi feito com a utilização de "**IF x = '1' THEN**", deixando claro que o projetista busca detectar a transição de subida deste sinal.

→ EXEMPLO

Descrição do flip-flop JK

Para exemplificar, descreveremos a seguir o flip-flop JK mostrado na Figura 7.14, com a entrada *clear* assíncrona e ativa em nível lógico zero. Como é um circuito sensível a transição de subida do *clock*, utilizaremos o atributo 'EVENT, fazendo **clk'EVENT AND clk ='1'**.

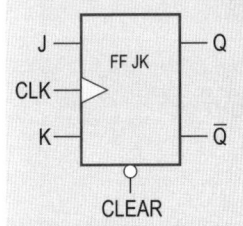

Figura 7.14 — Flip-flop JK, com clear.

Flip-flop JK sensível à borda de subida com clear

```vhdl
LIBRARY IEEE;
USE IEEE.STD_LOGIC_1164.ALL;
ENTITY FF_JK IS
PORT(
        J, K, clk, clear : IN std_logic;
        Q, NQ :   OUT std_logic
);
END FF_JK;
ARCHITECTURE arquitetura OF FF_JK IS
        SIGNAL valor_JK : std_logic_vector (1 downto 0);
        SIGNAL saida : std_logic;
BEGIN
        valor_JK <= J & K; -- concatenação
        Q <= saida;
        NQ <= NOT saida;
        PROCESS (clear, clk)
        BEGIN
            IF clear = '0' THEN saida <= '0';
            ELSIF clk'EVENT AND clk = '1' THEN
            CASE valor_JK IS
                WHEN "00"  => saida <= saida;
                WHEN "01"  => saida <= '0';
                WHEN "10"  => saida <= '1';
                WHEN "11"  => saida <= NOT saida;
            END CASE;
            END IF;
        END PROCESS;
END arquitetura;
```

7.2.8 Flip-flop D

O **flip-flop D** é uma variação do JK, pois possui um inversor entre as suas entradas J e K, como se vê na Figura 7.15A.

```
ENTITY FlipFlop_D IS
PORT(
        D, CK : IN bit;
        Q, NQ :  OUT bit
);
END FlipFlop_D ;

ARCHITECTURE arquitetura OF FlipFlop_D IS
BEGIN
    PROCESS (CK)
    BEGIN
        IF CK = '0' THEN
            Q <= D;
            NQ <= not D;
        END IF;
    END PROCESS;
END arquitetura;
```

CK	D	Q
↧	0	0
	1	1

A Símbolo lógico.   **B** Tabela-verdade.   **C** VHDL.

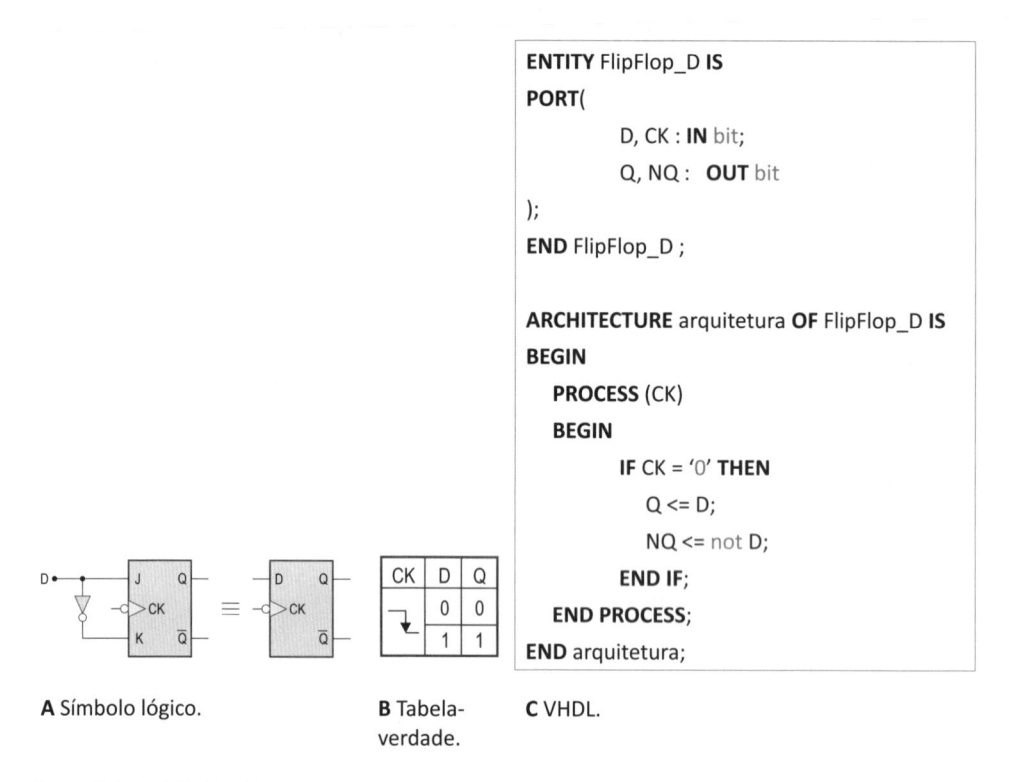

Figura 7.15 — Flip-flop D.

As entradas têm a seguinte relação: $J = \overline{K}$. Assim:

- Se D = 0, então J = 0 e K = 1 (*reset* ativo), portanto, $Q_f = 0$.
- Se D = 1, então J = 1 e K = 0 (*set* ativo), portanto, $Q_f = 1$.

Como vemos em sua tabela-verdade, Figura 7.15B, o flip-flop D apenas armazena o dado presente na entrada D, funcionando como uma memória de um bit.

Na descrição VHDL (Figura 7.15C), conforme já explicado, a lista de sensibilidade contém apenas o clock (CK), não sendo necessário utilizar o atributo EVENT.

A seguir, veremos dois outros modos de descrição VHDL para o flip-flop tipo D, contendo, agora, uma entrada clear ativa em nível lógico zero. Para reforçar as diferenças das descrições de hardwares envolvendo sinais **síncronos ou assíncronos**, consideraremos o funcionamento do clear desse flip-flop para essas duas situações:

```
LIBRARY ieee;
USE ieee.std_logic_1164.all;

ENTITY exemplo IS
PORT(
        D, clk, clear : IN std_logic;
        Q :  OUT std_logic
);
END exemplo;

ARCHITECTURE arquitetura OF exemplo IS
BEGIN
        PROCESS (clear, clk)
        BEGIN
            if clear = '0' then
                    Q <= '0';
            elsif falling_edge (clk) then
                    Q <= D;
            END if;
        END PROCESS;
END arquitetura;
```

```
LIBRARY ieee;
USE ieee.std_logic_1164.all;

ENTITY exemplo IS
PORT(
        D, clk, clear : IN std_logic;
        Q :  OUT std_logic
);
END exemplo;

ARCHITECTURE arquitetura OF exemplo IS
BEGIN
        PROCESS (clk)
        BEGIN
            if falling_edge (clk) then
                    if clear = '0' then
                            Q <= '0';
                    else Q <= D;
                    END if;
            END if;
        END PROCESS;
END arquitetura;
```

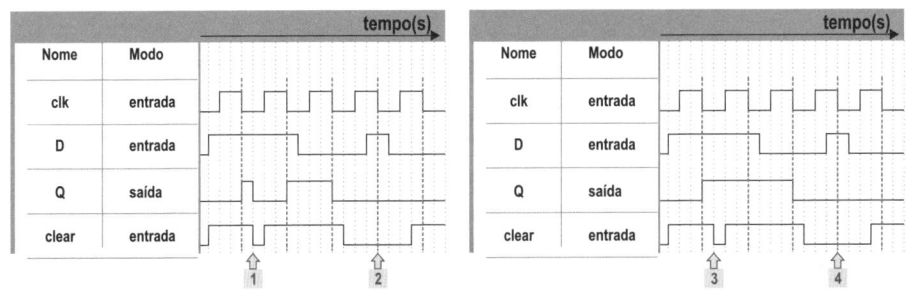

A Clear assíncrono

B Clear síncrono

Figura 7.16 — Descrição e simulação do Flip-Flop tipo D sensível à transição de descida do clock.

Para termos um clear assíncrono (Figura 7.16A), é necessário que ele pertença à lista de sensibilidade do processo, assim como o clock, de forma que ambos os sinais possam acionar a execução do processo. No gráfico da simulação deste circuito, destacam-se dois pontos:

1) Ação assíncrona do reset, que, ao ser acionado, leva a saída Q a zero, independentemente da transição do clock.

2) Prioridade do clear, pois mesmo havendo uma transição de descida do clock em um momento no qual D = 1, a saída permanece em nível zero, uma vez que o clear está ativo. Isto ocorreu, porque devemos lembrar que a descrição em um processo é entendida de forma sequencial e, da forma como foi descrita, a avaliação do sinal de clock só ocorrerá se o teste do clear for falso, ou seja, clear = 1.

Na Figura 7.16B, a descrição foi feita para um clear síncrono e, portanto, funcionando sincronizado com o clock. Perceba que agora há apenas o clock na lista de sensibilidade do processo, pois todo o funcionamento dependerá exclusivamente dele. Apenas após a transição de descida do clock, avaliaremos a situação do clear. De forma análoga, destacamos os mesmos dois instantes da simulação para verificarmos a mudança de comportamento em relação ao caso anterior:

3) Embora o clear esteja acionado, nada ocorre na saída, uma vez que neste instante não há transição de descida do clock, enfatizando desta forma o funcionamento síncrono do clear.

4) Nesse ponto, ocorre a transição do clock e o clear está acionado, garantindo nível lógico zero na saída graças à sua prioridade em relação à entrada D, conforme já explicado.

7.2.9 Flip-flop T

O **flip-flop T** é outro tipo de variação do JK, tendo uma conexão entre as suas entradas J e K, como se vê na Figura 7.17A.

A Símbolo lógico.   **B** Tabela-verdade.

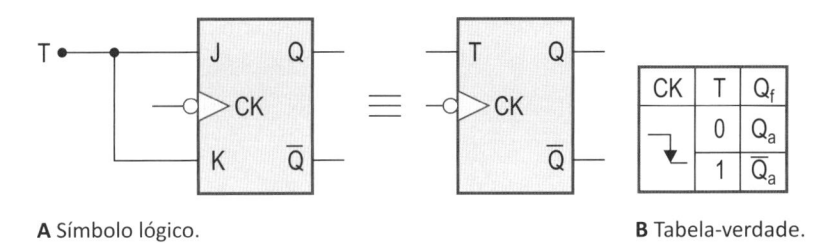

Figura 7.17 — Flip-flop T.

A relação entre as entradas é: J = K. Assim:

- Se T = 0, então J = K = 0 (set e reset desativas), portanto, $Q_f = Q_a$.
- Se T = 1, então J = K = 1 (saída complementar), portanto, $Q_f = \overline{Q_a}$.

Assim, conforme mostra a sua tabela-verdade (Figura 7.17B), o flip-flop T apenas mantém a saída atual ou complementa o seu nível lógico.

7.2.10 Descrições de circuitos sensíveis a nível ou borda

Deve-se ter atenção para a diferença entre circuito **sensível ao nível** de um sinal e um circuito **sensível** à **borda** ou **transição**. No primeiro caso, basta estar no nível lógico desejado, 0 ou 1, para habilitar o circuito, enquanto, no segundo caso, é necessário haver uma transição de um nível lógico para outro, ou seja, de 0 para 1 ou de 1 para 0.

As descrições e simulações a seguir (Figura 7.18) demonstram essa diferença. Há dois processos no mesmo código e, portanto, lembre-se de que devem ser vistos como regiões de código ou circuitos executados de forma concorrente. Cada processo do código representa um tipo de circuito, nomeados, propositalmente, como: "sensivel_nivel" (linhas 18 a 23) e "sensivel_borda" (linhas 26 a 31).

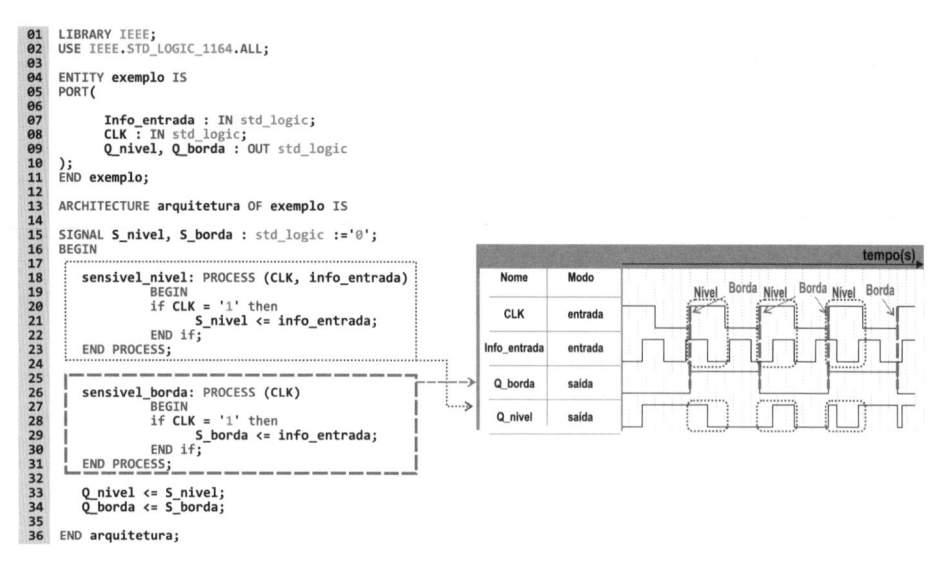

```
01  LIBRARY IEEE;
02  USE IEEE.STD_LOGIC_1164.ALL;
03
04  ENTITY exemplo IS
05  PORT(
06
07       Info_entrada : IN std_logic;
08       CLK : IN std_logic;
09       Q_nivel, Q_borda : OUT std_logic
10  );
11  END exemplo;
12
13  ARCHITECTURE arquitetura OF exemplo IS
14
15  SIGNAL S_nivel, S_borda : std_logic :='0';
16  BEGIN
17
18       sensivel_nivel: PROCESS (CLK, info_entrada)
19            BEGIN
20            if CLK = '1' then
21                 S_nivel <= info_entrada;
22            END if;
23       END PROCESS;
24
25
26       sensivel_borda: PROCESS (CLK)
27            BEGIN
28            if CLK = '1' then
29                 S_borda <= info_entrada;
30            END if;
31       END PROCESS;
32
33       Q_nivel <= S_nivel;
34       Q_borda <= S_borda;
35
36  END arquitetura;
```

Figura 7.18 — Diferenças na descrição entre circuitos sensíveis a nível e a borda.

Veja que o processo "sensivel_nivel" é executado quando há alteração do clock (CLK) e/ou na informação de entrada (info_entrada), enquanto o processo "sensivel_borda" é executado apenas na alteração do clock. Esta sutil diferença na descrição ocasiona a implementação de circuitos diferentes.

No circuito **sensível a nível**, a saída repete a entrada quando CLK = 1 e no **sensível à borda**, a saída recebe o nível lógico da entrada no momento da transição de subida do clock e assim permanece até a próxima transição.

7.3 DIVISOR DE FREQUÊNCIAS

Veja o resultado obtido a partir da simulação do flip-flop tipo JK da Figura 7.14, na qual suas entradas J e K estão constantemente em nível "1" e clear desativado (igual a 1). Note que a frequência de sua saída é diferente da frequência do sinal aplicado na entrada de clock. Quantificando, podemos dizer que a frequência de saída é a **metade** da frequência de clock, ou seja, o flip-flop também atua como um divisor de frequências.

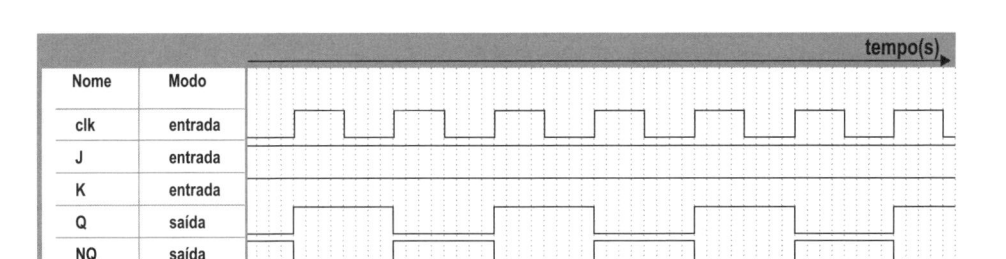

Figura 7.19 — Simulação do Flip-flop JK, com J = 1 e K = 1 atuando como divisor de frequências.

Cascateando dois flip-flop JK de forma que a saída QA do primeiro flip-flop alimenta o clock do próximo flip-flop e mantendo as entradas J e K de ambos em nível "1", como mostrado na Figura 7.20A, obteremos o diagrama de tempos dos sinais de saída mostrados na Figura 7.20B. Observe que um ciclo completo da saída Q_A ocorre a cada dois ciclos de clock externo (transição de descida do clock) e que um ciclo completo de QB ocorre a cada quatro ciclos de clock, portanto, cada estágio do circuito (cada flip-flop) divide a frequência de entrada por dois. Desta forma, vemos que a frequência de QB é quatro vezes menor que a frequência do clock.

A Circuito lógico.
B Diagrama de tempos.

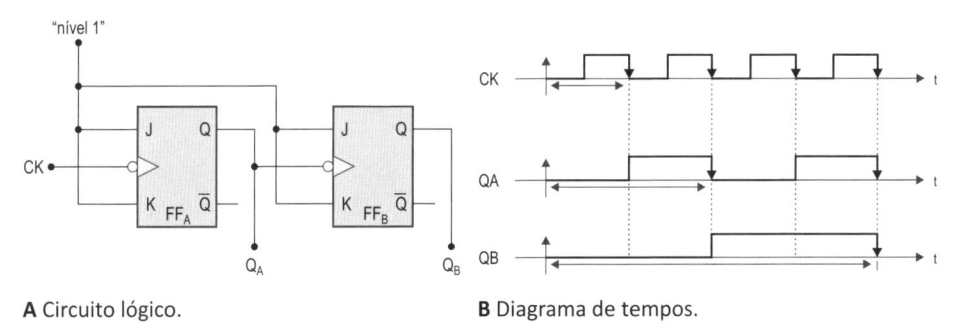

Figura 7.20 — Exemplo de circuito divisor de frequências.

Seguindo essa forma de montagem e interligação entre os estágios (flip-flops), na qual a saída do anterior alimenta a entrada de clock do próximo, conclui-se que o sinal será dividido por dois a cada estágio, fazendo deste circuito um divisor de frequências. Quanto mais estágios interligados houver, mais divisões por dois ocorrerão.

Matematicamente, o que se tem é: $f_{Q_B} = \frac{f_{Q_A}}{2} = \frac{F_{CK}}{4}$

Vale mencionar que a divisão de frequência também seria possível utilizando o flip-flop tipo T mantendo nível lógico "1" em sua entrada T enquanto uma determinada frequência é aplicada na entrada de clock.

Outra descrição VHDL de circuito que divide a frequência por 2, também pode ser observada a seguir:

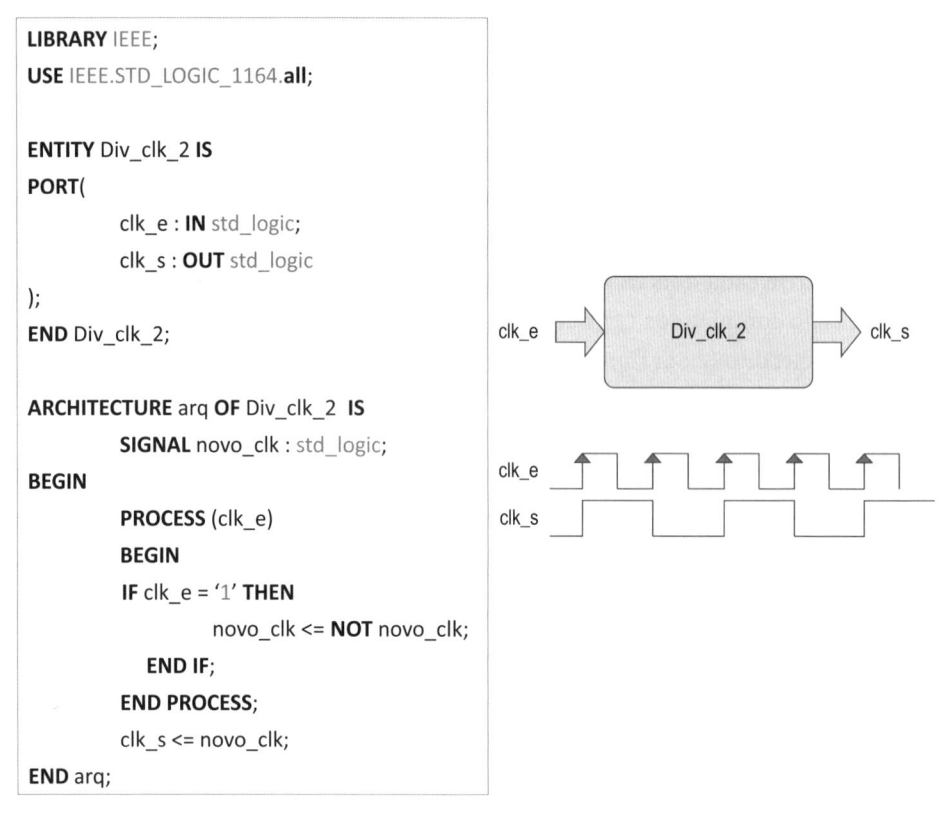

```vhdl
LIBRARY IEEE;
USE IEEE.STD_LOGIC_1164.all;

ENTITY Div_clk_2 IS
PORT(
        clk_e : IN std_logic;
        clk_s : OUT std_logic
);
END Div_clk_2;

ARCHITECTURE arq OF Div_clk_2 IS
        SIGNAL novo_clk : std_logic;
BEGIN
        PROCESS (clk_e)
        BEGIN
        IF clk_e = '1' THEN
                novo_clk <= NOT novo_clk;
            END IF;
        END PROCESS;
        clk_s <= novo_clk;
END arq;
```

A Descrição VHDL do divisor por 2.

B Representação gráfica da divisão da frequência.

Figura 7.21 — Exemplo de circuito divisor por 2.

Outros divisores podem ser construídos a fim de se obter diferentes valores de frequência. Observando a descrição VHDL seguinte, perceberemos que a partir da contagem de bordas de subida do sinal de entrada "clk_e", obteremos um novo sinal chamado "novo_clk". Nesse exemplo, serão contadas cinco bordas (de 0 a 4).

Divisor por 10
LIBRARY IEEE;
USE IEEE.STD_LOGIC_1164.**ALL**;
USE IEEE.NUMERIC_STD.**ALL**;
ENTITY div_clock **IS**
PORT(
clk_e : **IN** std_logic;
clk_s : **OUT** std_logic
);
END div_clock;
ARCHITECTURE arq **OF** div_clock **IS**
SIGNAL cont : integer **RANGE** 0 **TO** 4 := 0;
SIGNAL novo_clk : std_logic;
BEGIN
PROCESS (clk_e)
BEGIN
IF clk_e = '1' **THEN**
IF (cont = 4) **THEN**
cont <= 0;
novo_clk <= not novo_clk;
ELSE
cont <= cont + 1;
END IF;
END IF;
END PROCESS;
clk_s <= novo_clk;
END arq;

A cada cinco bordas de subida ou ciclos de "clk_e", inverte-se o nível lógico do sinal de saída. Este funcionamento se repetirá continuamente de forma que a cada dez ciclos de "clk_e" se obtêm um ciclo na saída ("clk_s"). Dessa maneira, este circuito é um **divisor por 10** e, portanto, se o sinal de entrada for de 20 Hz, obteremos 2 Hz na saída.

O funcionamento pode ser comprovado através da Figura 7.22:

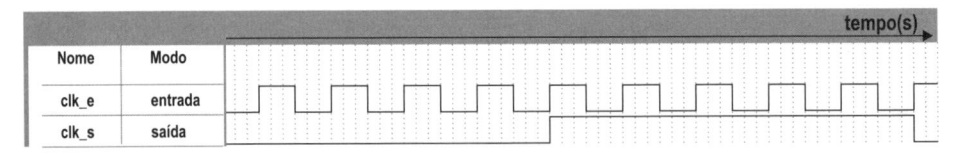

Figura 7.22 — Comportamento gráfico do circuito divisor por 10.

7.4 CONTADOR

7.4.1 Conceito

Continuemos analisando o circuito e o diagrama de tempos da Figura 7.23. Se dividirmos o diagrama em diferentes instantes de tempo conforme as transições do sinal de clock (CK) e, para cada instante, anotarmos os níveis lógicos dos sinais QA e QB, teremos:

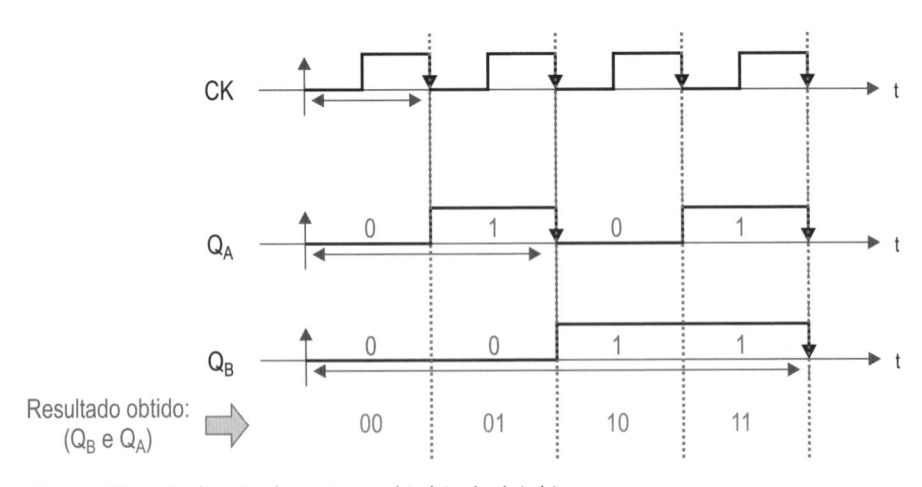

Figura 7.23 — Realização da contagem binária de dois bits.

Notou algo? O resultado obtido é a **contagem binária**! Neste caso, uma contagem crescente de dois bits, de 00 a 11 (0 a 3, em decimal), pois o circuito é formado por dois estágios (flip-flops). A saída do último flip-flop (QB) representa o bit mais significativo desta contagem de dois bits.

Assim, podemos concluir que contador é um subsistema sequencial constituído por flip-flops conectados de tal modo a fornecer em suas saídas um conjunto de níveis lógicos que evoluem em uma sequência predeterminada.

A velocidade da sequência gerada é determinada pela frequência dos pulsos de clock aplicados ao contador.

Os contadores são classificados segundo os critérios apresentados a seguir:

- <u>Tipo de controle</u>: Assíncrono ou síncrono.
- <u>Tipo de contagem</u>: Crescente (up) ou decrescente (down).
- <u>Sistema numérico de contagem</u>: Hexadecimal (binário), decimal (década) etc.

Os contadores podem ter algumas funções específicas, como:

- <u>Entrada de dados com controle de carga</u>: Carrega um dado inicial antes da contagem.
- <u>Entrada de controle crescente/decrescente</u>: Define o tipo de contagem (crescente ou decrescente).
- <u>Saída de indicação de reinício de ciclo</u>: Gera um pulso na transição do estado final para o inicial.

Diante de todas estas classificações e opções, a seguir é representado o circuito genérico de um contador:

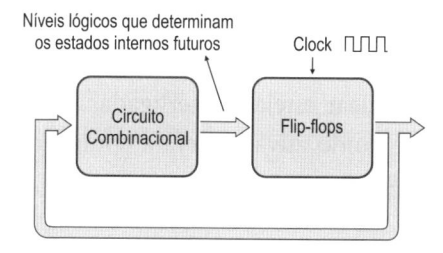

Figura 7.24 — Diagrama em blocos de um contador genérico.

7.4.2 Contador binário assíncrono crescente

A partir da conclusão obtida anteriormente por meio da Figura 7.23, para obtermos um contador de 4 bits assíncrono e de contagem crescente, basta aumentarmos o número de flip-flops para quatro, conforme mostrado a seguir:

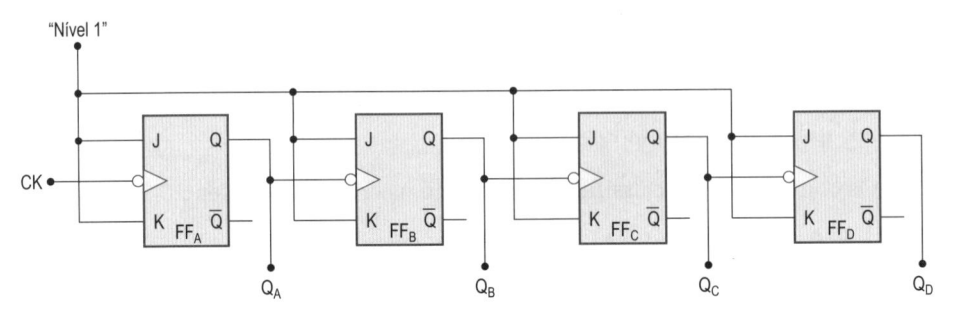

Figura 7.25 — Contador binário assíncrono crescente de 4 bits.

Aqui, temos a entrada de clock (CK) ativa na borda de descida, as saídas (QD, QC, QB e QA), sendo QD a mais significativa (MSB) e QA a menos significativa (LSB).

O primeiro flip-flop à esquerda recebe os pulsos de clock externos, alternando sua saída QA entre 0 e 1 a cada transição negativa. A saída QA é, também, o clock do flip-flop seguinte, cuja saída QB tem seu nível lógico alternado a cada transição negativa de QA. O mesmo tipo de conexão está presente nos demais flip-flops.

É justamente essa conexão em cascata dos flip-flops que caracteriza o contador como **assíncrono**.

Por esse contador ser formado por quatro flip-flops (2^4 = 16 possibilidades), as saídas evoluem ciclicamente de $(0000)_2$ a $(1111)_2$, ou seja, o equivalente à contagem de 0 a 15 em decimal.

No circuito da Figura 7.25, não estão representadas as entradas de preset e clear dos flip-flops. Caso estivessem, elas deveriam estar desativadas para permitir a contagem. É comum que as entradas de clear estejam interligadas entre si, submetidas a um único controle clear que, quando ativado, zera a contagem (envia nível lógico zero para a saída dos flip-flops).

7.4.3 Contador de década assíncrono crescente

A Figura 7.26 apresenta o esquema básico de um contador de década assíncrono crescente, que opera apenas com os estados 0 a 9.

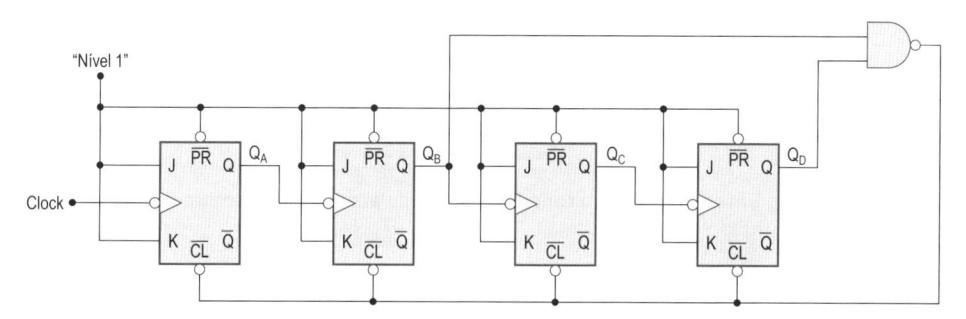

Figura 7.26 — Contador de década assíncrono crescente de 4 bits.

O circuito é similar ao do contador binário de 4 bits visto anteriormente. No entanto, a entrada externa clear ($\overline{CL}$) está conectada à saída de uma porta NAND. Assim, se $\overline{CL} = 0$, as entradas clear de todos os flip-flops são ativadas, de modo a zerar a contagem em qualquer instante.

Em operação normal, a entrada clear externa deve estar desativada, ou seja, $\overline{CL} = 1$, mas as entradas *clear* dos flip-flops ficam na dependência do que ocorre na porta NAND, cujas entradas são as saídas QD e QB do contador.

Durante os estados $(0)_{16}$ a $(9)_{16}$, ao menos uma das saídas QD ou QB vale 0, de modo que a saída da NAND permanece em 1, não zerando o contador. Porém, ao atingir o estado $(A)_{16}$ ou $(1010)_2$, essas saídas valem QD = QB = 1, levando a saída da porta NAND para nível 0, ativando as entradas *clear* dos flip-flops e zerando a contagem.

Portanto, o circuito converte-se em um contador de década que gera os estados $(0)_{10}$ a $(9)_{10}$ normalmente e retorna a $(0)_{10}$ tão logo entra no estado $(A)_{16}$, bloqueando este e os estados seguintes $(B)_{16}$, $(C)_{16}$, $(D)_{16}$, $(E)_{16}$ e $(F)_{16}$.

A Figura 7.27 apresenta o seu diagrama de tempos.

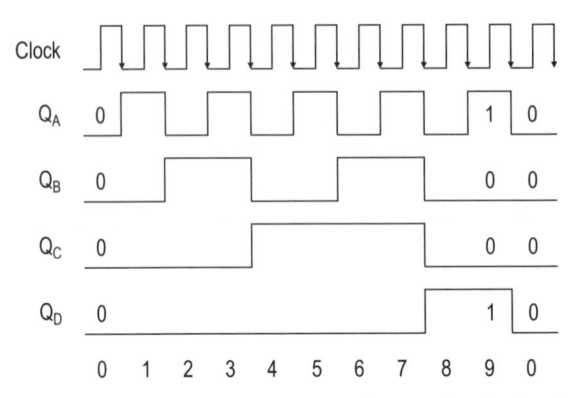

Figura 7.27 — Diagrama de tempos do contador de década assíncrono crescente de 4 bits.

7.4.4 Contador binário assíncrono decrescente

A Figura 7.28 apresenta o esquema básico de um contador binário assíncrono decrescente de 4 bits.

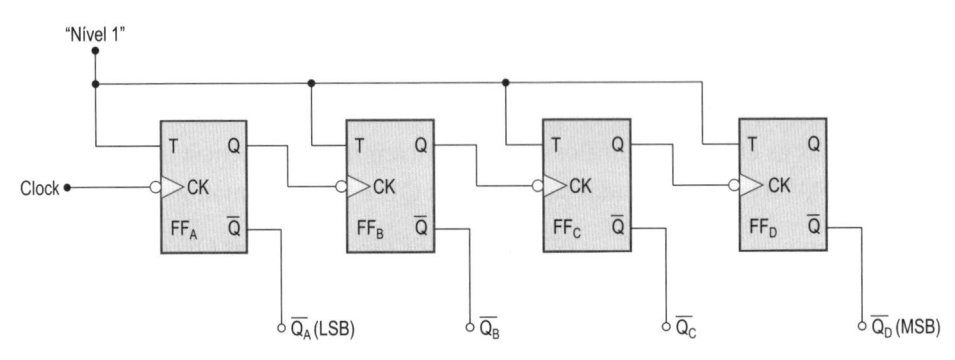

Figura 7.28 — Contador binário assíncrono decrescente de 4 bits.

Como se vê, ele é similar ao contador binário crescente da Figura 7.25, mas as saídas do contador correspondem às saídas $\overline{QD}$, $\overline{QC}$, $\overline{QB}$ e $\overline{QA}$ dos flip-flops, gerando a sequência de estados de F a 0, conforme representa o diagrama de tempos da Figura 7.29.

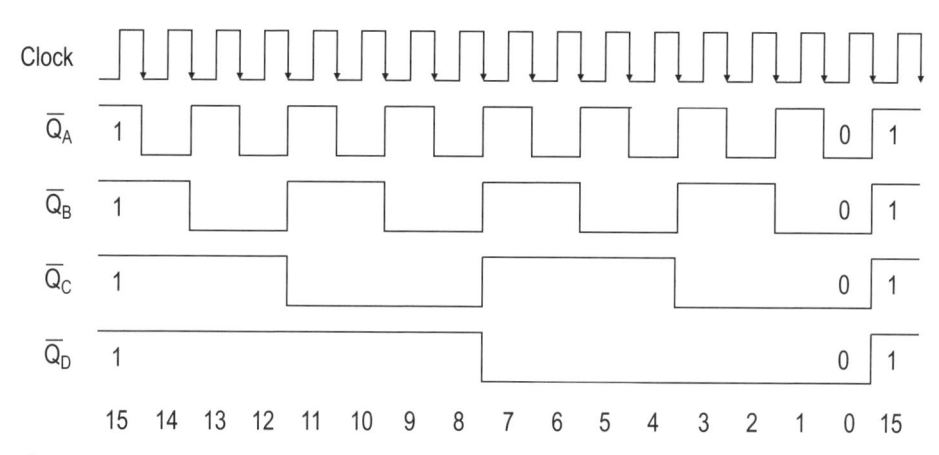

Figura 7.29 — Diagrama de tempos do contador binário assíncrono decrescente de 4 bits.

7.4.5 Contadores síncronos

Nos contadores síncronos, em vez da saída de um flip-flop servir de clock do flip-flop seguinte, as entradas de clock de todos os flip-flops são interligadas para receberem um único sinal de clock externo, conforme mostra a Figura 7.30.

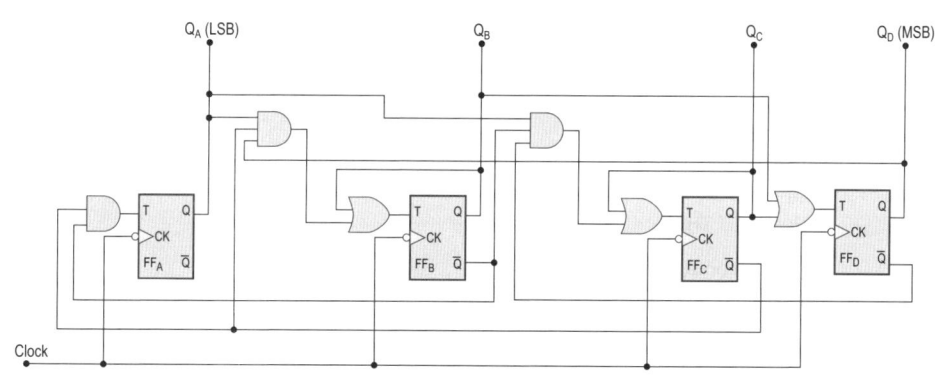

Figura 7.30 — Contador síncrono genérico de 4 bits.

Nesse tipo de contador, a evolução dos estados ocorre a partir de um circuito combinacional que tem como entradas as saídas dos flip-flops (QD, QC, QB e QA), isto é, as saídas do contador, gerando níveis lógicos tais que, aplicados às entradas dos flip-flops, resultam no estado seguinte após o pulso de clock externo.

Um contador síncrono crescente de 4 bits, sensível à transição de descida do clock e com clear ativo em nível "1", tem sua descrição VHDL representada a seguir:

Contador crescente de 4 bits

```vhdl
LIBRARY IEEE;
USE IEEE.STD_LOGIC_1164.ALL;
USE IEEE.NUMERIC_STD.ALL;

ENTITY cont_4bits IS
PORT(
        clock, clear : IN std_logic;
        saida : OUT std_logic_vector (3 DOWNTO 0)
);
END cont_4bits;

ARCHITECTURE arq OF cont_4bits IS
        SIGNAL contagem : std_logic_vector (3 DOWNTO 0) := "0000";
BEGIN
        PROCESS (clock, clear)
        BEGIN
        IF clear = '1' THEN
                contagem <= "0000";
        ELSIF clock'EVENT AND clock = '0' THEN
                contagem <= std_logic_vector (unsigned (contagem) + 1);
        END IF;
        END PROCESS;
                saida <= contagem;
        END arq;
```

Observe a realização da contagem resultante deste contador de 4 bits na Figura 7.31:

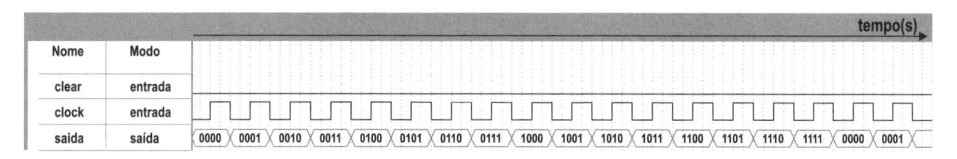

Figura 7.31 — Simulação do funcionamento do contador de 4 bits.

A Figura 7.32 a seguir demonstra, nesse mesmo contador, a atuação assíncrona do clear, zerando a contagem quando levado ao nível lógico 1. Após desativar o clear, a contagem reinicia tão logo ocorra a próxima transição de descida do clock.

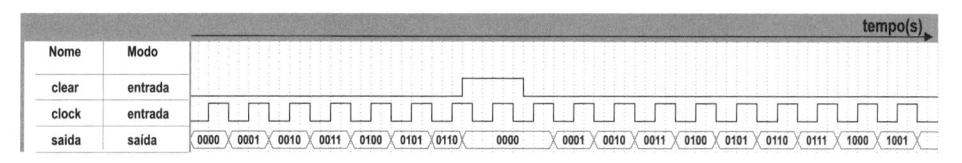

Figura 7.32 — Acionamento do clear durante a contagem.

Como esperado para um contador de 4 bits, a contagem vai de 0000 a 1111 (em decimal, de 0 a 15).

Para contagens menores que a máxima, um recurso útil é utilizar o resto da divisão, operador REM. Veja o exemplo a seguir, para um contador crescente de dois bits, com o qual poderíamos contar de 0 a 4 (em binário, de 00 a 11), no entanto, contaremos até 2.

Contador crescente de 4 bits (contagem de 0 a 2)

```vhdl
LIBRARY IEEE;
USE IEEE.STD_LOGIC_1164.ALL;
USE IEEE.NUMERIC_STD.ALL;

ENTITY cont_0a2 IS
PORT(
        clock : IN std_logic;
        saida : OUT std_logic_vector (1 downto 0)
);
END cont_0a2;

ARCHITECTURE arq OF cont_0a2 IS
BEGIN
        PROCESS (clock)
            VARIABLE contagem : integer RANGE 0 TO 2 := 0;
        BEGIN
        IF falling_edge (clock) THEN
                contagem := (contagem + 1) REM 3;
                saida <= std_logic_vector (to_unsigned (contagem, 2));
        END IF;
        END PROCESS;
END arq;
```

Nesse exemplo, a variável "contagem" será incrementada de 1 e dividida por 3 a cada transição do clock e, o valor do resto da divisão, atualiza o valor da variável, conforme explícito no trecho **contagem := (contagem + 1) REM 3**.

Para melhor ilustrar a sequência de situações, temos:

Se "contagem" = **0** → (contagem+1) = **1** → 1 REM 3 = **1**.

Se "contagem" = **1** → (contagem+1) = **2** → 2 REM 3 = **2**.

Se "contagem" = **2** → (contagem+1) = **3** → 3 REM 3 = **0**.

Analisando as situações anteriores, veja que quando a contagem atinge o valor 2 (em binário, "10") a operação realizada é **3 REM 3**, resultando em um resto de divisão igual a 0, reiniciando a contagem. O funcionamento deste contador de 0 a 2, pode ser verificado no gráfico a seguir (Figura 7.33):

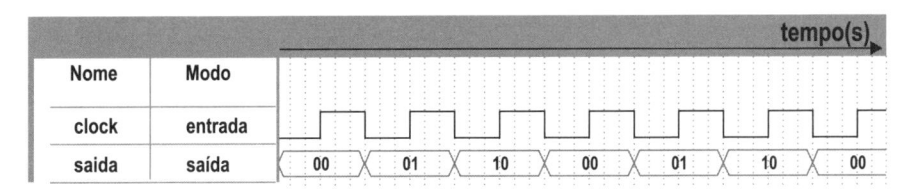

Nome	Modo	tempo(s)
clock	entrada	⎍⎍⎍⎍⎍
saida	saída	00 ╳ 01 ╳ 10 ╳ 00 ╳ 01 ╳ 10 ╳ 00

Figura 7.33 — Simulação gráfica do contador de 0 a 2, sensível à transição de descida.

7.5 REGISTRADOR

7.5.1 Conceito

O **registrador** é um subsistema sequencial constituído por flip-flops organizados de tal modo que permite o armazenamento e a manipulação de um conjunto de dados. Normalmente, os registradores são estruturados para operarem com um nibble (4 bits de dados) ou byte (8 bits de dados).

O registrador pode ter as suas entradas e saídas operando nos modos serial e paralelo:

- Modo serial: A informação é recebida ou transmitida bit a bit em uma única linha.

- Modo paralelo: Os bits da informação são recebidos ou transmitidos simultaneamente em um barramento de dados (data bus) de tantas linhas quantos forem os bits da informação.

A Figura 7.34 apresenta as quatro formas de operação das entradas e saídas de um registrador:

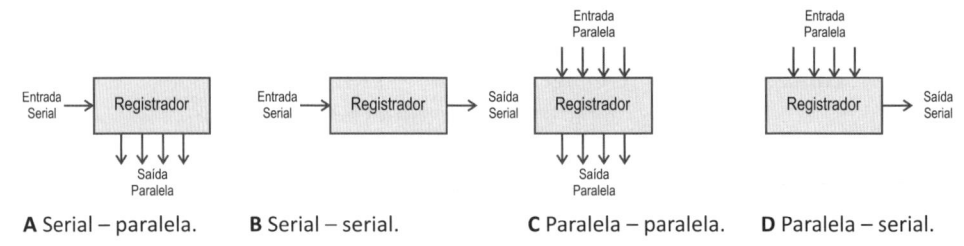

A Serial – paralela.   **B** Serial – serial.   **C** Paralela – paralela.   **D** Paralela – serial.

Figura 7.34 — Formas de operação do registrador.

No registrador que opera com entrada e/ou saída seriais, os dados se movimentam internamente de um flip-flop a outro. Por isso, ele é denominado registrador de deslocamento (shift register).

7.5.2 Registrador de deslocamento: entrada serial e saída serial

Analisaremos um registrador de deslocamento de entrada e saída seriais constituído de quatro flip-flops tipo D, mostrado na Figura 7.35.

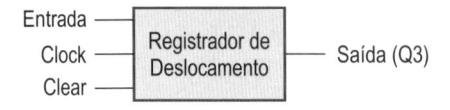

A Bloco genérico do registrador no formato de componente.

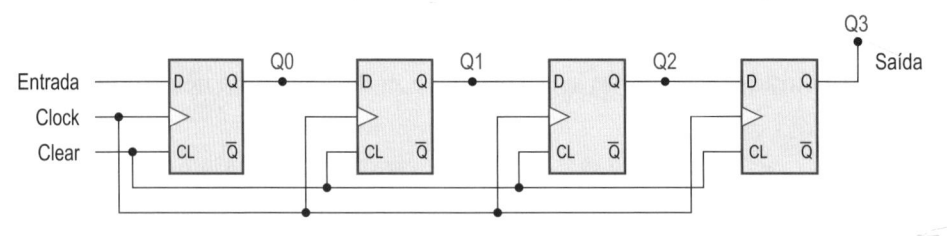

B Visão explodida ou circuito interno.

Figura 7.35 – Registrador de 4 bits: Entrada serial e saída serial.

Note que o sinal de clock está conectado a todos os flip-flops e, portanto, a cada transição de subida cada flip-flop atualiza sua respectiva saída com o valor presente em sua entrada antes da transição. Desta forma, haverá um deslocamento dos valores (nível lógico 0 ou 1) no sentido da esquerda para direita, como esperado, de forma serial. A entrada de dados ocorre pela entrada D do primeiro flip-flop (à esquerda na Figura 7.35), e a saída ocorre na saída Q do último flip-flop, aqui denominada de Q3.

Supondo uma condição inicial de operação na qual a saída Q de cada flip-flop está em nível 0 e que na entrada do circuito (entrada D do primeiro flip-flop) foi aplicado continuamente o nível lógico 1, temos que:

- Após a primeira transição de subida do clock, o nível lógico 1 presente na entrada aparecerá em Q0 que, por sua vez, passa a alimentar a entrada D do segundo flip-flop.

- Após a segunda transição, com nível 1 ainda na entrada do primeiro flip-flop, nada se altera em Q0 (que já estava em nível 1), no entanto, o nível 1 presente em Q0 aparecerá em Q1 e, assim sucessivamente, a cada transição do clock.

- Após quatro transições de clock, finalmente o nível lógico 1 que estava na entrada do primeiro flip-flop chega à saída Q3, comprovando o deslocamento serial esperado, da esquerda para a direita.

Para melhor entendimento, esse funcionamento está representado na Tabela 7.6.

Tabela 7.6 — Operação do registrador de deslocamento.

Descrição das etapas	Transição do clock	Entrada	Q0	Q1	Q2	Q3
Condição inicial	Subida	1	0	0	0	0
Após 1° transição	Subida	1	1	0	0	0
Após 2° transição	Subida	1	1	1	0	0
Após 3° transição	Subida	1	1	1	1	0
Após 4° transição	Subida	1	1	1	1	1

O código abaixo descreve o registrador da Figura 7.35B, sensível à borda de subida do clock e com clear assíncrono:

Registrador de deslocamento com *clear* assíncrono

LIBRARY IEEE;
USE IEEE.STD_LOGIC_1164.**ALL**;
 	
ENTITY registrador **IS**
PORT(
    D   : **IN** std_logic;
    CLK, clear : **IN** std_logic;
    Q   : **OUT** std_logic
);
END registrador;
 	
ARCHITECTURE arquitetura **OF** registrador **IS**
    SIGNAL S : std_logic_vector (3 **downto** 0);
BEGIN
    PROCESS (CLK, clear)
    BEGIN
        IF clear = '1' **THEN**
            S <= "0000";
        ELSIF CLK'**EVENT** AND CLK = '1' **THEN**
            S(3) <= S(2);
            S(2) <= S(1);
            S(1) <= S(0);
            S(0) <= D;
        END IF;
    END PROCESS;
        Q <= S(3);
END arquitetura;

Comprovando o entendimento, a partir da simulação mostrada na Figura 7.36, veja como a informação presente na entrada do primeiro flip-flop chega à saída Q do último após quatro transições de subida do sinal de clock (sinal CLK).

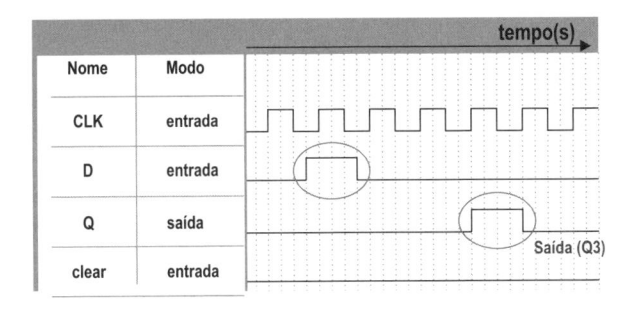

Figura 7.36 — Deslocamento do pulso de forma serial, da entrada para a saída.

Com o intuito de demonstrar o funcionamento do clear, simulamos esse mesmo registrador incluindo, agora, um pulso advindo da entrada clear (Figura 7.37). Nota-se, claramente, a característica assíncrona do clear nesse caso, levando a saída (Q) ao nível lógico zero de forma independente da transição de clock.

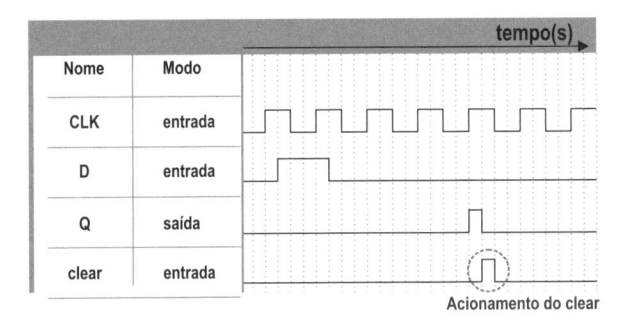

Figura 7.37 — Demonstração da ação do clear no registrador.

Para esse mesmo tipo de registrador de deslocamento, utilizaremos outros recursos de descrição de modo a deixar o tamanho do registrador (quantidade de bits ou de flip-flops) fácil de ser alterada, bastando modificar o valor atribuído ao "tamanho", dentro de GENERIC. Também foram utilizados aqui os atributos 'LEFT e 'RIGHT.

Registrador de deslocamento de tamanho ajustável

```vhdl
LIBRARY IEEE;
USE IEEE.STD_LOGIC_1164.ALL;

ENTITY exemplo IS
 GENERIC (
 -- tamanho desejado para o registrador de desloc. serial
  tamanho : integer := 4
 );

PORT (
        clk, clear  : IN std_logic;
        entrada : IN std_logic;
        Q       : OUT std_logic
);
END exemplo;

ARCHITECTURE arq OF exemplo IS
        SIGNAL vetor : std_logic_vector (tamanho - 1 DOWNTO 0);
        SIGNAL novo_vetor : std_logic_vector (tamanho - 1 DOWNTO 0);
BEGIN
        PROCESS (clk , clear)
        BEGIN
                IF (clear = '1') THEN
                    vetor <= (others => '0');

                ELSIF (clk'EVENT AND clk= '1') THEN
                    vetor <= novo_vetor;
                END IF;
        END PROCESS;
        -- Uso dos atributos 'LEFT e 'RIGHT
        novo_vetor <= entrada & vetor (vetor'LEFT DOWNTO vetor'RIGHT + 1);
        Q <= vetor(0);
END arq;
```

Seu funcionamento pode ser observado nas simulações a seguir:

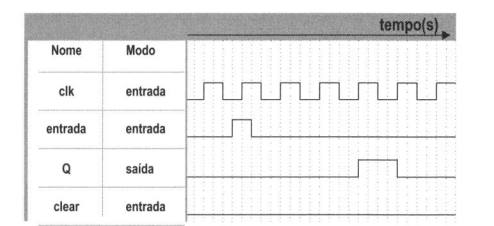

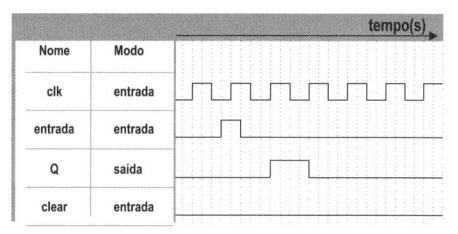

A Valor "tamanho" = 4: Registrador de 4 bits.   **B** Valor "tamanho" = 2: Registrador de 2 bits.

Figura 7.38 — Diferentes tamanhos de registradores.

7.5.3 Registrador de deslocamento (shift register) genérico

A Figura 7.39 apresenta o circuito lógico de um registrador de deslocamento genérico que opera nos quatro modos descritos anteriormente.

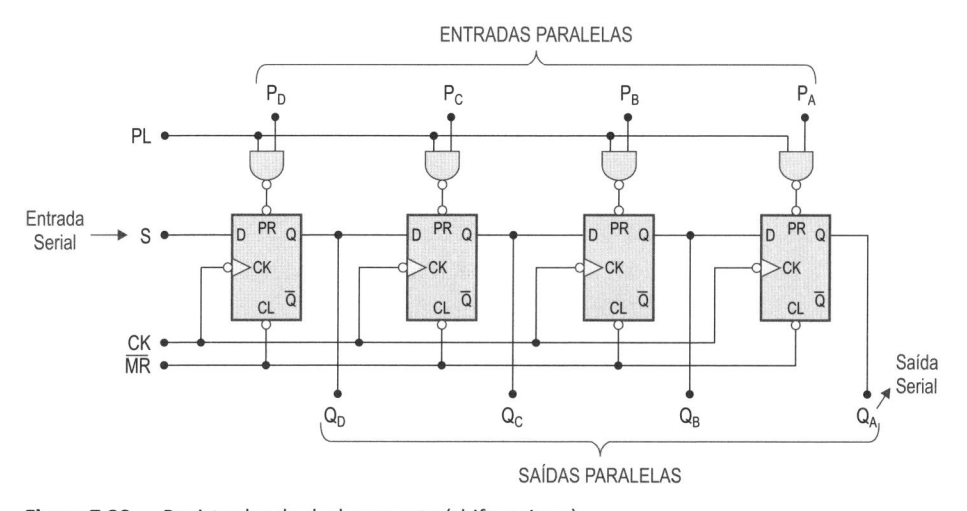

Figura 7.39 — Registrador de deslocamento (shift register).

Esse registrador possui:

- Uma entrada de clock síncrona (CK), pois está ligada ao clock de todos os flip-flops e é ativa na borda de descida.
- Uma entrada serial (S).
- Quatro entradas paralelas (PD, PC, PB e PA).

- Quatro saídas paralelas (QD, QC, QB e QA).
- Uma saída serial (QA).
- Dois bits de controle — $\overline{MR}$ (Master Reset — ativo em 0) e PL (Parallel Load — ativo em 1).

Os pinos PA e QA são denominados bit menos significativo (LSB — Least Significant Bit) e os pinos PD e QD são denominados bit mais significativo (MSB — Most Significant Bit).

Os pinos de controle operam do seguinte modo:

- $\overline{MR}$: Habilita simultaneamente as entradas *clear* () de todos os flip-flops, de modo que as saídas QD, QC, QB e QA ficam em nível lógico 0;
- PL: Habilita as entradas paralelas PD, PC, PB e PA, transferindo-as para as saídas QD, QC, QB e QA.

Para o registrador operar com entrada serial, a entrada de controle PL é desabilitada, ou seja, permanece em nível lógico 0, e a entrada de controle é habilitada (nível lógico 0) para zerar as saídas e, em seguida, desabilitada (nível lógico 1).

Assim, a operação de armazenamento serial é realizada com a aplicação dos dados, bit a bit, à entrada serial S e respectivos pulsos de clock, propiciando o deslocamento e armazenamento dos bits nos flip-flops.

A Figura 7.40A mostra o diagrama de tempos para a operação série-paralela e série-série no caso da aplicação dos bits (0-0-1-1) na entrada serial.

Após quatro pulsos de clock, isto é, após o instante t4, os quatro bits estão presentes nas saídas QD, QC, QB e QA no modo saída paralela.

Ainda, após o quarto pulso de clock, o primeiro bit inserido está presente na saída serial QA. Caso sejam aplicados mais três pulsos de clock, os demais bits inseridos se apresentam nessa saída serial, como se vê no mesmo diagrama de tempos da Figura 7.40A.

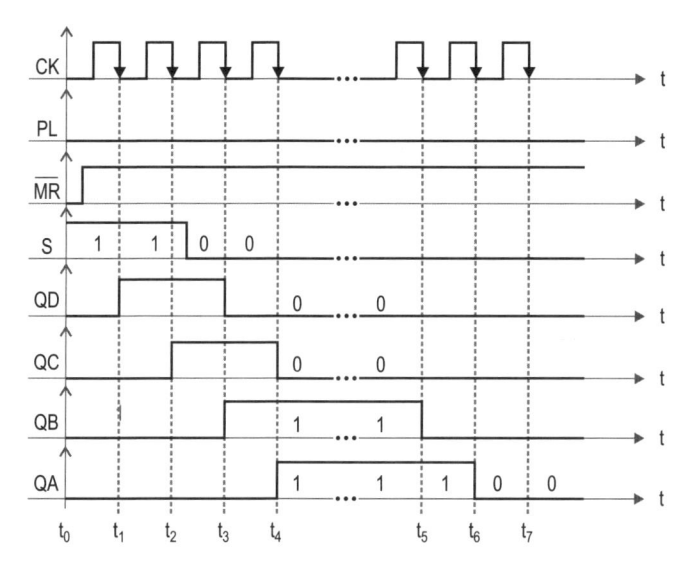

A Entrada serial (dados = 0 0 1 1) e saídas paralela e serial.

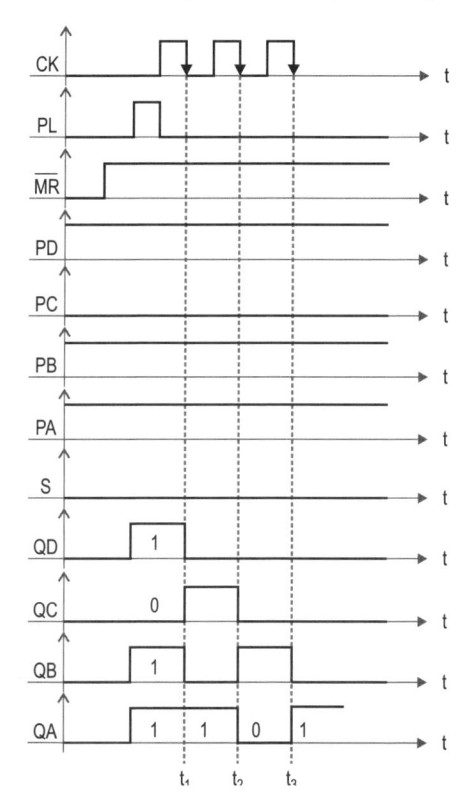

B Entrada paralela (dados = 1 0 1 1) e saídas serial e paralela.

Figura 7.40 — Diagrama de tempos do registrador de deslocamento.

Para o registrador operar com entrada paralela, a entrada de controle $\overline{MR}$ é habilitada (nível lógico 0) para zerar as saídas e, em seguida, desabilitada (nível lógico 1), como se vê na Figura 7.40B.

Em seguida, a entrada de controle PL é habilitada, ou seja, permanece em nível lógico 1, de modo que os bits presentes nas entradas PD, PC, PB e PA aparecem complementados nas saídas das portas NAND. Nesse exemplo, a entrada paralela será (1-0-1-1).

Assim, se uma entrada P_i = 0, a saída da porta NAND é igual a 1, não habilitando o preset ($\overline{PR}$) do respectivo flip-flop e mantendo a sua saída Q_i = 0, tal como P_i.

No entanto, se uma entrada P_i = 1, a saída da porta NAND é igual a 0, habilitando o preset ($\overline{PR}$) do respectivo flip-flop e alterando a sua saída, ou seja, Q_i = 1, tal como P_i.

Logo em seguida, a entrada de controle PL é desabilitada, pois os bits presentes nas entradas PD, PC, PB e PA estão agora armazenados nos flip-flops e, portanto, presentes nas saídas QD, QC, QB e QA.

Observe que a operação nesse modo não necessita de pulsos de clock, conforme mostra a Figura 7.40B, em que os dados da entrada paralela estão presentes na saída paralela antes de t1, isto é, antes da aplicação do primeiro pulso de clock.

O procedimento para que os bits sejam enviados à saída serial é o mesmo já descrito anteriormente, ou seja, o bit menos significativo (PA) está presente na saída serial QA e, basta que sejam aplicados mais três pulsos de clock para que os demais bits armazenados em paralelo se apresentem na saída serial, como se vê após os instantes t1, t2 e t3 do diagrama de tempos da Figura 7.40B.

7.6 MÁQUINA DE ESTADOS

Máquina de estados finitos (Finite State Machine — FSM) trata-se de uma forma de projetar circuitos a partir de um conjunto de estados predefinidos, representando situações ou comportamentos possíveis de serem assumidos pelo circuito. As transições entre estados dependem de um sinal de controle (clock) e da ocorrência de condições de entrada preestabelecidas.

Pela Figura 7.41, vemos que o modelamento da máquina de estados envolve as lógicas combinacional e sequencial e há dois modelos distintos: Mealy e Moore. Quando a saída depende do estado atual e da entrada (inclui a seta pontilhada), temos o modelo Mealy e, quando a saída depende apenas do estado atual (sem a seta pontilhada), temos o modelo Moore.

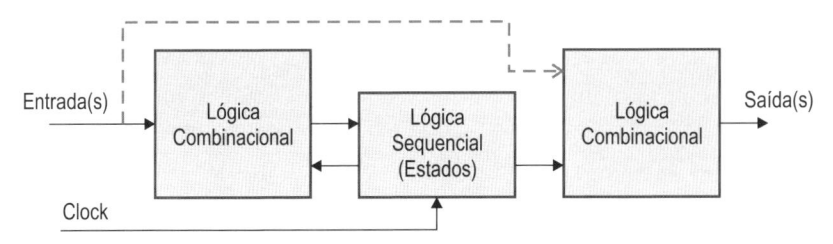

Figura 7.41 — Modelos FSM.

No projeto por FSM, o funcionamento é representado por um diagrama de estados, no qual, basicamente, esses estados são círculos ou nós e as transições são setas ou arcos (Figura 7.42).

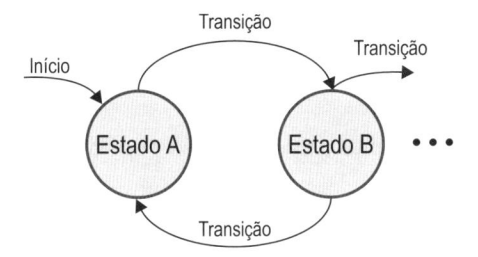

Figura 7.42 — Formato de um diagrama de estados genérico.

Vejamos como exemplo o diagrama de estados da Figura 7.43, usado no modelo Moore, para um contador BCD (0 a 9). São dez estados, denominados A, B, C, D, E, F, G, H, I e J, reset assíncrono para reiniciar a contagem e uma entrada chamada "cont" que define o modo da contagem da seguinte forma: se "cont = 1", a contagem é crescente e, se "cont = 0", a contagem é decrescente.

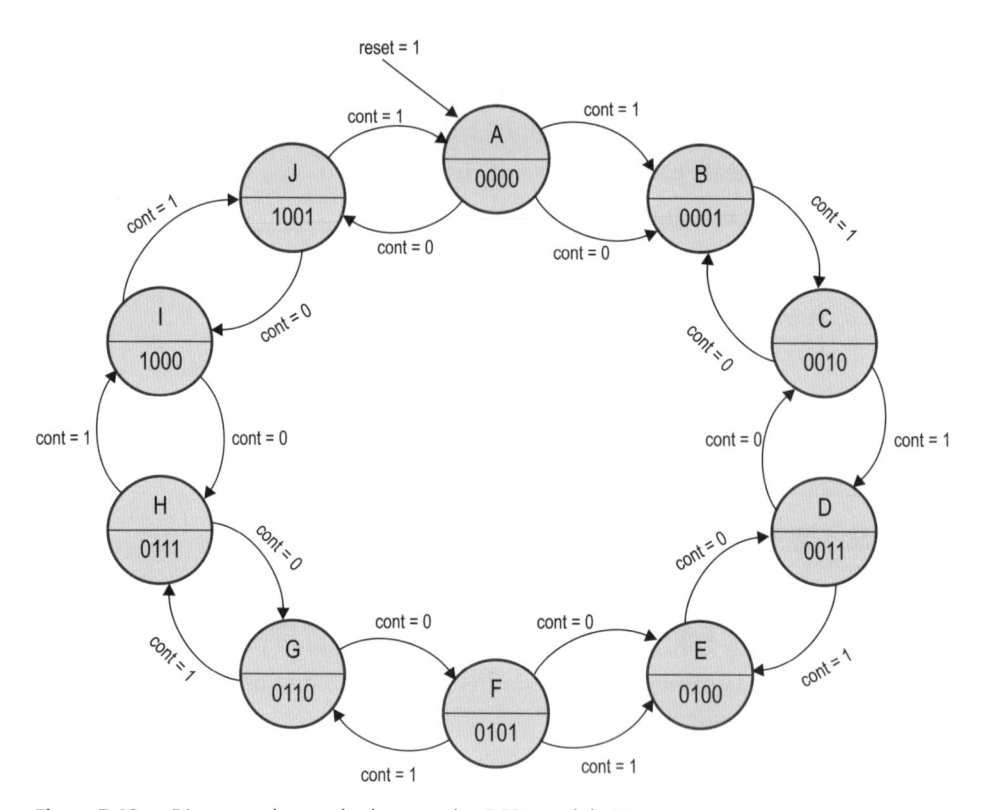

Figura 7.43 — Diagrama de estado do contador BCD, modelo Moore.

No código VHDL da FSM, costuma-se criar um tipo de dado para definir e nomear os estados e, utilizando o dado criado, declara-se o sinal que será utilizado nas transições. Para descrever a lógica de transições da máquina, utiliza-se, normalmente, a estrutura CASE-WHEN.

Um formato possível para o código é mostrado abaixo. Veja que há um processo específico para atualização do estado, sincronizado com clock, e outro processo para definir a lógica de transição dos estados.

Template VHDL para FSM — Arquitetura

```vhdl
ARCHITECTURE ...
    TYPE nome_tipo_criado IS (nome_estado1, nome_estado2, ...); -- criação de dado
    SIGNAL s_estado_atual, s_estado_futuro: nome_tipo_criado;
BEGIN

PROCESS (reset, clock)
BEGIN
    IF reset = '1' THEN -- reset assíncrono (se necessário)
        s_estado_atual <= nome_estado1; -- retorno ao estado inicial, após reset
    ELSIF (clock'EVENT AND clock = '1') THEN -- ex: sensível a transição de subida
        s_estado_atual <= s_estado_futuro; -- transição do clock atualiza estado
    END IF;
END PROCESS;

PROCESS (s_estado_atual, nome_entrada)
BEGIN
    CASE s_estado_atual IS -- verifica estado atual
    WHEN nome_estado1 =>
        IF condicao_transicao THEN s_estado_futuro <= nome_estado2;
        ELSE s_estado_futuro <= nome_estado1;
        END IF;
    WHEN nome_estado2 =>
        .
        .
        .
END PROCESS;

-- Lógica combinacional de saída
saida <= valor1 WHEN s_estado_atual = nome_estado1 ELSE
         valor2 WHEN s_estado_atual = nome_estado2 ELSE
         .
         .
         .
END ARCHITECTURE;
```

As ações a serem tomadas na saída do circuito, de acordo com o estado atual da máquina, podem estar incluídas no próprio processo que define a lógica das transições (dentro da estrutura CASE-WHEN) ou colocadas em uma região de código separada, conforme foi feito no template mostrado anteriormente.

Retornando ao nosso exemplo do contador BCD, veja como fica a descrição completa deste circuito, seguindo o template mostrado.

Contador BCD — Exemplo completo

```vhdl
LIBRARY IEEE;
USE IEEE.STD_LOGIC_1164.ALL;

ENTITY ex_cont_BCD IS
PORT(
    cont : IN std_logic;
    clock, reset :  IN  std_logic;
    s : OUT std_logic_vector (3 DOWNTO 0)
);
END ex_cont_BCD;

ARCHITECTURE arquitetura OF ex_cont_BCD IS
    TYPE estado IS (A, B, C, D, E, F, G, H, I, J); -- criação/definição dos estados
    SIGNAL est_atual, est_prox : estado;
BEGIN

PROCESS (reset, clock)   -- reset e atualização estado
BEGIN
  IF reset = '1' THEN
     est_atual <= A;
  ELSIF (clock'EVENT AND clock = '0') THEN
     est_atual <= est_prox;
  END IF;
END PROCESS;

PROCESS (est_atual, cont)  -- Lógica das transições de estados
BEGIN
   CASE est_atual IS
        WHEN A =>
           IF cont = '1' THEN est_prox <= B; -- contagem crescente
           ELSE est_prox <= J; -- contagem decrescente
           END IF;
        WHEN B =>
           IF cont = '1' THEN est_prox <= C; -- contagem crescente
```

(Cont.) Contador BCD — Exemplo completo

```
            ELSE est_prox <= A; -- contagem decrescente
            END IF;
        WHEN C =>
          IF cont = '1' THEN est_prox <= D; -- contagem crescente
          ELSE est_prox <= B; -- contagem decrescente
          END IF;
        WHEN D =>
          IF cont = '1' THEN est_prox <= E; -- contagem crescente
          ELSE est_prox <= C; -- contagem decrescente
          END IF;
        WHEN E =>
          IF cont = '1' THEN est_prox <= F; -- contagem crescente
          ELSE est_prox <= D; -- contagem decrescente
          END IF;
        WHEN F =>
          IF cont = '1' THEN est_prox <= G; -- contagem crescente
          ELSE est_prox <= E; -- contagem decrescente
          END IF;
        WHEN G =>
          IF cont = '1' THEN est_prox <= H; -- contagem crescente
          ELSE est_prox <= F; -- contagem decrescente
          END IF;
        WHEN H =>
          IF cont = '1' THEN est_prox <= I; -- contagem crescente
          ELSE est_prox <= G; -- contagem decrescente
          END IF;
        WHEN I =>
          IF cont = '1' THEN est_prox <= J; -- contagem crescente
          ELSE est_prox <= H; -- contagem decrescente
          END IF;
        WHEN J =>
          IF cont = '1' THEN est_prox <= A; -- contagem crescente
          ELSE est_prox <= I; -- contagem decrescente
          END IF;
    END CASE;
END PROCESS;
```

(Cont.) Contador BCD — Exemplo completo

```
-- Saídas
s <= "0000" WHEN est_atual = A ELSE
    "0001" WHEN est_atual = B ELSE
    "0010" WHEN est_atual = C ELSE
    "0011" WHEN est_atual = D ELSE
    "0100" WHEN est_atual = E ELSE
    "0101" WHEN est_atual = F ELSE
    "0110" WHEN est_atual = G ELSE
    "0111" WHEN est_atual = H ELSE
    "1000" WHEN est_atual = I ELSE
    "1001";
END arquitetura;
```

PROJETO
Sistema de Detecção de Senha   SDS 01

Projetos envolvendo senhas ou detecção de sequências numéricas são exemplos de situações nos quais a máquina de estado pode ser aplicada. Para exercitar, acompanhe o desenvolvimento deste projeto.

Suponha que se deseja condicionar a abertura de uma fechadura a uma senha de três dígitos. Cada dígito, neste caso, é representado pelo acionamento de uma chave. Para abrir a fechadura, as chaves devem ser acionadas uma de cada vez e na sequência correta.

Considere as seguintes premissas:

- A senha desejada é: chave 2 → chave 1 → chave 3.

- Circuito sensível à transição de descida do sinal de clock.

- *Reset* assíncrono, acionado em nível lógico 1, garante retorno ao estado inicial.

- As chaves enviam nível lógico 1 quando acionadas, caso contrário, enviam nível zero.

- O circuito fica em estado de espera quando as três chaves estiverem em nível lógico 0, ou seja, aguardando pelo acionamento da próxima chave.

- Após completar a senha e destravar a fechadura, ter as três chaves em nível zero gera retorno ao estado inicial.

- Saída em nível lógico 1 destrava a fechadura. Após destravar, assim permanecerá até que o usuário realize sua abertura e a feche novamente, voltando a travar.

(Continua)

(Continuação)

PROJETO	
Sistema de Detecção de Senha	SDS 01

Como o destravamento da fechadura depende de uma sequência de acionamento de três chaves, podemos definir quatro estados (n0, n1, n2, n3), sendo "n0" o estado inicial (aguardando senha) e os outros três representando o acerto de cada acionamento.

A partir do que foi descrito, podemos obter a Tabela 7.7 com as transições de estados:

Tabela 7.7

Estado atual	Próximos estados Entrada "chaves" (chave1, chave2 e chave3)				
	000 (chaves em 0)	010 (chave2 acionada)	100 (chave1 acionada)	001 (chave3 acionada)	Qualquer outra situação das chaves não prevista nesta tabela deve gerar retorno ao estado inicial (n0), ou seja, reinicia sequência/senha.
n0	n0	**n1**	n0	n0	
n1	n1	n0	**n2**	n0	
n2	n2	n0	n0	**n3**	
n3	n0	n1	n0	n0	

O hardware do projeto pode ser conferido na Figura 7.44.

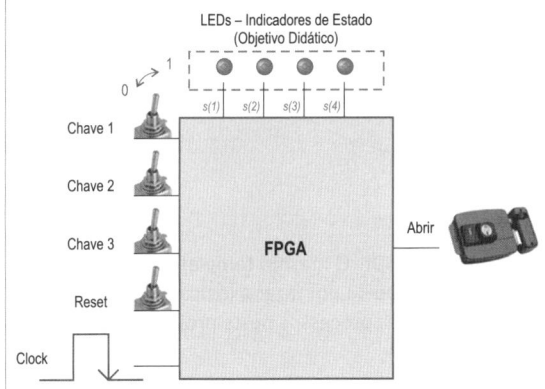

Figura 7.44 — Circuito do SDS.

Para fins didáticos e melhor acompanhamento, foram incluídos quatro LEDs indicativos para visualizarmos as ocorrências das transições entre os estados da FSM. A mudança de estado significa acerto de cada acionamento da sequência. Dessa forma, teremos: no 1° estado, apenas um LED acende e, no último, todos acendem.

A Tabela 7.8 abaixo descreve as situações das saídas em cada estado:

(Continua)

(Continuação)

PROJETO				
Sistema de Detecção de Senha			**SDS 01**	
Tabela 7.8				
Estados	n0 (inicial)	n1	n2	n3
Saídas	LED s(1) aceso	LED s(1) aceso	LED s(1) aceso	LED s(1) aceso
	LED s(2) apagado	LED s(2) aceso	LED s(2) aceso	LED s(2) aceso
	LED s(3) apagado	LED s(3) apagado	LED s(3) aceso	LED s(3) aceso
	LED s(4) apagado	LED s(4) apagado	LED s(4) apagado	LED s(4) aceso
	abrir = 0	abrir = 0	abrir = 0	abrir = 1

A seguir, veja o diagrama de estados do sistema (Figura 7.45).

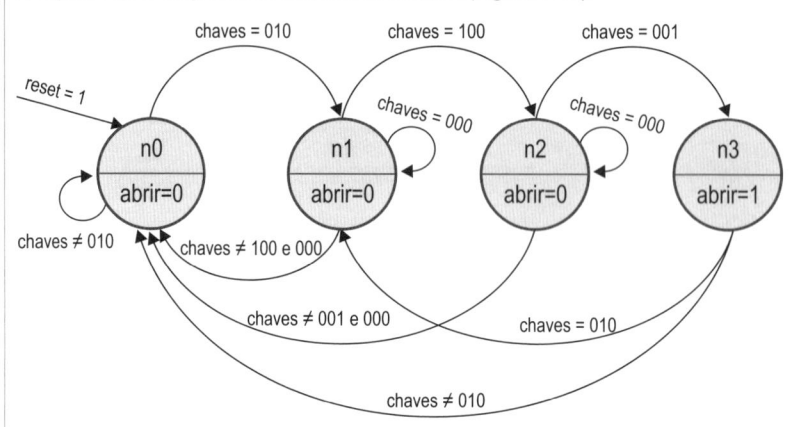

Figura 7.45 — Diagrama de estados do SDS.

Por fim, apresentamos a descrição deste circuito em VHDL. O mesmo template apresentado anteriormente foi seguido, no entanto, neste caso, optou-se por fazer a lógica combinacional das saídas por meio de processo, totalizando, assim, três processos neste projeto com FSM.

(Continua)

(Continuação)

PROJETO	
Sistema de detecção de senha	SDS 01

Sistema de detecção de senha — Máquina de estados

```vhdl
LIBRARY IEEE;
USE IEEE.STD_LOGIC_1164.ALL;

ENTITY maq_estado IS
PORT(
    chaves : IN std_logic_vector (1 TO 3);
    clock, reset : IN std_logic;
    s : OUT std_logic_vector (1 TO 4);
    abrir : OUT std_logic
);
END maq_estado;

ARCHITECTURE arquitetura OF maq_estado IS
    TYPE estado IS (n0, n1, n2, n3); -- criação/definição dos estados
    SIGNAL est_atual, est_prox : estado;
    CONSTANT abertas : std_logic_vector (1 TO 3) := "000";
BEGIN
        PROCESS (reset, clock)   -- Reset e atualização estado
        BEGIN
            IF reset = '1' THEN
                est_atual <= n0;
            ELSIF (clock'EVENT AND clock = '0') THEN
                est_atual <= est_prox;
            END IF;
        END PROCESS;

        PROCESS (est_atual, chaves)  -- Lógica das transições de estados
        BEGIN
        CASE est_atual IS -- sequência/senha desejada: chave 2 | chave 1 | chave 3
            WHEN n0 =>
                IF chaves = "010" THEN est_prox <= n1; -- chave 2 acionada
                ELSE est_prox <= n0; -- nada ocorre
                END IF;
```

(Continua)

(Continuação)

PROJETO	
Sistema de detecção de senha	SDS 01

(Cont.) Sistema de detecção de senha — Máquina de estados

```
            WHEN n1 =>
                IF chaves = "100" THEN est_prox <= n2; -- chave 1 acionada
                ELSIF chaves = abertas THEN est_prox <= n1; -- nenhuma chave acionada
                ELSE est_prox <= n0; -- retorna (erro na senha)
                END IF;
            WHEN n2 =>
                IF chaves = "001" THEN est_prox <= n3; -- chave 3 acionada
                ELSIF chaves = abertas THEN est_prox <= n2; -- nenhuma chave acionada
                ELSE est_prox <= n0; -- retorna (erro na senha)
                END IF;
            WHEN n3 =>
                IF chaves = "010" THEN est_prox <= n1; -- chave 2 acionada (reinicia)
                ELSE est_prox <= n0; -- retorna (erro na senha)
                END IF;
        END PROCESS;

        PROCESS (est_atual)          -- Saídas
        BEGIN
            IF est_atual = n3 THEN
                abrir <= '1';  -- abertura acionada
                s <= "1111"; -- LEDs (indicação estado 3)
            ELSIF est_atual = n2 THEN
                abrir <= '0';
                s <= "1110"; -- LEDs (indicação estado 2)
            ELSIF est_atual = n1 THEN
                abrir <= '0';
                s <= "1100"; -- LEDs (indicação estado 1)
            ELSE
                abrir <= '0';
                s <= "1000"; -- LEDs (indicação estado 0)
            END IF;
        END PROCESS;
END arquitetura;
```

7.7 EXERCÍCIO PROPOSTO

Considerando o código VHDL a seguir, é possível concluir que os sinais elétricos fornecidos nas saídas "s_out" e "v_out" apresentam comportamentos distintos. Identifique e explique a diferença entre eles.

```vhdl
LIBRARY IEEE;
USE IEEE.STD_LOGIC_1164.ALL;

ENTITY sinal_variavel IS
PORT(
        clk_in : IN std_logic;
        s_out, v_out : OUT std_logic
);
END sinal_variavel;

ARCHITECTURE arq OF sinal_variavel IS
   SIGNAL s_cont : integer RANGE 0 TO 3 := 0;
   SIGNAL s_result, v_result : std_logic;
BEGIN
  PROCESS (clk_in)
        variable v_cont : integer RANGE 0 TO 3 := 0;
  BEGIN
   IF clk_in = '1' THEN
     s_cont <= s_cont + 1;
     v_cont := v_cont + 1;

     IF (s_cont = 3) THEN
       s_cont <= 0;
       s_result <= not s_result;
     END IF;

     IF (v_cont = 3) THEN
       v_cont := 0;
       v_result <= not v_result;
     END IF;
    END IF;
  END PROCESS;

  s_out <= s_result;
  v_out <= v_result;

END arq;
```

7.8 PESQUISA PROPOSTA

Um código VHDL pode ser feito com o propósito de síntese ou simulação de circuitos. O chamado testbench é uma descrição VHDL voltada exclusivamente para fins de simulação e validação de circuitos, no qual há o uso de recursos específicos da linguagem VHDL (não utilizados na síntese de circuitos) e a definição dos estímulos que serão utilizados para testar o funcionamento do circuito. Pesquise sobre a construção e as características do testbench.

ANEXO 1 – TIPOS DE MEMÓRIA

A1.1 DEFINIÇÃO

Memória **semicondutora** é o dispositivo utilizado em muitos sistemas digitais, principalmente nos computadores, e tem a **capacidade de armazenar informações binárias** (zeros e uns).

A1.2 CONFIGURAÇÃO E CARACTERÍSTICAS TÉCNICAS

Existem vários tipos de memória, que possuem características e aplicações específicas, mas podem ser representadas genericamente pelo diagrama mostrado na Figura A1.1.

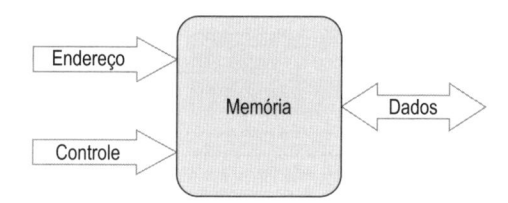

Figura A1.1 — Diagrama funcional da memória.

Nessa figura, nota-se que uma memória tem três **barramentos** (conjunto de linhas), a saber:

- Barramento de endereço (address bus): Fornece a posição da informação (dados) que se deseja acessar.

- **Barramento de dados (data bus):** Contém a informação a ser lida ou armazenada no endereço acessado.

- **Barramento de controle (control bus):** É formado por sinais que controlam o funcionamento da memória, como habilitação, leitura, escrita, programação etc.

A arquitetura interna da memória é formada, geralmente, por uma matriz, por decodificadores e por um bloco de controle, como mostra a Figura A1.2.

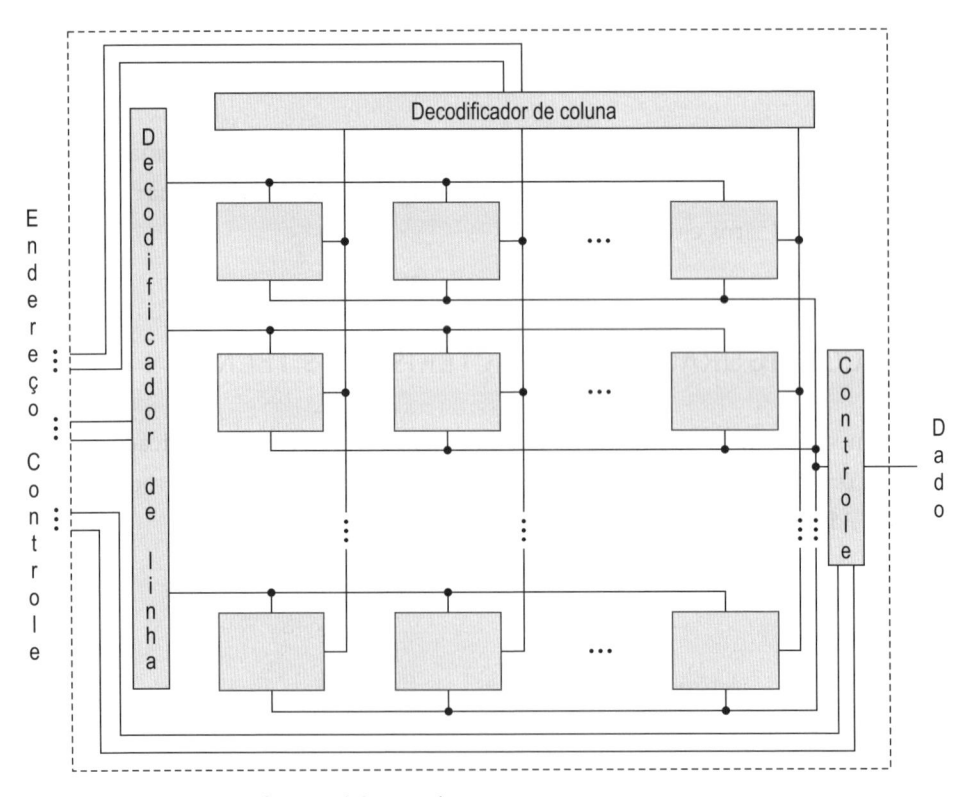

Figura A1.2 — Diagrama funcional da memória.

As linhas de endereço são direcionadas a dois decodificadores (linha e coluna). O cruzamento linha-coluna seleciona uma posição de memória, e o número de posições é dado por 2N, em que N representa o número de linhas de endereço.

Cada posição contém uma ou várias células de memória, e cada célula é responsável pelo armazenamento da informação de um bit.

Os decodificadores fazem, portanto, a seleção da posição de memória que se deseja acessar, e o bloco de controle determina a operação que deve ser realizada nessa posição, como a leitura da informação.

Para representar a capacidade de uma memória, utiliza-se a expressão genérica p x b, em que p representa o **número de posições** de memória, e b, o **número de bits** de dados.

> **→ EXEMPLO**
>
> A título de exemplo, apresentamos uma memória de 16 x 2 de escrita e leitura.
>
> Uma memória 16 x 2 tem 16 posições com 2 bits de dados em cada posição, perfazendo um total de 32 células de memória, como mostra a Figura A1.3.
>
> **Figura A1.3** — Arquitetura interna de uma memória 16 x 2.
>
> Para compreender melhor seu funcionamento, coloca-se um valor qualquer no barramento de endereços, por exemplo, A3 A2 A1 A0 = 1 0 1 1.
>
> Nesse exemplo, o decodificador de linha contém o endereço A1 A0 = 1 1 (ativando a saída X3) e o decodificador de coluna contém o endereço A3 A2 = 1 0 (ativando a saída Y2), selecionando, assim, a posição **hachurada**.
>
> (Continua)

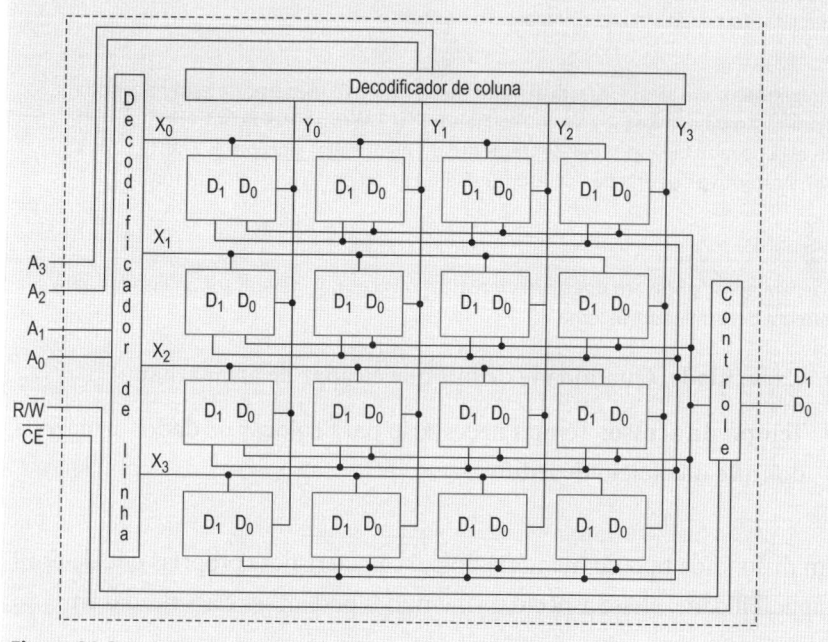

(Continuação)

> Nesse caso, os bits de dados D1 e D0 correspondentes ficam disponíveis para leitura ou escrita de uma informação, dependendo dos níveis lógicos dos bits de controle, $\overline{CE}$ e $R/\overline{W}$, como mostra a Tabela A1.1.
>
> **Tabela A1.1** — Sinais de controle da memória.
>
> | | | |
> |---|---|---|
> | 0 | 0 | Habilitação de escrita |
> | 0 | 1 | Habilitação de leitura |
> | 1 | X | Memória desabilitada |
>
> em que:
>
> $\overline{CE}$ = Habilitação da memória (chip enable)
>
> $R/\overline{W}$ = Habilitação de leitura (read) ou escrita (write)
>
> Nota-se que, enquanto o sinal $\overline{CE}$ está ativado (nível lógico 0), a memória está habilitada para uma operação de escrita ($R/\overline{W}$ = 0) ou leitura ($R/\overline{W}$ = 1); caso contrário ($\overline{CE}$ = 1), a memória está desabilitada independentemente do nível lógico do sinal $R/\overline{W}$ ($R/\overline{W}$ = irrelevante), portanto as operações de escrita e leitura não podem ser executadas.

As memórias, em geral, possuem duas características básicas que devem ser analisadas para sua utilização em um determinado sistema:

- **Capacidade**: Quantidade de bits que é capaz de armazenar.
- **Tempo de acesso**: Tempo necessário para colocar os dados armazenados na saída (ciclo de leitura).

Além disso, cada tipo de memória possui características próprias que determinam sua aplicabilidade. Nesse aspecto, as memórias podem ser classificadas em:

- **Memória volátil**: As informações armazenadas são perdidas ao se desligar a alimentação.
- **Memória não volátil**: As informações armazenadas na memória permanecem inalteradas mesmo sem alimentação.

A1.3 RAM

RAM é o acrônimo de Random Access Memory, ou memória de acesso aleatório, em português.

Trata-se de uma memória **volátil de escrita e leitura**.

Esse tipo de memória é chamado de acesso aleatório por permitir o acesso direto a qualquer posição para realização de uma operação de escrita ou leitura (barramento de dados bidirecional).

Existem dois tipos básicos de RAM: **estática** e **dinâmica**.

A1.3.1 RAM estática

Nesse tipo de RAM, a célula de memória é formada, basicamente, por um flip-flop; portanto, a informação do bit nessa célula mantém seu valor inalterado até o próximo ciclo de escrita (desde que sua alimentação seja mantida).

A1.3.2 RAM dinâmica

A diferença básica entre a RAM estática e a dinâmica está no **tipo de célula** que as compõe. Enquanto na RAM estática a célula de memória é formada por um **flip-flop**, na dinâmica ela é formada por um **transistor MOS**.

Na RAM dinâmica, a informação é armazenada na capacitância parasita desse transistor. Em função da corrente de fuga, essa informação pode ser perdida após um determinado tempo, necessitando, portanto, de uma **renovação periódica** denominada ciclo de *refresh*.

Para renovar as informações na RAM dinâmica, basta acessar todas as linhas da matriz em intervalos de tempo determinados pelo fabricante (na ordem de milissegundos) através de um circuito de controle externo.

Apesar da necessidade de endereçamento em duas etapas e de um circuito de controle externo para o refresh, a memória dinâmica tem a vantagem de possuir **células mais simples** que as da memória estática, possibilitando **maior capacidade** e **menor consumo**.

A1.4 ROM

ROM é o acrônimo de Read Only Memory, ou memória apenas de leitura. Trata-se de uma memória não volátil e apenas de leitura.

O termo ROM é usado, normalmente, para representar uma série de tipos de memórias não voláteis.

Esses tipos de ROM se diferenciam pela tecnologia empregada para armazenamento dos bits de informação, o que leva a diferentes processos de programação.

A seguir, apresentamos os principais tipos de ROMs.

A1.4.1 ROM máscara

A ROM máscara chega ao usuário já **previamente gravada**. O usuário fornece ao fabricante uma tabela contendo as informações desejadas em cada posição de memória para serem gravadas na pastilha semicondutora.

Uma vez realizada essa operação, tais informações tornam-se permanentes, não havendo possibilidade de alteração.

Esse tipo de memória é utilizado no armazenamento de programas e/ou informações fixas para sistemas produzidos em série.

A1.4.2 PROM

PROM é o acrônimo de Programmable ROM, que significa ROM programável. Trata-se de uma memória não volátil e apenas de leitura, porém **programável**.

Nessa memória, a programação pode ser realizada pelo próprio usuário.

Assim como a ROM, uma vez programada, a PROM não permite a alteração de seu conteúdo, tornando-o permanente. Isso ocorre porque essa memória é formada por um circuito bipolar, em que a programação é realizada rompendo-se eletricamente certas ligações internas. Esses rompimentos são **irreversíveis**.

O diagrama funcional dessa memória é idêntico ao da ROM, porém, enquanto a ROM é fornecida ao usuário já previamente gravada, a PROM é fornecida com todas as informações em nível lógico 0.

Para programar a memória (colocar a informação de uma determinada célula em nível lógico 1), deve-se aplicar um nível de tensão especial em VCC (especificado pelo fabricante) e aterrar a saída de dados por um tempo predeterminado.

A1.4.3 EPROM

EPROM é o acrônimo de Erasable Programmable ROM, que significa ROM programável e apagável. Trata-se de uma memória **não volátil, apenas de leitura e reprogramável**.

Essa memória, quando apagada, possui todas as informações em nível lógico 1. Sua programação é feita eletricamente, podendo ser apagada através da exposição de sua pastilha semicondutora à luz **ultravioleta**.

Essa exposição é possível porque o encapsulamento possui uma pequena janela de acrílico transparente sobre a pastilha.

A1.4.4 EEPROM

EEPROM (também denominada E2PROM) é o acrônimo de Electrically Erasable Programmable ROM, que significa ROM programável e apagável eletricamente.

Assim como a EPROM, essa memória pode ser programada e apagada, porém, em vez de se utilizar luz ultravioleta para o apagamento da memória, utiliza-se um **sinal elétrico**.

Essa característica da EEPROM lhe dá algumas vantagens em relação à EPROM:

- Programação, apagamento e reprogramação podem ser feitos no próprio circuito em que a memória está sendo utilizada (a EPROM deve ser apagada e reprogramada fora do circuito).

- Pode-se selecionar as posições que se deseja apagar (na EPROM todos os bits são apagados quando ela é exposta à luz ultravioleta).
- O tempo de apagamento de uma posição ou de toda a memória é da ordem de milissegundos (na EPROM esse tempo é da ordem de minutos).

A1.4.5 Flash ROM

A memória **Flash** é similar à EEPROM, pois também pode ser gravada e apagada eletricamente, com as seguintes diferenças:

- Seu processo de gravação é muito mais rápido.
- As informações armazenadas são mais duráveis.
- Consome pouca energia.

Aliado a isso, essa memória também é de alta densidade (capaz de armazenar grande quantidade de informações).

Por todas essas características, essa memória é largamente utilizada em dispositivos portáteis e como memória de programa de microcontroladores.

ANEXO 2 – TIPOS DE DISPOSITIVO LÓGICO PROGRAMÁVEL

A2.1 INTRODUÇÃO

O **PLD** — **Programmable Logic Device** é um circuito integrado que compreende uma gama de componentes (portas lógicas, flip-flops, decodificadores etc.), que podem ser configurados pelo próprio usuário, isto é, não apresentam uma função lógica definida até que sejam configurados.

Assim, o PLD permite substituir diversos circuitos integrados por um único componente. Essa redução de componentes discretos traz uma série de vantagens, dentre as quais se destacam:

- Menor consumo de energia.
- Menor espaço na placa de circuito impresso.
- Menor número de conexões sujeitas a falhas.
- Maior confiabilidade.
- Processo de fabricação mais rápido e mais barato.

Dependendo do tipo e da complexidade do PLD, ele pode ser programável uma única vez ou reprogramável de acordo com a necessidade do usuário.

Existem dois grandes grupos de PLD:

SPLD — Simple Programmable Logic Device, ou dispositivo lógico programável simples, que contém até 600 portas lógicas e pode ser classificado como:

- PROM: Programmable ROM.
- PLA: Programmable Logic Array.
- PAL: Programmable Array Logic.
- GAL: Generic Array Logic.

HCPLD — High Capacity Programmable Logic Device, ou dispositivo lógico programável de alta complexidade, que contém mais de 600 portas lógicas e pode ser classificado como:

- CPLD: Complex Programmable Logic Device.
- FPGA: Field Programmable Gate Array.

A seguir, faremos a descrição de cada um desses tipos.

A2.2 TIPOS DE SPLD

A2.2.1 *PROM como PLD*

Pode-se utilizar uma memória do tipo ROM programável (PROM, EPROM, EEPROM ou memória Flash) como um PLD, pois a PROM pode ser vista como um circuito combinacional que implementa uma função lógica com várias entradas (endereços de memória) e várias saídas (linha de dados) e cuja tabela-verdade corresponde à tabela armazenada na PROM.

Pode-se considerar que, internamente, a PROM tem uma estrutura AND-OR, com a matriz AND fixa e a matriz OR programável.

A Figura A2.1 apresenta a estrutura interna de uma PROM 16 x 4 utilizando a simbologia simplificada para PLD.

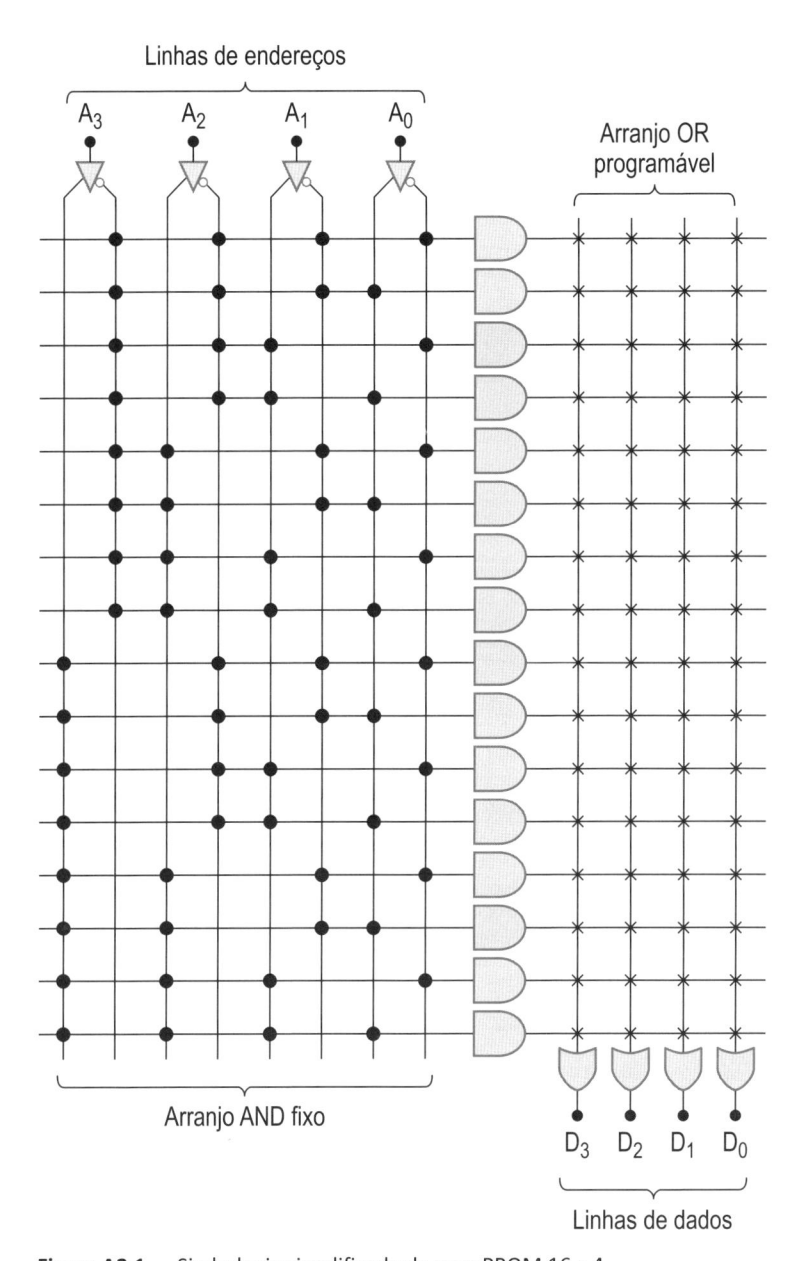

Figura A2.1 — Simbologia simplificada de uma PROM 16 x 4.

É comum, na representação do PLD, adotar-se uma simbologia simplificada na qual as várias entradas de uma porta são representadas por uma única linha. As conexões das variáveis de entrada às portas são indicadas por · ou x, na qual:

· indica uma conexão fixa.

x indica uma conexão programável.

A falta de quaisquer desses sinais no cruzamento de duas linhas indica que não há conexão.

→ **EXEMPLO**

Considere que se deseja implementar um circuito lógico com 4 entradas (D, C, B e A) e 4 saídas (X, Y, Z e W) que executa a tabela-verdade apresentada a seguir:

Tabela A2.1

D	C	B	A	X	Y	Z	W
0	0	0	0	1	0	1	0
0	0	0	1	0	1	1	0
0	0	1	0	0	0	0	0
0	0	1	1	0	0	1	1
0	1	0	0	0	1	0	0
0	1	0	1	1	1	0	0
0	1	1	0	0	0	1	0
0	1	1	1	1	0	0	1
1	0	0	0	0	0	0	0
1	0	0	1	0	1	0	0
1	0	1	0	1	0	0	0
1	0	1	1	0	0	0	1
1	1	0	0	0	1	0	0
1	1	0	1	1	1	0	0
1	1	1	0	0	0	1	0
1	1	1	1	1	0	0	1

Para implementar esse circuito lógico utilizando uma PROM, basta gravar a tabela apresentada em uma memória com no mínimo 4 linhas de endereço (variáveis de entrada) e 4 linhas de dados (variáveis de saída), como mostra o diagrama simplificado da Figura A2.2.

(Continua) ☞

(Continuação) ↯

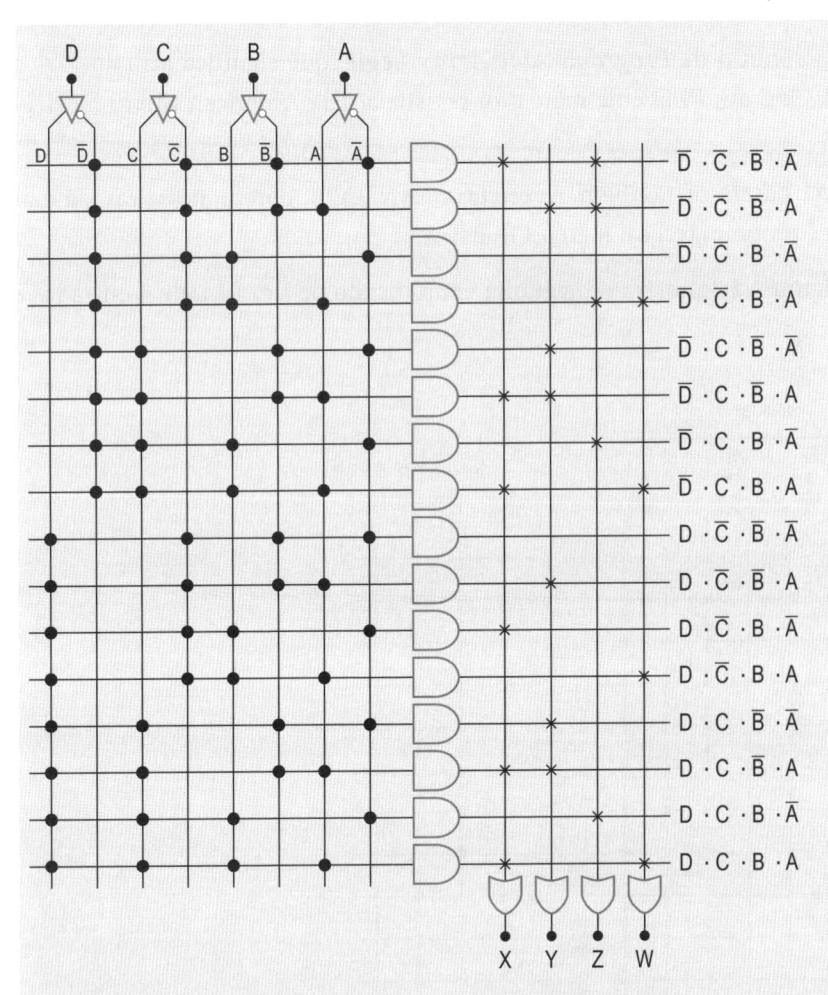

Figura A2.2 — Diagrama de uma PROM 16 x 4 gravada implementado o circuito lógico.

Note que a PROM gravada com os dados da tabela-verdade executa as funções lógicas das saídas, quais sejam:

$X = \overline{D} \cdot \overline{C} \cdot \overline{B} \cdot \overline{A} + \overline{D} \cdot C \cdot \overline{B} \cdot A + \overline{D} \cdot C \cdot B \cdot \overline{A} + D \cdot \overline{C} \cdot B \cdot \overline{A} + D \cdot C \cdot \overline{B} \cdot A + D \cdot C \cdot B \cdot A$

$Y = \overline{D} \cdot \overline{C} \cdot \overline{B} \cdot A + \overline{D} \cdot C \cdot \overline{B} \cdot \overline{A} + \overline{D} \cdot C \cdot B \cdot A + D \cdot \overline{C} \cdot \overline{B} \cdot A + D \cdot C \cdot \overline{B} \cdot \overline{A} + D \cdot C \cdot \overline{B} \cdot A$

$Z = \overline{D} \cdot \overline{C} \cdot \overline{B} \cdot \overline{A} + \overline{D} \cdot \overline{C} \cdot \overline{B} \cdot A + \overline{D} \cdot \overline{C} \cdot B \cdot A + \overline{D} \cdot C \cdot B \cdot \overline{A} + D \cdot C \cdot B \cdot \overline{A}$

$W = \overline{D} \cdot \overline{C} \cdot B \cdot A + \overline{D} \cdot C \cdot B \cdot A + D \cdot \overline{C} \cdot B \cdot A + D \cdot C \cdot B \cdot A$

A2.2.2 PAL

PAL é o acrônimo de ***Programmable Array Logic,*** que significa arranjo lógico programável; é um PLD cuja marca foi registada pela American Micro Devices (AMD).

O PAL baseia-se, também, na estrutura AND-OR, porém, nesse caso, a matriz AND é programável e a matriz OR é fixa.

A Figura A2.3 mostra o diagrama simplificado de um PAL de 4 entradas e 4 saídas.

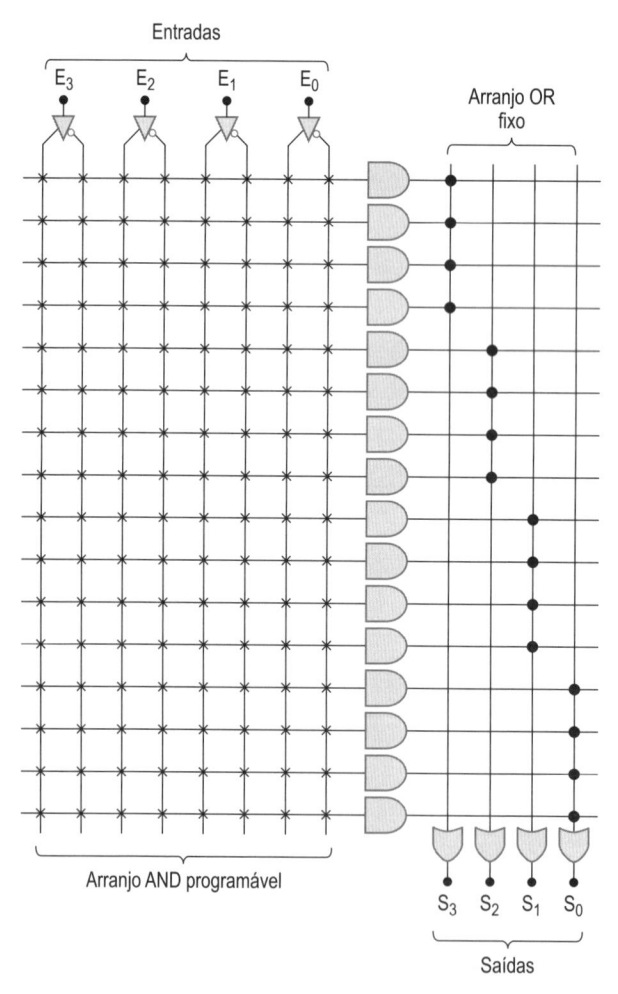

Figura A2.3 — PAL de 4 entradas e 4 saídas.

→ EXEMPLO

Deseja-se implementar um circuito lógico que execute a tabela-verdade apresentada no exemplo anterior, Tabela A2.1, utilizando um PAL de 4 entradas e 4 saídas como a apresentada na Figura A2.3.

Como visto anteriormente, as expressões lógicas das saídas da Tabela A2.1 são:

$X = \bar{D} \cdot \bar{C} \cdot \bar{B} \cdot \bar{A} + \bar{D} \cdot C \cdot \bar{B} \cdot A + \bar{D} \cdot C \cdot B \cdot \bar{A} + D \cdot \bar{C} \cdot B \cdot \bar{A} + D \cdot C \cdot \bar{B} \cdot A + D \cdot C \cdot B \cdot A$

$Y = \bar{D} \cdot \bar{C} \cdot \bar{B} \cdot A + \bar{D} \cdot C \cdot \bar{B} \cdot \bar{A} + \bar{D} \cdot C \cdot \bar{B} \cdot A + D \cdot \bar{C} \cdot \bar{B} \cdot A + D \cdot C \cdot \bar{B} \cdot \bar{A} + D \cdot C \cdot \bar{B} \cdot A$

$Z = \bar{D} \cdot \bar{C} \cdot \bar{B} \cdot \bar{A} + \bar{D} \cdot \bar{C} \cdot B \cdot A + \bar{D} \cdot \bar{C} \cdot B \cdot A + \bar{D} \cdot C \cdot B \cdot \bar{A} + D \cdot C \cdot B \cdot \bar{A}$

$W = \bar{D} \cdot \bar{C} \cdot B \cdot A + \bar{D} \cdot C \cdot B \cdot A + D \cdot \bar{C} \cdot B \cdot A + D \cdot C \cdot B \cdot A$

Como a PAL da Figura A2.3 suporta na saída apenas 4 termos, seria impossível gravar as expressões apresentadas. Assim, deve-se minimizar as expressões lógicas, por exemplo, pelo método algébrico, obtendo-se os seguintes resultados:

$X = \bar{D} \cdot \bar{C} \cdot \bar{B} \cdot \bar{A} + D \cdot \bar{B} \cdot A + C \cdot A$

$Y = \bar{B} \cdot A + C \cdot \bar{B}$

$Z = \bar{D} \cdot \bar{C} \cdot \bar{B} \cdot + \bar{D} \cdot \bar{C} \cdot A + \cdot C \cdot B \cdot \bar{A}$

$W = B \cdot A$

A Figura A2.4 ilustra como ficaria o PAL depois de gravadas as expressões lógicas apresentadas anteriormente.

Note que, dessa vez, foram programados os produtos, enquanto a ligação das entradas OR é fixa. Portanto, foi colocado estado lógico 0 nas entradas OR não utilizadas para não influenciarem na expressão lógica da saída.

(Continua)

(Continuação)

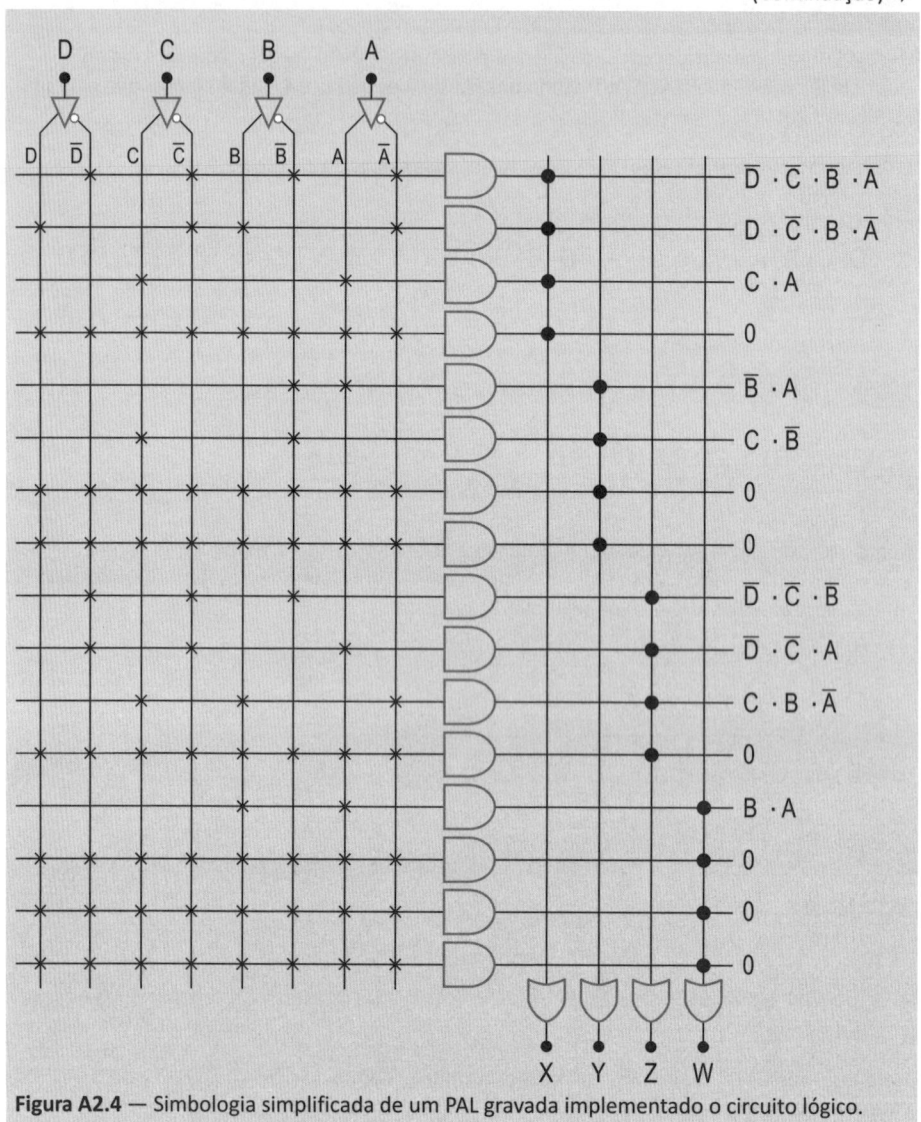

Figura A2.4 — Simbologia simplificada de um PAL gravada implementado o circuito lógico.

Alguns tipos de PAL apresentam algumas características adicionais que tornam suas aplicações mais versáteis, quais sejam:

- **Saídas com polaridade programável:** É possível programar a inversão da expressão lógica de saída.

- **Saídas tri-state com realimentação para matriz AND:** Essa característica garante a construção de expressões lógicas maiores e mais complexas.

- **Saídas com flip-flops:** Todas as saídas ou grupo de saídas podem ter um flip-flop, sendo possível utilizá-lo através de multiplexadores construídos no PAL. A esse conjunto dá-se o nome macrocélula. A Figura A2.5 ilustra o esquema de uma macrocélula presente em alguns PALs.

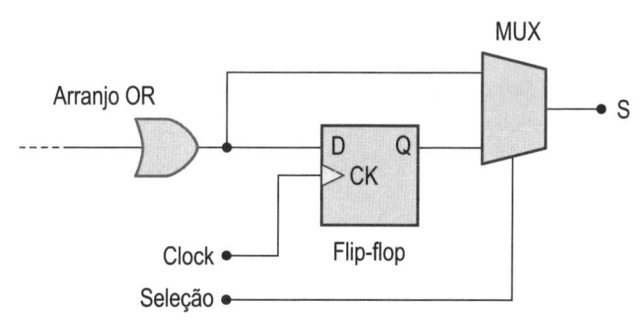

Figura A2.5 — Macrocélula de um PAL.

O PAL é um dispositivo que pode ser programado, gravado e testado utilizando equipamentos especiais para esse fim.

> **EXEMPLO**

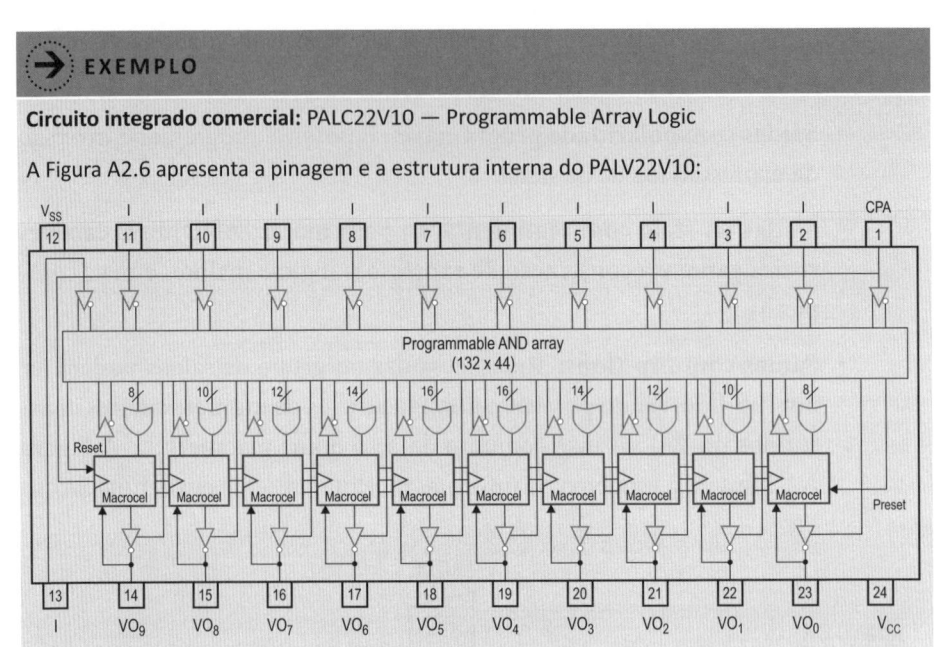

Circuito integrado comercial: PALC22V10 — Programmable Array Logic

A Figura A2.6 apresenta a pinagem e a estrutura interna do PALV22V10:

Figura A2.6 — PALC22V10.

Trata-se de um PAL que usa tecnologia EPROM CMOS, ou seja, um dispositivo reprogramável.

Características:

- Macrocélulas individuais e programáveis nas saídas, de modo que cada uma das 10 saídas potenciais pode, ou não, ter um flip-flop.
- Saídas com polaridade programável.
- Saídas tri-state com realimentação para matriz AND.
- Dispõe de até 22 entradas e 10 saídas.

A2.2.3 PLA

PLA é o acrônimo de Programmable Logic Array e, também, é constituída por uma estrutura AND-OR; porém, nesse caso, tanto a matriz AND como a matriz OR são programáveis, como mostra a Figura A2.7.

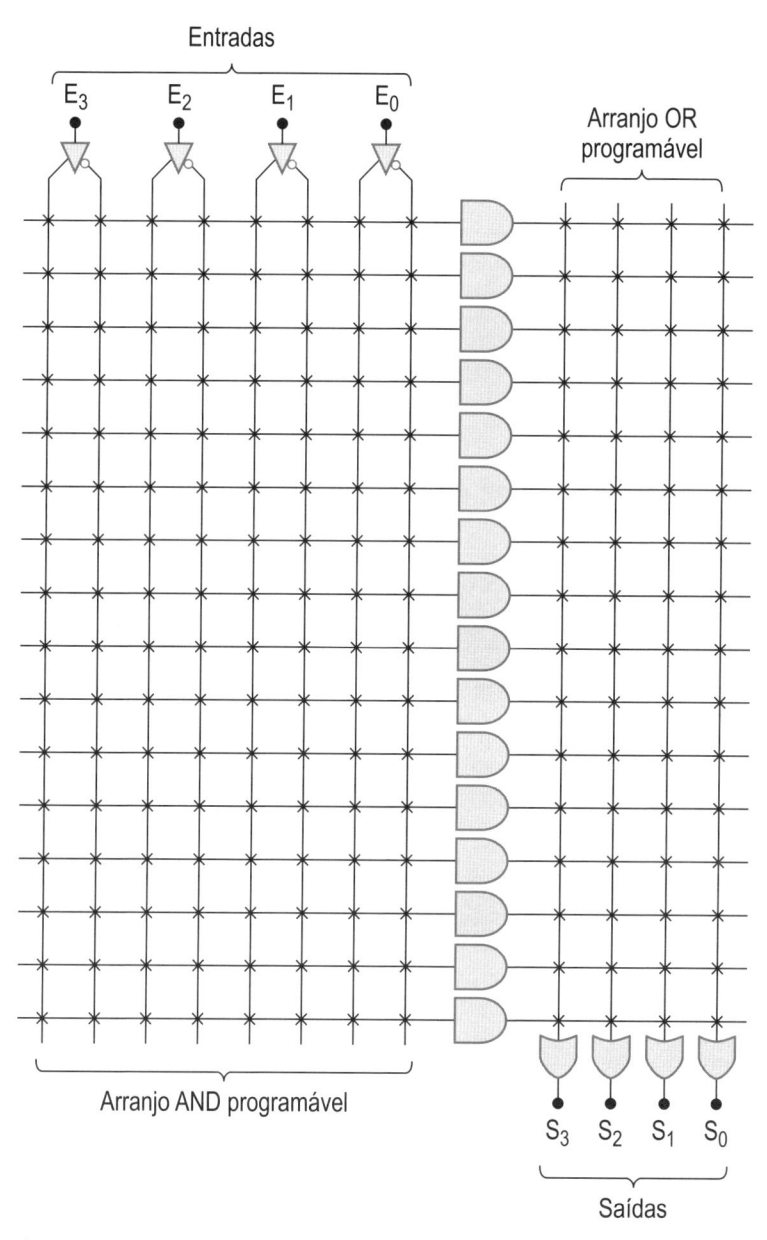

Figura A2.7 — PLA de 4 entradas e 4 saídas.

> **! IMPORTANTE!**
>
> Apesar de serem bastante versáteis, os PLAs caíram em desuso com o surgimento do PAL. Isso porque a flexibilidade de programação associada à matriz de saída não traz grandes benefícios à capacidade de produção de funções lógicas.
>
> Por ter matriz OR fixa na saída, o PAL é mais fácil de programar, tem custo mais baixo e desempenho melhor quando comparada à PLA.

A2.2.4 GAL

GAL é o acrônimo de *Generic Array Logic* e é marca registrada da Lattice Semiconductor.

Esse componente tem as mesmas propriedades lógicas do PAL, mas pode ser apagada e reprogramado.

A partir do momento em que os PALs começaram também a ser reprogramáveis, o termo GAL passou a ser pouco utilizado tanto no meio industrial como no acadêmico.

A2.3 TIPOS DE HCPLD

A2.3.1 CPLD

CPLD é o acrônimo de *Complex Programmable Logic Device*, que significa dispositivo lógico programável complexo.

De maneira genérica, os CPLDs podem ser vistos como dispositivos que agregam em sua estrutura vários SPLDs (PLAs ou PALs) interligados por conexões programáveis, como mostra a Figura A2.8.

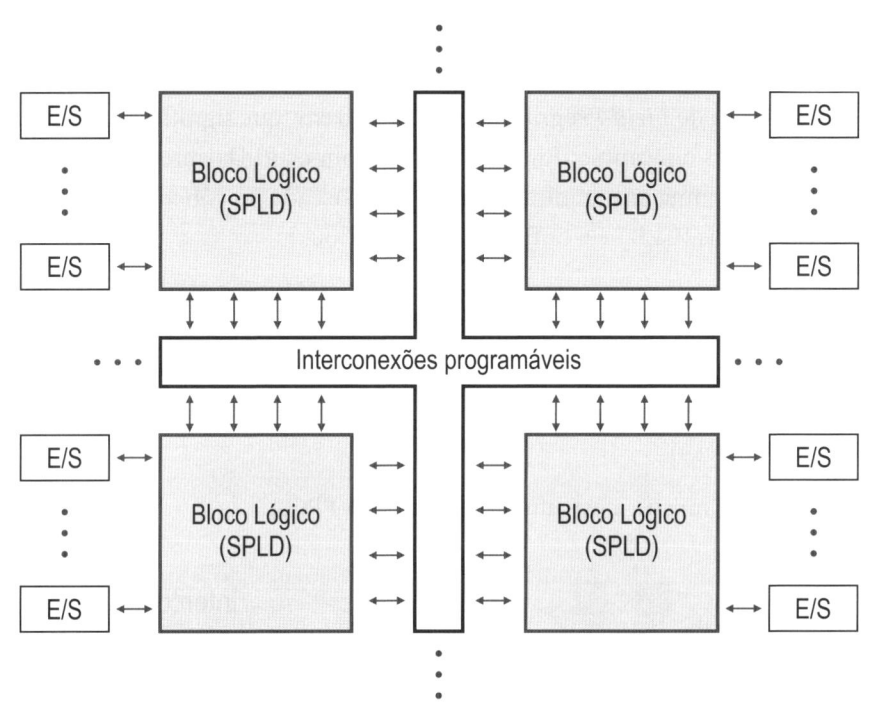

Figura A2.8 — Estrutura de um CPLD.

Cada SPLD da figura anterior representa uma macrocélula formada por uma matriz AND-OR utilizada para implementar funções lógicas combinacionais, cujas saídas ativam módulos de entrada/saída compostos por flip-flops e realimentações com funções e interligações programáveis.

Na prática, sua estrutura interna é formada por centenas de macrocélulas programáveis, interligadas por conexões também programáveis.

Os pinos de entrada/saída podem ser configurados apenas como saída, apenas como entrada, ou como entrada e saída.

O CPLD tem flexibilidade de programação em circuito (ISP — In-System Programming), e pode ser reprogramado quantas vezes for necessário, pois utiliza memória EEPROM ou Flash.

A2.3.2 FPGA

FPGA é o acrônimo de **Field Programmable Gate Array**, que significa arranjo de portas programáveis em campo. Em comparação com os PLDs apresentados anteriormente, possui uma arquitetura mais flexível, baseada no conceito de blocos lógicos configuráveis (CLB — Configurable Logic Block).

O FPGA é formado por um grande número de CLBs distribuídos pelo circuito integrado. A conexão entre os blocos lógicos é realizada pelas linhas de roteamento e matrizes de interligações (SM — Switch Matrix). Essas linhas e matrizes também fazem a interligação entre os CLBs e os blocos de entrada e saída (IOB — In/Out Blocks).

A Figura A2.9 mostra a estrutura básica de um FPGA.

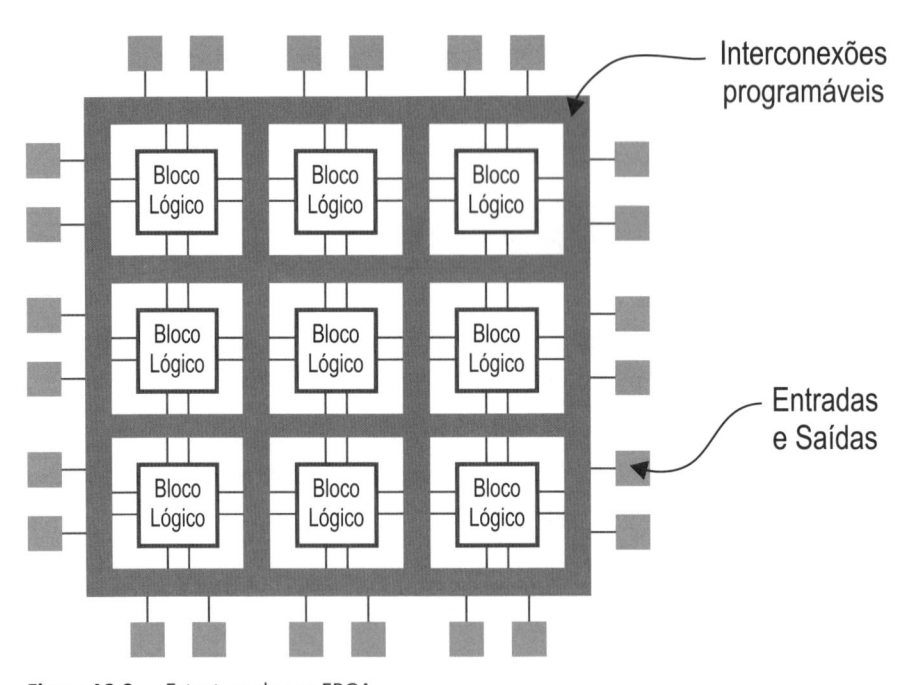

Figura A2.9 — Estrutura de um FPGA.

Uma das características do FPGA, que o diferencia do CPLD, é que, em vez de implementar funções lógicas na estrutura AND-OR, ele utiliza os CLBs.

Esses blocos lógicos configuráveis contêm tabelas de look-up (LUT — Look-Up Table), que são circuitos que executam uma operação lógica configurável.

A Figura A2.10 apresenta a estrutura básica do CLB. Veja que na saída da LUT há um flip-flop e um multiplexador. Dependendo do nível lógico de seleção do Mux, teremos o sinal de saída passando ou não pelo flip-flop, permitindo implementar lógica combinacional ou sequencial.

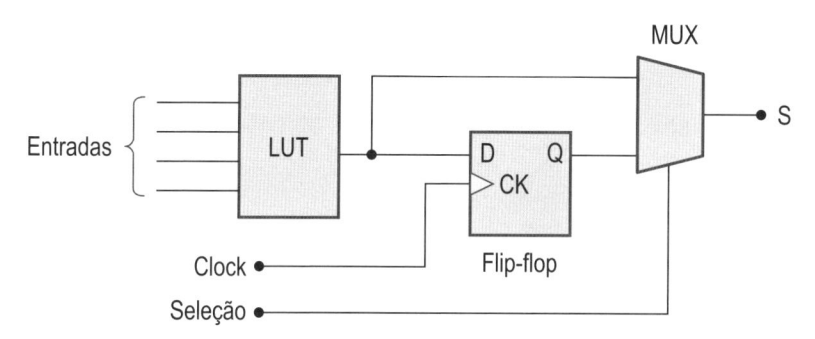

Figura A2.10 — Bloco lógico de um FPGA.

A LUT deve ser entendida como uma tabela-verdade customizável (Figura A2.11), em que um multiplexador seleciona os níveis lógicos armazenados em uma pequena RAM estática (SRAM), para executar a função desejada.

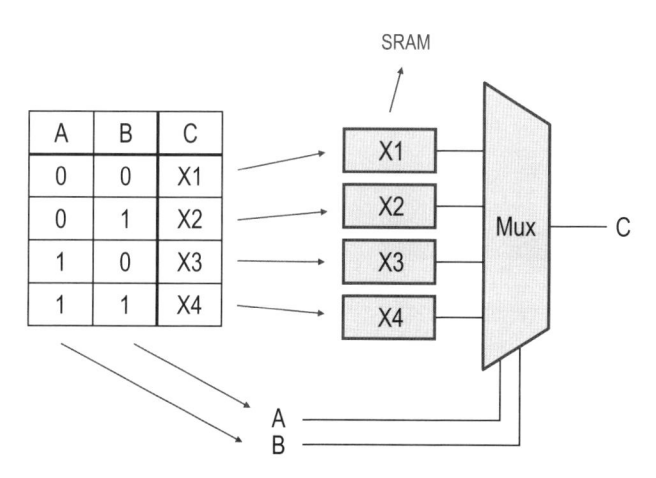

Figura A2.11 — Funcionamento da LUT.

Cada FPGA contém muitos blocos lógicos normalmente idênticos. Cada um deles pode ser programado individualmente para realizar uma parte da lógica do projeto.

A complexidade de um bloco lógico pode variar consideravelmente entre diferentes FPGAs.

REFERÊNCIAS

COSTA, César da; MESQUITA, Leonardo; PINHEIRO, Eduardo Correia. *Elementos de Lógica Programável com VHDL e DSP*. São José dos Campos-SP: Editora Érica, 2011.

CRUZ, Eduardo Cesar Alves; CHOUERI JR., Salomão. *Eletrônica Digital*. São José dos Campos-SP: Editora Érica / Editora Sairaiva, 2014. (Série Eixos).

D'AMORE, Roberto. *VHDL — Descrição e Síntese de Circuitos Digitais*. Rio de Janeiro: Editora LTC, 2012.

TOCCI, Ronald; WIDMER, Neal; MOSS, Gregory. *Sistemas Digitais*: Princípios e Aplicações. São Paulo: Editora Pearson, 2019.

ÍNDICE

Símbolos

54C/74C 33
74HC 33
74HCT 33

A

ADC 53
álgebra booleana 48, 139
Altera Corporation 83
Amostragem 53
Application Specific Integrated Circuit 129
aprendizagem de máquina 27
Arduino 38
Aristóteles 48
Arithmetic Logic Unit 37
ASIC 40, 129
Atribuição condicionada 167
Atribuição selecionada 167
atribuições condicionais 159
Avaliação de eficácia. Consulte Avaliação de eficácia de treinamento; Consulte Avaliação de eficácia de treinamento

B

biblioteca 91
bidirecional 157
Big Data 27
binary digit 46
bit 46
BUFFER 157

C

CASE-WHEN 180
Change Management. Consulte Gestão da Mudança; Consulte Gestão da Mudança
Cibersegurança 27
ciclos de clock 84
cidade inteligente 30
circuito combinacional 129
circuito integrado 111
circuitos dedicados 167
circuito sequencial 235
circuitos integrados 32
Circuitos integrados de aplicação específica 129
circuitos periféricos 37
clock 268
CMOS 31, 47
Codificação 53
código 46
código BCD 181
componentes 203
Condicionamento de sinal 49
conversão de hexadecimal para binário 64
conversor analógico-digital 53
conversor digital-analógico 53

CPLD 35

D

DAC 53
decodificador 181
decodificador BCD para 7 segmentos 182
descrição estrutural 202
Digitalização 49
dígito 46
display anodo comum 183
display catodo comum 183
Dispositivo Lógico Programável 88

E

EDA 83
eletrônica 26
ENABLE 180
Era da Informação 27
expressões concorrentes 167

F

Field Programmable Gate Array 129
flip-flop 32, 269
FPGA 36, 52, 123
função lógica AND 84

G

George Boole 48
grandes revoluções industriais 25
   Primeira 25
   Quarta 27
   Segunda 25
   Terceira 26
grandezas analógicas 45
grandezas digitais 45

H

hardware 37
hardware reconfigurável 41
HDL 159

I

IEEE 88
IF-THEN-ELSE 173
informações binárias 227
informática 26
Input/Output 37
INTEGER 215
Intel 83
Inteligência artificial 27
Internet das Coisas 27

L

lacunas de competências. Consulte
   Gaps; Consulte Gaps
linguagem C 85
Linguagem de Descrição de Hardware 83
lógica OR 169

M

Mager. Consulte Robert Mager; Consulte
   Robert Mager
mapa de Karnaugh 141
Microcontroladores 129
modelamento 88
  comportamental 88
  estrutural 88
Modo paralelo 267
Modo serial 267
MOS 33
MOSFET 33
Mux 2x1 210

N

NAND 111
nível lógico 47
   ALTO 47
   BAIXO 47
NOR 111
Nou Exclusivo 220
nuvem 29

O

operadores 103
Ou Exclusivo 220

P

pacotes 91
pipas 29
PLD 40, 88, 129
portas lógicas 111
PROCESS 168
projeto 86

Q

Quantização 53

R

região proibida 47
registrador 267
robótica 26

S

SACI 158
sensível apenas à transição 245
sensor 49, 50
  acelerômetro 51
  capacitivo 51
  dependente de luz 50
  de presença 51
  indutivo 52
  piezoelétrico e piroelétrico 51
  resistivo 50
  termistor 50
  ultrassônico 51
servidores 29
simulação de circuitos 288
Sistema Automático de Controle de Irrigação 158
sistema de aquisição 49
sistema de numeração binária 45
sistema hexadecimal 57
software 37
stakeholders. Consulte Partes interessadas; Consulte Partes interessadas; Consulte Partes interessadas; Consulte Partes interessadas
subtipo 101
System on Chip 39

T

tecnologias 28
telecomunicações 26
televisão 29
testbench 288
Transdução 49
TTL 31

U

um 45
Unidade Lógica Aritmética 37

V

Verilog 83
VHDL 83, 88, 139, 167, 203, 288

W

WAIT ON 168
WAIT UNTIL 168
WHEN-ELSE 160

X

XNOR 111
XOR 111

Z

zero 45

Projetos corporativos e edições personalizadas
dentro da sua estratégia de negócio. Já pensou nisso?

Coordenação de Eventos
Viviane Paiva
viviane@altabooks.com.br

Assistente Comercial
Fillipe Amorim
vendas.corporativas@altabooks.com.br

A Alta Books tem criado experiências incríveis no meio corporativo. Com a crescente implementação da educação corporativa nas empresas, o livro entra como uma importante fonte de conhecimento. Com atendimento personalizado, conseguimos identificar as principais necessidades, e criar uma seleção de livros que podem ser utilizados de diversas maneiras, como por exemplo, para fortalecer relacionamento com suas equipes/ seus clientes. Você já utilizou o livro para alguma ação estratégica na sua empresa?

Entre em contato com nosso time para entender melhor as possibilidades de personalização e incentivo ao desenvolvimento pessoal e profissional.

PUBLIQUE SEU LIVRO

Publique seu livro com a Alta Books. Para mais informações envie um e-mail para: autoria@altabooks.com.br

/altabooks   /alta-books   /altabooks   /altabooks

CONHEÇA OUTROS LIVROS DA **ALTA BOOKS**

Todas as imagens são meramente ilustrativas.

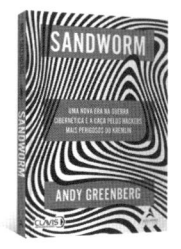

Este livro foi impresso nas oficinas gráficas da Editora Vozes Ltda.,
Rua Frei Luís, 100 – Petrópolis, RJ.